AF343558

Histoire esthétique de la Nature

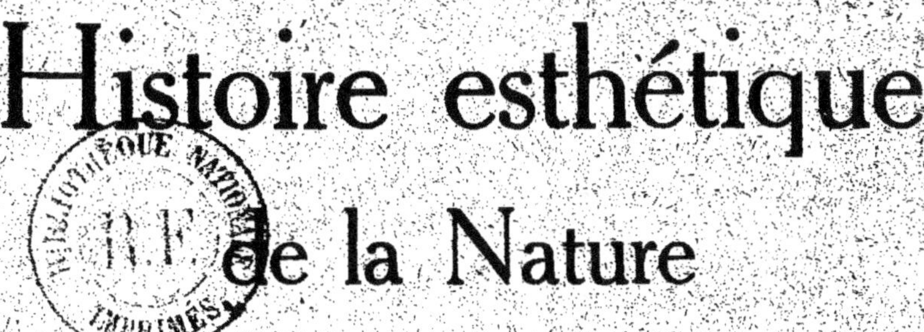

PAR

Maurice GRIVEAU

Conservateur honoraire à la Bibliothèque Sainte-Geneviève

TOME DEUXIEME

LA FAUNE (règne animal) : IMPERCEPTIBLES, ETOILES,
APODES ET POLYPODES, INSECTES, MOLLUSQUES, POISSONS,
BATRACIENS ET REPTILES, OISEAUX

FRONTISPICES DE M. A. SÉGUY
GRAVURES D'APRÈS DIVERS AUTEURS - DESSINS DE M. BENJAMIN RABIER
REPRODUCTIONS D'ESTAMPES JAPONAISES

EDITIONS R. GUILLON
5, PLACE DE LA SORBONNE, 5
PARIS (V°)

1920

HISTOIRE ESTHÉTIQUE
DE LA NATURE

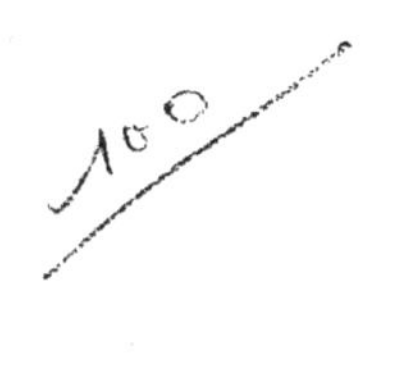

Histoire esthétique de la Nature

PAR

Maurice GRIVEAU

Conservateur honoraire à la Bibliothèque Sainte-Geneviève

TOME DEUXIÈME

LA FAUNE (RÈGNE ANIMAL) : IMPERCEPTIBLES, ÉTOILÉS,
APODES ET POLYPODES, INSECTES, MOLLUSQUES, POISSONS,
BATRACIENS & REPTILES, OISEAUX

FRONTISPICES DE M. A. SÉGUY

GRAVURES D'APRÈS DIVERS AUTEURS - DESSINS DE M. BENJAMIN RABIER

REPRODUCTIONS D'ESTAMPES JAPONAISES

EDITIONS R. GUILLON
5, PLACE DE LA SORBONNE, 5
PARIS (Vᵉ)

1928

Il a été tiré de cet ouvrage dix exemplaires numérotés
de I à X sur papier de luxe, hors commerce.

Cliché Archives photographiques, Paris

Le règne animal

Passage de la flore à la faune. — L'apparition
de la laideur. — Classification du laid

EN passant de la *flore* à la *faune*, le naturaliste
constate un progrès ; l'esthéticien note, au contraire, — au moins momentanément, une déchéance.
Cela vient d'un contraste assez singulier entre la vie
qui monte et qui s'étend, tout de suite, et l'élégance
des contours qui décline. Ces massifs de verdure
bien ajourés, partout présents à notre vue, ces feuillages légers, harmonieux de forme et de voix tout
ensemble, ces attitudes gracieuses ou fières de fleurs
qui se penchent, de tiges qui se dressent ou s'enroulent,
le parfum de ces fleurs, l'arôme et la saveur des fruits,
l'ombre même qui s'épand de là pour nous défendre du
soleil, — tout concourt à faire de la flore une sorte de
paradis matériel... A ce point que, nous promenant sous
les arbres, et détachant les corolles pour un bouquet, il
ne nous vient pas vite à l'idée que ces choses si décoratives soient des êtres occupés de vivre, en définitive, ou des
organes dont le jeu perpétue la vie, rien que la vie.

Tandis que la faune, elle, dès ses débuts, nous apparaît
monstrueuse, — et je dirais presque infernale. Au moins
peut-on dire, sans hyperbole, qu'il survient là comme
une école réaliste, dénonçant les actes vitaux essentiels
sous un jour suspect et fâcheux : les fonctions digesti-

ves ou respiratoires, à peine soupçonnées dans ces jolies palmes ou pennes foliaires, s'exercent désormais au prix d'instruments disgracieux, de *viscères*, — si sordides et répugnants que leur évasion fortuite hors de peau devient effroi, presque scandale. Les secrétions ne sont plus ici des arômes ; et rien, dans le règne animal, qui corrresponde aux nectars, aux essences odoriférantes et balsamiques. Dès lors, une pudeur, naissant avec l'horreur, a souci, dirait-on, de masquer tous les rouages et les rôles fondamentaux de la vie ; les fonctions qui conservent cette vie, l'entretiennent, n'osent plus se manifester au grand jour ; non plus, *a fortiori*, celles qui doivent la perpétuer : plus de feuille qui s'étale ; plus de fleur qui s'épanouisse ; mais des appareils d'aération, de fructification bestiale qui s'invaginent, suivant la langue des savants, c'est-à-dire qui rentrent au dedans, se cachent sous un repli d'épiderme.

Problème saisissant, — qui ne figure pas, néanmoins, sur la liste officielle des problèmes. Moi le premier, peut-être, je l'aborde ; je me demande, au seuil de la *faune,* ce qui change les couleurs, naguère encore tout idéales, du tableau, — et comment s'introduit le *laid* parmi tant de grâce.

Le LAID, — c'est bientôt dit. Mais il faut s'entendre sur ce mot. Car, sous son apparence unitaire, il cache une multiplicité surprenante. Comme vous l'allez voir, il n'exprime pas un fait définitif, immuable, mais toute une série graduée. Le *laid* comporte des degrés, et des modes ; il est susceptible d'une classification.

Et d'abord, le laid s'offre sous deux aspects très distincts : il est *normal* — ou *anormal.* — Un hippopotame, aussi bien venu que vous le voudrez, aussi sain, aussi *léché* que possible par ses parents, n'est pas « *joli* », vous en conviendrez. Non plus, une araignée, fût-elle de l'espèce qu'on appelle, de son nom savant, « Epeire diadème »... Non plus, un singe, et le mieux doué d'entre les singes... Voilà le *laid normal.*

Comparé, d'autre part, au pur-sang qui sort de nos haras, avec ses prunelles de feu, ses jarrets d'acier, sa crinière et sa queue soyeuse, le cheval de fiacre fourbu, l'œil terne et la tête pendante, fait piètre figure. Ce n'est plus un « coursier », c'est une « haridelle » ; — et pourtant, c'est toujours, en somme, un cheval. Voilà le laid qui doit se qualifier d'*anormal.*

Arrêtons-nous, d'abord, au laid « normal ». Je sais bien qu'on peut dire, à la rigueur, un *beau* singe, un *magnifique* hippopotame, une *superbe* araignée... Je connais la distinction des philosophes entre le beau « *générique* » et le beau « *spécifique* » : tout être est beau, déclare-t-on, s'il réalise intégralement le type, et l'idéal de sa race. D'accord ; mais faut-il encore reconnaître que s'il existe des individus laids dans une race belle, il se trouve aussi des races laides dans une tribu, — des tribus laides dans une famille, — enfin des familles moins douées, esthétiquement, que d'autres, dans l'ensemble du règne animal.

Vous dites que la beauté d'un individu consiste strictement à reproduire l'idéal de l'espèce (idéal, dans le sens d'*idée*, de plan préconçu). — Soit ; mais n'est-il point, à ce compte, un idéal *infime*, au même titre qu'un *sublime* ? Le charbon peut atteindre la perfection ; c'est la perfection du charbon. Le diamant possède une perfection supérieure.

Que si vous dressez l'échelle des perfections animales, j'aurai le droit d'inscrire, sur les échelons les plus bas, le mot *laideur*, tout comme j'écrirais, à la limite des états physiques du sol, le mot de *boue*. Le philosophe a besoin, parfois, de laisser ses subtilités, et de parler comme tout le monde.

Remettant à plus tard l'étude du laid « *anormal* », résultat, toujours individuel, d'ailleurs, soit de *monstruosité*, soit de *maladie*, je m'occupe aussitôt de la laideur *normale* ; et d'emblée, j'y reconnais des espèces et des variétés fort nombreuses.

Et tout d'abord, ce laid *normal*, qui est de règle en la Nature, il se manifeste au regard, — ou se cache ; il est *patent*, — ou *latent*. Vous verrez, d'ailleurs, que, d'une manière ou de l'autre, il n'en est pas moins compatible avec la beauté.

Le laid que je qualifie de « patent », peut être *permanent*, définitif, — ou bien *temporaire* et d'existence transitoire ; — il peut, au premier cas, s'accompagner du beau ; il peut, au second, en être suivi. Ce n'est donc pas un vice irrémissible. Je m'explique.

Un animal adulte, que la Nature adapte à des milieux infimes ou bien exceptionnels subit, par là-même, une série de déformations, lesquelles sont logiques, et régulières. Il nous semble *laid*, justement, parce qu'il est bien adapté au milieu. En effet, ce dernier étant bas, le rabaisse : exemple d'idéal relatif, et sans gloire. Nombre d'animaux s'offrent, sous ce rapport, comme des modèles. Parmi les Mammifères, je citerai le type *pachyderme* ; soit le porc, ou pourceau, — et, parmi les Oiseaux, le pingouin. Ce dernier se distingue surtout par l'excès de tissus adipeux, qui fait de son ventre un magasin de graisse : trait d'accommodation merveilleuse aux climats polaires, — mais, en même temps, trait de disgrâce et de déchéance esthétique. On admire la prévoyance du Créateur, en cette occasion, tout en préférant, à bon droit, la mouëtte légère qui vole si gracieusement, en rasant les vagues.

Or le *pingouin*, masse de chair emplumée lourdement, — capitonnée, plutôt, de duvet, non pas aptère, absolument, mais — ce qui est pis, — portant des sortes de moignons qui nous font regretter les ailes, — il est, ce palmipède obèse, *définitif* ; tel il est, tel il restera. — D'autre part, l'adaptation, chez lui, étant complète (je n'ose dire « parfaite »), sa laideur embrasse le corps tout entier; elle est totale.

Tournons-nous, à présent, du côté du Soleil levant. Voici le *flamant*, au plumage tout rose, du ton d'une aurore orientale. Mais voilà : c'est un échassier, c'est-à-dire un oiseau de marais ; aussi ses pattes sont-elles allongées démesurément, — je veux dire : hors de la mesure de nos yeux ; car elles sont conformes au mode

Couple de flamants.

d'existence. Je le définirais, le flamant : *beau plumage sur laid quillage...* N'allez point penser ici que je blâme ; faut-il donc répéter qu'il y a laideur et laideur ? Celle-ci, notez-le bien, n'est que partielle ; elle affecte les jambes et laisse indemne le reste du corps ; en effet, le milieu déformant n'est plus ici l'air froid enveloppant tout l'être, mais le sol, seulement, qui s'enfonce, et qui fait foncer.

Or si, de ce flamant, encore critiquable par endroits, je passe à des types jugés parfaits, auxquels l'idéaliste le plus pointilleux ne trouverait rien à reprendre, voici qu'en cet impeccable extérieur se découvre une dissonance. Eh oui ! l'harmonie la plus achevée, dans les contours comme dans les sons, n'est pas absolue. Dans un être que nous proclamons beau, d'un cri, sans restriction, tel le *paon*, la *colombe*, l'*algazelle* du Sénégal, c'est l'ENSEMBLE qui nous prend d'emblée, et nous garde ; car le détail n'est pas toujours, en soi, parfait ; même, il ne peut l'être, absolument, puisque l'animal a des fonctions, en somme, à remplir ; or, parmi tant de rôles organiques, s'il en est de supérieurs, — de grands premiers rôles, il en est d'autres subalternes, et même infimes. Les pattes des plus séduisants voiliers sont à leurs plumes, un peu, ce que les racines, sèches et parcheminées, sont aux fleurs.

Aussi la distinction s'impose impérieusement, pour notre Esthétique, d'une adaptation *aux milieux,* — et d'une adaptation *aux fonctions.* Vous pressentez que la seconde sera moins pressante que la première, et plus tolérante pour la plastique ; car, dans un milieu tempéré, l'acte fonctionnel se tempère ; l'animal n'a plus à s'engoncer de grossières fourrures, ou

La « Tête de Cire » du Musée de Lille.

Cl. *Revue Encyclopédique,* Larousse.

de duvets touffus, à s'alourdir de pannes graisseuses, à s'étirer les jambes en échasses... Mais il lui reste à vivre, après tout ; et *manger* suppose une mâchoire, un bec ; — *marcher*, des doigts et des ongles, — *guerroyer*, des cornes, des aiguillons, des ergots. — Je sais bien que de tout cela, la Nature tire, quand elle veut, des ornements. Il n'en est pas moins vrai qu'on s'éprend surtout, chez l'Oiseau, des *ailes* ; des *yeux*, de l'*encolure* et de la *crinière* chez le cheval ; enfin, chez l'animal humain le plus achevé, chez la *femme*, seuls, des juges sensuels ou de mauvais goût s'arrêtent aux parties du corps que dissimule, — non sans profonde raison, et nécessairement, — le costume. — J'ajoute même : *esthétiquement*, car à mes yeux, le *nu*, ce culte des âmes païennes, reste insuffisant, comme indigent, et pénible à fixer.

Sous l'évidente hiérarchie des régions du corps et des traits du visage, est une échelle de fonctions. Si déjà le visage, dans le type humain, prime tout le reste, — en ce visage lui-même, les lèvres — aussi charmantes qu'on voudra, — le nez aux lignes les plus pures, la volute la plus harmonieusement enroulée des oreilles, — tout cela se subordonne, en beauté comme en rôle vital, aux *yeux*, « miroirs de l'âme », faits pour voir — et faits aussi pour être vus.

.*.

Quel intérêt on prend à suivre ainsi l'Adaptation dans sa marche, ou dans son essor, si l'on veut : d'abord tyrannique, puis de plus en plus douce, et souple dans sa discipline ; déformant d'abord, pour conformer ensuite ; faisant des ventres de pingouins, puis des joues d'enfants, — des pattes grêles de flamants et des jambes fines de chevaux.

J'étais donc bien fondé d'admettre des degrés pour le *laid*, qui, lors même qu'il est manifeste et définitif, s'atténue, du tout à la partie, jusqu'à devenir, en quelque sorte, le commensal du beau. Dès lors, on ne l'aperçoit plus ; il se fond dans l'ensemble, et la symphonie d'un beau corps en utilise, en quelque sorte, les dissonances pour réaliser ses cadences, ses mouvements de lignes nécessaires. Notez donc ceci, que la *dissonance*, en Plastique, autant qu'en Musique, n'est qu'un état d'équilibre instable. Instabilité nécessaire, sans laquelle rien ne serait en somme, réalisé, tout dormirait dans le néant de l'équilibre stable, indifférent, stérile. Pour qu'un mouvement sonore, ou générateur de contours, s'accomplisse, il faut que l'équilibre, d'abord, soit rompu : le coup de balance est fatal ; seulement, les grandes oscillations du début, atteignant les pôles extrêmes, vont se restreignant toujours davantage ; l'écart excessif de la vie perd de son amplitude ; il ne cesse pas : ce serait l'inertie, le néant des formes ; il se fait seulement plus mesuré : c'est un « *minimum* favorable ». Cette idée d'*oscillation plastique* justifiait déjà la variation dans le règne végétal, à peu près intégralement harmonieux. En celui, plus tourmenté, des animaux, elle justifie la variation autrement hardie, — même, à ses débuts, téméraire. L'être, en progrès d'organisation, de sensibilité, de conscience intime de soi, devient plus impressionnable aux forces extérieures. L'ambiance retentit davantage sur un organisme moins passif, et qui réagit énergiquement. Alors se manifestent ces excès de croissance — ou ces atrophies — qui nous scandaliseraient peut-être, sans l'attente, et le ferme espoir que nous gardons d'un tempérament futur à cette vie sauvage, emportée...

*

Cette attente n'est pas trompée. Ce qui vient d'être établi pour l'espace vaut pour le temps. Le beau n'accompagne pas seulement le laid dans une espèce, *il lui succède*. La gradation du moins pur au plus pur, perceptible simultanément chez l'adulte, se laisse observer successivement, dans la transition de l'embryon à l'adulte, de la larve informe, rampante et répugnante, à l'insecte parfait, ailé, vif, attrayant.

A ce compte, ce que nous appelons la « beauté » serait fonction d'une *limite* : limite d'espace au cas du laid

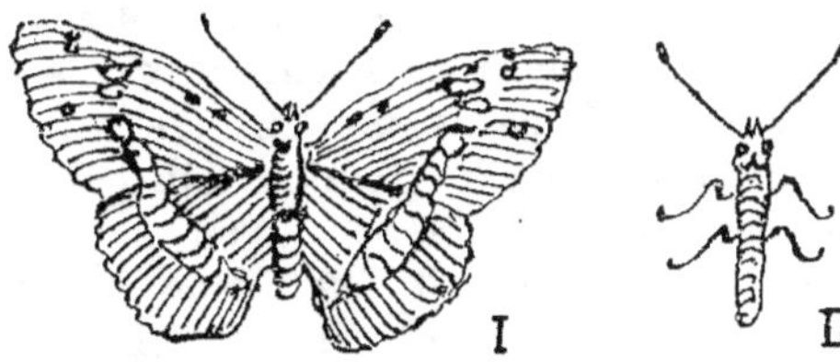

Figures extraites des Métamorphoses des Insectes, par Maurice Girard *(Hachette)*.

qualifié par nous de *permanent* ; limite de temps, au cas du laid défini comme *transitoire*. — De « belles » lignes, ce sont des lignes qui dévient, comme les mauvaises, mais en des bornes plus restreintes, — ou mieux établies. Ce sont aussi des lignes dissonantes, mais qui se résol-

vent heureusement. Et ces « résolutions plastiques » actuelles, qui, dans un être beau, fondent l'harmonie définitive, des traits, ce sont effectuées, pour ainsi dire, musi-
calement, dans la série des états larvaires. La chenille,
comparée au papillon qu'elle doit engendrer, est un monstre ; mais n'est-ce pas un monstre, également, qu'un
papillon dont on vient d'arracher les ailes ou dont les
ailes, naturellement, sont plus ou moins atrophiées ? —
Ainsi, pour parler strictement, le papillon, — l'oiseau, —
le cheval, ne sont point des « beautés » ; ce sont des
échelles harmoniques montant de laideurs en beautés, du
minimum de perfection si vous préférez, à son *maximum*.

*
* *

Du laid qui se montre au grand jour, pour le temps de
la vie larvaire, ou toute la vie, passons à celui qui se dé-
robe constamment au regard : le *laid latent*.

Tout comme le premier, celui-ci se montre définitif ou
temporaire. Parlons d'abord du *transitoire*. Il ne s'agit
plus, ici, de larves, mais d'*embryons*. L'être nouveau
qui doit perpétuer une race supérieure et plus fine, n'est
plus lancé, prématurément, « lâché » dans le vaste monde
à l'état d'œuf, ou de chenille ; il quitte l'organisme maternel au dernier moment ; et, bien avant ce terme, il vit
d'une existence secrète, souterraine, pour ainsi dire. Cette
gestation, plus ou moins prolongée, sauve de tous hasards
le rejeton d'une race précieuse ; — elle épargne, du même
coup, à notre œil, les appréhensions et les répugnances
d'une vie louche encore, d'une forme lente à se préciser.
Ici, la Nature fait d'une pierre deux coups ; elle atteint
deux buts d'un seul effort : en dissimulant ainsi ses travaux, elle ne vise, sans doute, qu'à les couvrir, comme on
habille de planches un édifice en construction ; or il se
trouve qu'elle respecte, à la fois, nos susceptibilités esthétiques. Elle sauve donc, simultanément, d'un échec, la
Vie — et la *Beauté*. Celle-ci naît, en ce cas, d'une limite
de temps ; quelques lunaisons s'échelonnent entre le fœ-
tus et l'enfant, — entre le monstre et l'ange.

Mais l'ange, eût dit Victor Hugo, garde encore le monstre enfermé dans lui... Cet enfant, dont vous caressez les
cheveux fins et les joues pleines, qui vous séduit par la
pureté de ses traits, l'unité tranquille de son teint, —
n'est-il pas, au fond, un système inextricable, inquiétant,

d'os, de muscles sanglants, de viscères imbibés d'humeurs ?... Un millimètre, en lui, sépare le charmant de l'horrible... Encore ici, le beau se révèle fonction d'une limite, — cette fois non de temps, mais d'*espace*.

Peut-être trouvez-vous pénible que je vous arrête sur cette idée. Mais, à mon sens, c'est un devoir dont une Esthétique virile doit s'acquitter. Et puis, si le fait vous révolte, prenez-vous en à la Nature. — Celle-ci, pourtant, — ne l'oubliez pas, — vous respecte ; elle a pitié de vos scrupules : elle le cache si bien, ce laid troublant, qu'il ne vous trouble guère, d'habitude. Même, pour que vous vous avisiez qu'il existe, il faut un accident, ou bien cette espèce de viol que seul, un ordre venu de la Science peut légitimer. A ce propos, je me souviens qu'un jour, en cette revue d'alcôves douloureuses qu'ils appellent *clinique*, le cortège des tabliers blancs s'était arrêté devant une petite malade. La fièvre qui l'avait couchée là, sous un numéro, paraissait fléchir, et l'enfant aux paupières lourdes encore, souriait sous son béguin, se laissait reprendre à la vie... Mais tout mal peut avoir de cruels retours ; et lorsque nous revînmes, au lendemain, le lit était vide... Sitôt la visite achevée, nous fûmes, nécessairement, à l'amphithéâtre. Là, son corps de fillette, pur de lignes, immobile, aux tons de statue, s'allongeait, nu, sur la dalle des autopsies. Sa chevelure de quinze ans, délivrée du bonnet d'hôpital, balayait de ses mèches folles le sein qui ne battait plus... Un instant, l'interne hésita ; mais il fallait en finir. Alors la peau fine, homogène, robe de chair sans couture, impeccable en son enveloppante unité, fut entamée par un scalpel ; les rouages profonds dont l'arrêt avait rendu cette belle horloge de vie désormais hors d'usage, furent découverts, et gâchés. Ce furent d'abord les muscles rouges, embus de sang, puis le squelette ingrat des arcades costales ; enfin le trou béant, encombré d'organes étranges, repoussants.....

*_**

Quelle leçon d'Esthétique je pris là, moi si peu médecin ! Laissant les autres attentifs au texte anatomique, à ses altérations soudain révélées, à ses maculatures, je méditai longtemps, stupéfait, sur ce passage vraiment brutal de la grâce rassérénante à l'horreur. Je compris alors une loi qu'aucun maître, aucun traité n'enseignait :

Le Beau patent, le laid latent ; l'harmonieuse et tranquille simplicité des contours entourant la complication discordante, — la pureté couvrant la souillure, — la noblesse oisive des lignes encadrant l'activité plébéïenne des appareils.

Oh ! ce regret d'une force agissante et charmante, ce deuil de la beauté, même chez les plus insignifiants des êtres animés qu'on dépouille !... Oiseaux, hier si glorieux, qu'on dégrade de leur plumage, — Ruminants si doux et si fiers qu'on découronne et qu'on scalpe, — chefs-d'œuvre sculptés des coquilles, d'où l'on arrache le germe qui les modela... Au moins, qu'en commettant ces crimes nécessaires, on sache ce qu'on fait, — ce qu'on *défait,* plutôt ; et qu'on s'arrête un instant, ému comme moi, à l'idée qu'on délivre le *Laid* captif...

*
* *

Mais le mot d'ordre qui le retient prisonnier, ce Laid, hors de vue, est plus général qu'on ne pense. Il s'étend au tout comme à la partie, s'impose aux organismes aussi strictement qu'aux organes. Je m'en rendis compte à l'Exposition, qui se fit naguère, de la pêche du *Talisman* et du *Travailleur :* pêche miraculeuse, peut-on dire, faite expressément pour augmenter le trésor de Science, — faite, insciamment, pour servir quelque jour de document esthétique. Car ces araignées d'eau aux pattes prodigieuses, ces crustacés aveugles agitant des moignons, ces pieuvres qu'on ne croyait toucher qu'en cauchemar, ces poissons improbables, tout en épines, en verrues, — cela nageait, grouillait, se tordait — loin des regards humains, dans les lointains bas et profonds, sous les plis nacrés de la mer. Lisse, homogène et souple, ainsi qu'un épiderme féminin, uniformément bleuâtre, opaline, ou laiteuse de teint, suivant les soleils, elle recouvrait, la mer, une faune contournée, repoussante aussi, comme *viscérale.*

En surface comme en profondeur, la Nature adopte décidément ce parti. Remarquez, à ce propos, que son système de répartition des êtres suivant l'étendue ressemble aussi peu que possible à celui de règle en nos *museums :* Vous n'avez guère chance de retrouver, en plein air, les méthodes de Linné, de Jussieu... Mais vous y découvrez une classification *esthétique.* Les êtres s'associent, non point d'après leurs filiations, mais d'après leur *adaptation*. Un même milieu rassemble les types les plus dissemblables ; ceux-ci ne se ressemblent que sur un seul point : la facilité qu'ils trouvent à s'accommoder : ainsi l'Océan, partout identique à lui-même, imbibe de son sel des polypiers et des méduses, des étoiles de mer et des coraux, des vers annelés à peau nue, des coquillages très durs en spirale, d'imperceptibles mollusques ailés, et des mammifères géants à nageoires. Le fluide aérien soutient les ailes emplumées des Oiseaux, les ailes parcheminées des Insectes. De l'humus fraîchement remué sortent des lombrics, des courtilières, et des taupes ; enfin, la mare qui nourrit les larves de cousins, fait subsister en même temps les têtards.

*
* *

Puisque l'*Adaptation* domine la scène, il faut s'attendre à trouver, en pleine lumière, les bêtes vives et brillantes, dont la vie s'exalte à la lumière, qui l'aiment et en sont aimés ; — inversement, aux coins obscurs, les bêtes lentes, ténébreuses, ayant la haine du jour, qui les tuerait. Et c'est en réalité ce qui est, ce qui s'observe couramment. Provisoire ou définitive, toute laideur se cache, parce que, précisément, elle ne peut affronter cette splendeur ambiante, qui fonde la beauté. Si, dans vos excursions en prés, en forêts, vous ne rencontrez jamais d'embryons, ni de chrysalides, — c'est qu'embryons et chrysalides ont besoin d'ombre et d'immobilité qui protègent ; ce n'est pas leur laideur qui se cache, mais leur faiblesse. De même, en la prairie, les fleurs adultes seules se montrent ; les trop jeunes, les mal formées encore, sont en boutons ; de même l'Oiseau, quand vient l'époque de la mue, sent le danger de se répandre, et demeure. Les chauves-souris ne sont pas honteuses de voler en plein jour ; elles en sont peureuses. — Dehors, au contraire, à la franche clarté du soleil, et sous un ciel de fête, les papillons tout blancs, bleus d'azur ou rouges comme un couchant, les libellules au corselet métallique, aux ailes de guipure, les mouches gaies, hardies, vibrent avec une sonorité musicale ; ils se font entendre et voir, s'imposent à nous ; ces êtres beaux et gracieux peuplent l'atmosphère avec une sorte d'ostentation, qui n'est que l'exubérance de vie : c'est l'éclat de vie, d'ailleurs, qui les rend si gracieux, et si pleins d'attraits. Songez que d'énergie vitale il faut en surcroît pour triompher de la pesanteur, et monter dans l'espace...

Vivre, — ainsi les Reptiles, ou les Amphibies, tapis dans les fourrés, parmi les roseaux d'un étang, c'est ne vivre qu'à-demi, c'est *végéter*... Les rejetons des plus nobles races ne paraissent point, déjà, sur la scène, avant que leur crue ne soit achevée, qu'ils aient acquis la somme de vitalité suffisante. Même, les adultes de basse lignée, n'étant jamais achevés, restent confinés aux plans lointains et profonds. Il y a là comme une *perspective* d'ordre supérieur, et dont les lois règlent la répartition de la vie, comme ailleurs elles règlent la répartition de la lumière ; et de là ressort un véritable *clair-obscur de beauté*. Plus vive est la lumière, plus chaude la couleur. Pâle et glauque est la faune des fonds d'Océan ; si peu de lumière s'y tamise ! Pâle aussi, mais d'une blancheur mate de neige, la faune polaire, éclairée d'un reflet de neige, ou des rayons obliques d'aurores boréales. Tandis que les roses, au soleil d'Orient, sont plus roses ; les épis blonds blondissent encore ; tout s'avive, les corolles comme les cristaux, les tests de mollusques comme les corselets d'insectes. Ainsi, dans la Nature, évidence et beauté s'associent ; disgrâce et dissimulation vont de pair. C'est une loi de mimétisme esthétique, dont le langage a d'ailleurs l'intuition, puisqu'on qualifie le comble du beau de « *splendide* ». Et, si l'on dit couramment « *la belle Nature* », c'est qu'on n'aperçoit, en somme, de la Nature, que ce qu'elle contient de beauté.

* *

Voilà donc le *Laid* singulièrement atténué, dans l'univers normal, par ce fait qu'il se dissimule, qu'il est *latent*. Je sais bien qu'on m'objectera : « pas toujours !... Il n'est point rare de rencontrer, s'offrant sans vergogne à la vue, des types d'une harmonie contestable, et se faisant remarquer, justement, par quelque trait excessif, d'une expression pénible, ou tournant à la charge... » A quoi je répondrai que le mot *latent* est très-vaste, et qu'il est toute espèce de degrés en « *latence* ». Un être peu correct, équivoque de forme, peut fort bien passer, au regard esthétique, inaperçu. Pas n'est besoin qu'il rentre sous terre, au bruit de nos pas, ou qu'il plonge dans l'eau, qu'il gagne l'ombre à tire-d'ailes. Il lui suffit d'être à l'abri, physiologiquement, du regard ; c'est-à-dire que, placé sous nos yeux, il ne serve pas de point de mire pour nos yeux. Et comment cela ? — Par un certain rapport de convenance entre l'être et son habitat, entre l'acteur (ou figurant) et le décor. Le milieu dissimule encore ici l'animal, — mais cette fois en couvrant ses défauts, non plus sa personne. Et ce n'est pas le plus mauvais moyen, pour lui, de se dérober. On juge le chameau défectueux ; mais, à le voir courant en *ses* déserts de sable, et sous *son* ciel, — ou bien agenouillé, dans un campement algérien, en longue file, — est-ce qu'on croit retrouver devant soi le triste bossu du *Jardin des Plantes ?...* Les girafes n'étaient pas faites pour poser derrière les grilles d'un parc zoologique ; il faut, pour les juger, les aller voir broutant, parmi les sorghos, sur ce sol africain dont elles ont la raideur, et la couleur.

L'*ara*, solitaire et maussade, sur son perchoir, nous donne la joie d'une caricature somptueusement enluminée... Mais figurez-vous un essaim de ces perroquets orchestrant l'unisson de verdure des forêts brésiliennes avec les notes vives et variées de l'écarlate, de l'orangé, du bleu paon, du violet d'évêque...

C'est pour cela qu'un *museum* est une mauvaise école de goût, et d'appréciation esthétique. A chaque pas qu'on fait le long des volières, ou des viviers, on entend prononcer les mots de *laid*, de *difforme*, de *répugnant* : tout un vocabulaire, en vérité, blessant pour le Créateur... Il faudrait qu'un homme, ici, se dévoue pour démontrer autre chose qu'une anatomie, qu'une physiologie spéciale et savante, — et qu'on réhabilite la Nature auprès de ces spectateurs épris d'Art. Comme on ne peut songer à reconstituer les milieux, qu'au moins on s'étudie à les évoquer ; que l'imagination puisse *rapatrier*, en quelque sorte, l'être qui dégénère là, de nostalgie, se trouve *dépaysé*, hors de son cadre, *déraciné*...

Et surtout, qu'on s'arrête sur l'idée d'*harmonie totale*, que j'émettais plus haut, — sur la pensée d'une orchestration plastique, mariant les dissonances de la ligne, ou de la couleur, à ses consonances, et fusionnant les détails, souvent ingrats, à-part, dans un ensemble qui ne laisse aucun regret à l'oreille..., — à l'*œil*, veux-je dire.

L'œil, en effet, ne voit pas également, il s'en faut, tout ce qui se projette sous son rayon ; on dit, en termes d'atelier, que le regard s'accroche à tel ou tel objet. Même, il est certains points, dans l'horizon visuel du plus attentif, qui, par leur position, échappent à l'enquête ; ce sont, pour ainsi dire, des *points aveugles*. Je n'insisterai pas sur ce fait ; c'est toute une science, à-peine ébauchée ; je ferai seulement observer ceci. Ce qui vaut pour la partie, vaut pour le *tout*. Vous avez vu, déjà, que les dissonances plastiques se résolvaient, dans un beau corps d'animal, de manière à laisser subsister l'idée d'harmonie. — Haussez-vous d'échelle, à-présent : voyez les corps individuels comme de simples parties dans l'ensemble du paysage, des « parties d'orchestre » ; et rassemblez-les aussitôt ; recomposez la partition. Alors, ce qui vous paraissait discordant, étant isolé, se révélera comme un élément d'accord opportun, même, souvent indispensable. Est-ce que, dans un accord musical de *septième*, si vous isolez la *seconde*, celle-ci n'est point, à part, intolérable ? — Image de la libellule dont on sépare les ailes du corselet : il ne reste qu'un ver annelé fort désagréable à la vue. Pareillement, au fait de laisser l'oreille en suspens sur un accord de septième, équivaut celui d'exhiber tel type animal sans le substratum auquel il s'appuie. D'une manière plus précise, on peut assimiler chaque forme spécifique vivante à quelque *timbre* instrumental. Chacun de ces derniers, pris à part, a moins, en soi, de « beauté » que de *caractère* : le hautbois est naïf, mais nasillard ; le cor, si velouté, devient, s'il se prolonge, pesant ; le trombone est strident ; la contrebasse, sourde ; les cuivres exclusifs font un camaïeu de tons « chauds », les cordes, — un camaïeu de tons « froids ». L'art d'instrumentation fond toutes ces sonorités, — ou les alterne — en un seul effort total, « résultant », où les extrêmes se tempèrent, et qui restitue l'harmonie.

De même, voulez-vous juger la Nature ? — Prenez-la de loin et de haut ; n'écoutez que l'effet d'ensemble (1).

⁂

Atténué, de la sorte, par l'ambiance, qui le voile idéalement — ou bien à la lettre, le *Laid* s'efface, degré par de-

______

(1) En se bornant à l'aspect *acoustique* de la Nature, on peut rappeler ici que la sonorité des eaux et des vents, les cris ou les voix d'animaux, souvent frustes, étranges et discordants, se fondent en une rumeur harmonieuse, poétique, et presque, pour nos oreilles, musicale.

gré, de la Création. Et d'abord l'animal difforme se dissimule dans son milieu ; puis, à y regarder de plus près, aucun animal n'est difforme, au sens absolu, dans son propre milieu, le milieu *conforme*. Ce résultat précis de notre Esthétique illustre ainsi, dans ses marges libres, le livre Darwinien, — Lamarckien plutôt, de l'*Adaptation*. A cette loi d'intérêt positif, « *le milieu fait l'être vivant* », — j'ajoute la suivante, d'un intérêt plus idéal : il fonde l'expression logique de l'être, et sa *beauté*.

Seulement, les milieux variant, et dans les limites les plus étendues, les êtres varient dans leur forme, harmoniquement. La beauté prend dès lors toutes les valeurs imaginables ; elle a ses degrés, comme l'ambiance. Aux milieux troubles correspondent des formes troubles, — aux milieux francs et découverts, des formes plus sincères, plus rassurantes. La notion d'*idéal* ne perd donc pas ses droits ; mais, forcément, elle se gradue, se hiérarchise. L'habitat auquel un type donné s'accommode plus ou moins bien, ou mal, peut être lui-même *infime* — ou *sublime*. Et cette hiérarchie physique des milieux fait justement la hiérarchie tout esthétique des êtres : la faune aérienne des oiseaux, ou des insectes, est belle, de la beauté de l'habitat ; la transparence et la légèreté des ailes, chez l'insecte, leur texture élastique et puissante à la fois chez l'Oiseau, ne se rattachent-elles point aux qualités de même nom chez le fluide subtil et diaphane, élastique lui-même et puissant ? — Ainsi, nous revenons à la loi si curieuse de *mimétisme*. Il est un mimétisme purement protecteur : il se borne à cacher l'être faible sous la livrée de son lieu d'élection : ainsi la mouche verte sur le feuillage vert, le bacille ou « *spectre* » au corps immobile et ligneux sur le rameau de bois mort, l'ours polaire au blanc pelage sur le tapis de neige blanc. — Il est un mimétisme plus spécialement *esthétique* qui ne se restreint pas à varier la couleur, à cacher, mais qui prête aux formes, aux mouvements expressifs de l'espèce les traits qui caractérisaient déjà son berceau.

Le principe de l'Adaptation aux milieux n'abolit donc point le privilège du *beau* chez les êtres élus ; il étend seulement la notion de ce beau du même effort qui restreint celle du *laid*, la déploie, pour ainsi dire, sur toute l'échelle animale, en gamme chromatique immense. Et malgré tout, ces degrés de laideur, envisagés comme *minima* de beauté, notre obstination d'idéal y répugne et s'en scandalise. Alors, une suprême ressource est de voir, dans la faune actuelle, en apparence définitive, une transition. Conception téméraire, peut-être, mais que l'histoire des évolutions antérieures pourrait jusqu'à certain point justifier. Un contemporain de l'*Ichtyosaure* ou du *Labyrinthodon* eût pu croire, très fermement, que la Nature s'en tiendrait là. Notre vue très courte, aussi brève que notre vie, ne porte guère au-delà d'un stade imperceptible d'évolution. L'oiseau, l'insecte ou le mammifère que deux, trois, vingt générations observent sans noter la moindre variante, — seraient d'aventure, qui sait ? un anneau de quelque chaîne prodigieusement allongée. Sans être transformiste, il est permis de supposer que l'individu n'est pas seul à croître, à subir des métamorphoses et que cette plasticité s'étend à la race... Alors le *laid*, jugé par nous irrémissible, attendrait, si je puis m'exprimer ainsi, son rédempteur. Les *vers* définitifs grouillant dans l'humus, ou dans le mucus, laisseraient espérer de futurs insectes, et plus merveilleux, en proportion, que les descendants ailés des chenilles : ce ne seraient plus des animaux parfaits, mais des larves ; les organismes affreusement diaphanes qui laissent entrevoir leurs viscères, s'offriraient en prédécesseurs de types à venir, mieux vêtus. Bref, aux yeux de l'esthéticien rassuré, le mal plastique ne serait qu'une étape vers l'excellent ; la Sélection qui créa, comme par amour, le papillon, l'oiseau, la gazelle, travaillerait, secrètement, à d'autres chefs-d'œuvre ; enfin, le règne animal tout entier, du commencement du monde à sa fin, ne serait qu'un seul être, un seul animal, en progrès constant...

Mais cela, c'est un rêve que notre Esthétique, avant tout précise, n'a ni le droit, ni même le souci de prolonger. Faute de preuves suffisantes pour changer nos conditionnels en indicatifs, il faut nous faire à cette idée d'un hippopotame permanent, d'une araignée définitive, d'une *hydatine* laissant transparaître ses intestins à travers l'épiderme, à jamais... Nous pouvons aisément, d'ailleurs, nous y résigner, puisque ces monstres nécessaires et normaux restent, d'habitude, immergés dans l'onde ou s'enfuient, à notre approche, en des coins obscurs.

Le laid anormal

Du moment que le Laid *normal* reste ainsi masqué, silencieux, sans troubler la « belle » Nature de sa présence, nous n'avons plus à nous préoccuper que de l'*anormal*. Ce dernier est *tératologique* ou *pathologique* : monstruosité native — ou dégénérescence acquise, infirmité, maladie. Ici, la mise en scène est plus formidable, sans doute ; mais le drame, encore, se joue, la plupart du temps *à rideau baissé*. Les animaux qui se sentent atteints, s'en vont mourir à l'écart dans les fourrés ; mutilés par un accident, ils sont, d'habitude, achevés par leurs congénères ; et quant aux *monstres*, plus rares encore que les infirmes, en la Nature vierge, ils ne souillent pas longtemps de leurs tares cette Nature sereine, impeccable. C'est bien assez, c'est trop, que les lois qui sauvent, couramment, son honneur plastique, fléchissent, par exception, une fois sur mille; que les viscères, latents d'habitude, deviennent patents, — chez les monstres « *autosites* », par exemple, — ou que tel appareil provisoire se fasse persistant — ou bien encore que les parties 'de rang subordonné prédominent. A de pareils désordres, le temps ne fait jamais long crédit ; le sort de tout être manqué, c'est de périr, et de périr tout entier, sans faire souche. Car les *monstres*, c'est avéré, ne se reproduisent jamais ; ils demeurent stériles ; la Nature ne répète point ses erreurs.

*
* *

Résumons-nous. Ce mot de *laid*, qu'excluait la *flore* (1), et qui nous vient aux lèvres si tôt, devant la *faune*, est une expression bien massive, et vraiment brutale : c'est un *bloc*. Je l'ai détaillé, ce bloc, avec minutie. Vous avez vu qu'il a donné du gravier et du sable fin. Autrement dit, la laideur animale a montré tous les modes possibles, et tous les degrés d'atténuation. Et jusque dans la beauté, j'ai prouvé qu'il en subsistait comme une poussière... Afin qu'une classification si neuve, et si capitale, ne reste pas

(1) A peu d'exceptions près (je pense aux *Champignons* et à certains arbres à ramure géométrique, comme l'*Araucaria*).

perdue, comme noyée, dans le détail de l'argumentation, j'en rapproche les termes en ce tableau :

LAID	*Normal* (de race)	Patent	Permanent	Total : Adaptation à milieux infimes. Partiel : Adaptation à fonctions inférieures.
			Transitoire	(Larves).
		Latent	Permanent	Total : Organismes cachés sous la terre, etc. Partiel : Organes cachés sous la peau.
			Transitoire	(Embryons).
	Anormal (touj. individuel)		Tératologique (Monstres).	
			Pathologique (infirmité, maladie, dégénérescence).	

Genèse du sentiment esthétique
inspiré par les animaux
Enquête sur l'enfant

Il est bien entendu, n'est-ce pas ? qu'en prononçant, jusqu'ici, les mots de *beauté*, de *laideur*, nous avons fait une anticipation. Anticipation nécessaire, à la vérité, puisqu'il faut bien parler la langue de chacun, mais qu'il est à propos, maintenant, de dénoncer comme une nécessité périlleuse.

En effet, déclarer du premier coup telle forme animale « belle », ou « laide », n'est-ce point demander crédit à l'opinion ?

En soi, cette forme est tout au plus qualifiable *d'harmonieuse*, ou de *discordante* ; même, pour la juger de raison avant que le sentiment ne s'en mêle, il faudrait des épithètes plus objectives encore que celles-là, plus dégagées du sentiment intime.

Car il en est du *beau* comme de la lumière : ces deux mots sont des « trompe-l'œil », de vrais mirages d'unité. Vous dites couramment : « *bonne* lumière, *mauvaise* lumière ». Mais prenez-vous garde que c'est votre œil dont vous traduisez ainsi l'impression ? En soi, la lumière est un pur mouvement vibratoire, une sorte de courant qui traverse l'espace, venant d'une source enflammée, et si ténu, qu'il reste, en tant que mouvement, invisible. Ce n'est donc pas la *lumière* que vous deviez dire, mais *l'agent lumineux*. Cet agent, procédant par contact, — produit toutes espèces d'effets sur les pierres, les herbes, même nos épidermes ; effets qui ne sont pas encore « *la lumière* » ; il fait détonner un mélange d'hydrogène et de chlore ; il décolore l'étamine rouge ou bleue des drapeaux ; il « impressionne » le papier photographique ; son degré fort ou faible modère plus ou moins l'essor des tiges végétales, sert de frein à la montée de sève ; enfin, chez les êtres qui déjà possèdent des yeux, cet agent prématurément nommé « *la lumière* » accomplit, avant de donner à ces yeux la fête du clair-obscur et du coloris, bien d'autres tâches : il dilate ou resserre les glandes chromatogènes du poulpe, du caméléon, faisant ainsi paraître ou disparaître à volonté les taches de pigment, assurant à l'organisme qu'il doue de la faculté de *voir*, le privilège, plus essentiel à sa vie, de n'*être pas vu*. Nous-mêmes, qui projetons notre sensation lumineuse au-dehors, et la matérialisons, pour ainsi dire, dans un *rayon* — nous vient-il en tête que c'est un seul agent qui, traversant ce trou, la pupille, nous illumine d'un si magique tableau, tandis qu'effleurant l'épiderme aveugle, à l'entour, il se borne à foncer le teint ?

Aussi devrait-on distinguer plus soigneusement, en Optique, la *sensation lumineuse* — de l'*agent lumineux :* celui-ci constant, partout répandu, se passant de la présence des êtres ; — celle-là changeante, localisée, dépendant du monde extérieur.

Or, un départ tout analogue s'impose en notre Esthétique ; car, ici encore, l'homme a pris l'habitude de projeter ses sensations hors de lui, de manière à confondre, en toute occasion, les qualités des corps avec ses propres états d'âme : comme il *voit* et *ne se sent pas voir*, qu'il entend *sans s'écouter entendre*, son labeur personnel dans la contemplation des objets passe inaperçu de lui-même; au point qu'il ne vante, ni n'incrimine son regard, son tact, ou son ouïe, et reporte sur la Nature impassible le fort et le faible de sa propre nature humaine. De là naît l'illusion que le *beau* est quelque chose d'inhérent à l'être, à l'objet, qui fait corps avec lui, dont nous autres, placés autour, recueillons l'essence volatile, recevant tout, et ne donnant rien, et prenant, enfin, le plaisir comme on cueille un fruit sur un arbre...

Or l'arbre, en réalité, est en nous : le paradis terrestre où pousse cette essence fructifère du Bien et du Mal..., — du *Beau* et du *Laid*, veux-je dire, c'est nous-mêmes. En face du pouvoir de créer, se dresse une puissance de sentir, et notre goût humain vient à son heure, pour servir de complément au génie divin. Ce *goût* pourrait être défini : la faculté de transformer les qualités des choses en sensations de plaisir, — leurs défauts, en sensations d'ennui. *C'est une Optique continuée ;* car déjà la pupille, se réglant sur le degré de lumière, s'ouvre à regret — ou

largement — pour saisir cette lumière, ou la repousser ;
elle *réagit*. — Et le sens esthétique, aussi, *réagit*, blessé,
— par l'aversion, la blessure ; caressé, — par l'amour,
la caresse. Or, voyez comme le parallélisme est fidèle :
j'ai dit que l'agent lumineux accomplissait toutes espèces
de tâches dans l'Univers, en dehors de sa mission éclai-
rante : il fond, il transforme, il détruit, il refrène les
croissances trop vives. Eh bien ! l'être ou l'objet que vous
nommez *beau*, qui, dans cet instant, vous charme ou vous
fascine, — il fut, avant vous, — après vous il sera, pour
d'autres que pour vous, — que dis-je ?... pour vous-même,
objet de recherche pratique, ou bien d'enquête scientifique. Puisque nous en sommes à la faune, le *cheval* peut
être cité, ce compagnon de tâche indispensable, et ce chef-
d'œuvre de sculpture naturelle ; le cheval, dont les noms
multiples accusent la variété de rôles ; étalon des haras,
dextrier des joutes et des batailles, haquenée pour mener
à l'amble les nobles dames de jadis, trotteur pour l'atte-
lage, limonier pour le gros charroi, bête de labour ou de
manège agricole, que sais-je ? — et, dans le même instant, pour les poëtes, *Pégase* ou *Rossinante*.

Ainsi l'*Oiseau* qui nous arrête, rêveurs, à son plumage,
son vol, ou son chant, est le point de mire, aussi du chasseur, ou du naturaliste ; cette fois, pour figurer à table,
ou sous les vitres d'un musée ; et lui-même, en cet instant ou moi, je l'admire comme œuvre d'art, il joue, tout
ingénu, son rôle d'*être*, de *vivant*, qui ne vole pas pour
nous montrer son adresse, mais pour chasser, ne lisse pas
ses plumes par coquetterie, mais par prévoyance, — réalise enfin ce tour de force d'être poëtique, en vaquant aux
tâches de vie les plus positives.

Par là se peut démêler la part, si mal connue, de l'homme en les phénomènes du *beau* : quand il se croit spectateur passif, il collabore au jeu de scène ; et l'activité
sympathique qu'il prête tout entière au monde ouvert
devant ses yeux, est — au moins pour une moitié, sortie
de son imagination personnelle, de sa sympathie. En
attendant le regard d'une intelligence, le *beau*, le *laid*
vivent, si l'on veut ; mais vivent d'une existence *virtuelle* ;
ils sont « en *puissance* » et pour se réaliser, être littéralement le « *beau* » — ou le *laid*, il leur faut cette force de
dégagement : l'*âme humaine*. Ainsi l'énergie lumineuse
ne devient *lumière* que dans un œil.

Enquête sur l'enfant

La conclusion qu'on doit tirer, c'est qu'à l'histoire esthétique de la faune, vue du dehors, nous devons ajouter
celle des facultés, grâce auxquelles nous l'apprécions,
nous la réflétons au-dedans de nous, — des puissances
mentales qui font, de ces vies étrangères, un instrument
de peine — ou de plaisir, pour notre pensée. Dès lors,
c'est moins les animaux qu'il faut interroger — que
nous-mêmes ; il ne s'agit plus, strictement, d'*expressions*
animales, mais plutôt d'*impressions humaines.* La morphologie des bêtes se taira, laissant parler notre psychologie ; comme on l'a dit, naguère, du paysage, la *faune,*
au chapitre qui vient, pourra se définir : un *état d'âme.*

Notre première enquête doit porter sur *l'enfant,* et sur
l'enfant vierge encore de toute suggestion, sur le nouveau-né. Essayons de reconstituer cette page initiale effa-
cée dans notre propre exemplaire, et dont nous pouvons
à peine, en les autres, déchiffrer la lettre. Ce petit être si
fragile, encore mal réveillé de son long sommeil de neuf
mois, ne reçoit évidemment presque rien du monde extérieur : aveugle et sourd, ou peu s'en faut, le sens du toucher paraît même en lui bien obtus ; le seul contact auquel il se montre sensible est celui du sein de sa nourrice. Admirable instinct du mammifère usant de la mamelle d'emblée, sans la connaître... Mais n'insistons pas.
La sensibilité la plus développée chez l'habitant de ce
berceau, — comme chez l'habitant d'une coquille, c'est
la sensibilité des *viscères.* Les premiers jours, l'enfant ne
crie pas parce qu'il aperçoit des figures, ou qu'il saisit
des sons, au dehors, qui l'effarouchent, mais parce qu'il
entend, au profond de son être, cette voix qu'on appelle
la faim, besoin ou douleur. Tout notre univers, pendant
les huit premières journées que nous vécûmes là, ce fut
notre propre organisme. Et toute notre histoire d'alors
tient dans quelques vagues besoins de sucer, de dormir,
dans les incidents, heureux ou pénibles, de la digestion,
de la circulation, de la respiration, dans les péripéties du
sens musculaire... Sommes-nous assez loin, alors, de
l'existence esthétique !... Pas tant, au fond, que vous
croyez. En effet, — et nous l'avons indiqué, déjà, pour la
Terre, pour le paysage, — l'aliment qui s'incorpore à
nous, aisément — ou péniblement, le sang qui s'accélère

— ou se ralentit dans nos veines, l'air qui vient rafraî-
chir nos poumons, abondant ou rare, pur ou suspect, —
toutes ces fonctions si basses ne jouent pas, dans le drame supérieur de la pensée, du sentiment, un rôle négli-
geable. Pour le moment, c'est vrai, chez ce nouveau-né
dont nous entourons le berceau, les *sensations internes*,
organiques, ne servent absolument qu'à la vie : les petites
oppressions de poitrine, les ralentissements ou précipi-
tations du cœur tout momentanés, les frissons ou chaleurs fiévreuses, les orages nerveux, qui se traduisent par
des vagissements, des soupirs, des contractions de la face,
des mouvements convulsifs des membres, — tout cela ne
sert pas encore de véhicule à des idées de grâce ou de
majesté, à des sentiments sublimés ou comiques.

Mais le moment est proche, où cela sera. Voici que le
baby, que nous admirions dormir en sa barcelonnette de
bois nu, ou dans son nid coquet de dentelles, voici qu'il
sort de son sommeil, de son rêve, peut-être ; il se retourne d'un geste brusque, agite ses petits pieds, ses me-
nottes ; et, s'il a huit jours d'existence, jette un regard
autour de lui. — Ce premier regard, qu'est-ce qu'il apprend au nouveau-né ? Quelles nouvelles lui donne-t-il
de l'extérieur ?... — Cela dépend de mille choses: du jour
qui filtre, clair ou blafard, de la fenêtre, — des murs nus
ou capitonnés qui le reçoivent, — et surtout de l'âge, du
sexe, de la physionomie des personnes penchées sur sa
vie frêle et touchante. Non certes qu'il y ait, si tôt, pour
cette flamme d'intelligence à peine allumée, des différences d'âge, de sexe, de caractère ; mais s'il n'y a pas
encore, à ses yeux, d'*espèces*, il y a déjà des *figures*. Sa
mère, qui vient de suite à l'appel de ses bras tendus et
l'enlève, enthousiaste, en ses propres bras, n'est pas une
mère, sans doute, pour son cerveau, — pas plus que sa
nourrice n'est une *femme* ; est-ce que le premier mot qui
lui vient aux lèvres, le mot universel de *mamma*, ne désigne pas la mamelle, avant la nourrice ?... Un être aussi
neuf au monde que celui-ci n'a pu percevoir d'abord autour de lui que des *contours*, et que des *teintes* ; vaguement, il a senti le contraste optique des cheveux dorés de
la jeune sœur, des cheveux d'argent de l'aïeule, — le
contraste sonore des voix jeunes et des vieilles voix ; la
barbe, qui gêne son père pour l'embrasser, lui donne un
signal, non de paternité, mais d'épouvante ; plus tard,
il apprendra que le mot « *rébarbatif* » vient de là ; plus

tard encore, s'il tombe sur ce livre, — que ce mot renferme tout le secret de l'hypnose, et par suite, du sentiment esthétique immédiat. L'hypnose, c'est-à-dire la suggestion directe, « foudroyante », des formes, des couleurs, des gestes, agissant par soi, sans idée de personnalité, ni d'espèce, tel est effectivement le premier degré d'une échelle qui monte jusqu'à l'extase d'art la plus consciente. Avant d'admirer, on s'étonne, et ce verbe *admirer* lui-même porte encore la trace latine de l'idée primitive d'étonnement. La transition peut être suivie d'ailleurs chez l'enfant, qui là, dans l'instant où je parle, explorant l'univers de son berceau, s'agite ou s'apaise, pleure ou sourit, — moins des acteurs qu'il voit en scène, à l'entour de lui, que du spectacle ; moins de la signification expressive des accessoires que de leur aspect. — Et voici qu'un beau jour, — on ne sait pas quand, — cette sorte de mollusque sans test, qui mesurait l'espace de sa chambre comme un Océan, jouissait ou s'effrayait des menus courants, des remous, voyait les gestes humains comme des vagues, caressantes ou menaçantes, — voilà qu'il connaît des *personnes*, et des *fonctions*. — Hier sa sensibilité faisait la différence des *tons*, lumineux ou sonores : il y avait pour lui des éclats de *rouge* et des douceurs de *bleu*, des gaîtés presque comiques de *jaune*, et des tristesses quasi-mystérieuses de *violet* : il y avait des frôlements secs de soie, des moiteurs de laine, des saveurs de lait, ou de pain sucré, des odeurs fines ou des odeurs fortes, des notes grondeuses ou berceuses... Aujourd'hui, son discernement, en progrès, connaît une *mère*, une *nourrice*, sait faire le départ entre frères et sœurs, entre les aïeux, plus lointains, — et les descendants, plus proches de lui. Cette science fut longue à venir : il a fallu d'abord distinguer les êtres des choses ; puis les hommes des animaux. Cette *faune*, dont nous poursuivons justement, ici, les enquêtes, elle s'est, en quelque sorte, détachée du reste, s'imposant comme un petit monde à part, dont il convient de s'amuser ou de s'épouvanter, — mais pas de la même manière que des humains. Et dans ce microcosme animal, l'enfant a fait ses classifications : les deux commensaux favoris de notre foyer sont vite baptisés : *minet* et *toutou*. Le sybaritisme défiant du premier, la bonhomie brusque du second, ont été reconnus dans leurs traits essentiels, et les noms puérils qu'ils reçoivent, sortes d'onomatopées laconiques, demeurent comme la trace de ces synthèses enfantines. Car l'enfant, sans s'en aviser, opère déjà des synthèses : de la combinaison optique (ou tactile) d'un pelage llustré, d'une tête arrondie, de deux prunelles luisantes à pupille linéaire, il recrée le *chat*. De même, un plumage vert, un bec crochu, de petits yeux ronds, cerclés de blanc, une caricature de voix humaine, recomposent le perroquet. Chaque type vivant grave ainsi son image, — son schéma, plutôt, dans cette jeune tête. De sorte qu'après avoir fondu les traits solidaires en la notion d'individu, son esprit, toujours inconscient, fond les individus distincts dans une espèce.

Extrait des Livres roses *(Larousse)*

On sait qu'au premier âge, le mot *papa* désigne tous les hommes, — tous les êtres qui, comparés au père, sont trouvés similaires d'aspect ; c'est un mot naïvement spécifique. De même, tous les chats que l'enfant croisera sur sa route, indistinctement, seront des « *minets* ». Cette terminologie fait sourire ; et pourtant, c'est la base des classifications les plus avancées ; nos savants, lorsqu'ils groupent les plantes, ou les animaux, en espèces, genres, familles, ne suivent pas d'autre méthode.

La prescience enfantine, d'ailleurs, va presqu'aussi loin : de la notion du *genre*, elle s'élève aux groupes de plus en plus supérieurs. — Par exemple, elle juxtapose, assez tôt, l'image du perroquet et celle du pigeon : le perroquet a le plumage vert, le bec fort et crochu, la voix criarde ; — le pigeon a les plumes grises et changeantes, un petit bec pointu, murmure doucement ou roucoule... Mais tous deux, perroquet et pigeon, possèdent ce don merveilleux de voler, ont des *ailes.* L'enfant, secondé d'ailleurs par les leçons de choses officieuses, a tôt fait de grouper tous les porteurs d'ailes sous le nom générique d'*oiseaux* ; — d'ailes *plumeuses*, dois-je dire, — car d'autres êtres, plus menus, ayant des ailes *membraneuses,* se dirigent aussi dans l'atmosphère et, sans beaucoup d'effort, sont rassemblés dans un nouveau groupe : les *insectes.* Il est à noter, toutefois, que le classement esthé-tique, prenant pour base l'adaptation aux milieux, infimes ou sublimes, ne concorde pas toujours, tant s'en faut, avec le classement technique et savant : celui-ci se fonde, plutôt, sur les affinités profondes, viscérales ; — et justement, il se trouve que les traits superficiels, épanouis

Ailes comparées d'insecte, d'oiseau, de chauve-souris

au-dehors, et qui nous parlent un langage expressif, sont les plus exposés à la variation, — donc, les moins essentiels à la vie, ceux qui, pour le naturaliste, offrent le moins de prise aux taxinomies. Un enfant à l'imagination poëtique pourra donc s'étonner, le jour où son maître lui fera séparer les insectes ailés des oiseaux ; car peut-être rassemblait-il, en sa jolie pensée primesautière, les oiseaux, les papillons, même les chauves-souris ; en un mot, tous les porteurs d'ailes.

**.

Sur ces entrefaites, un nouvel élément d'appréciation se fait jour, chez le petit que voilà, sorti du berceau ; le sens de sa personnalité, de son *moi,* s'éveille et grandit. Après avoir longtemps comparé les objets, les êtres, entre eux, c'est à lui-même, maintenant, qu'il compare ces êtres et ces objets ; sa mignonne classification embrasse, désormais, un monde dont il fait partie ; naguère, il abordait les hommes de trente ans, les appelant *papas ;* ce sont les enfantelets de deux ans qu'il aborde aujourd'hui, les nommant, de son propre diminutif, des *bébés.* Dès lors, sa petite personne se hausse, et devient point central de comparaison. *Bébé* prend l'habitude de tout rapporter à lui-même ; et cette tendance, dont l'excès, chez l'enfant gâté, se fait fâcheux, et le rend insupportable aux autres, — nous en saluons ici l'essor discret ;

car, sous le nom d'*anthropomorphisme,* elle se révèle une des sources maîtresses de l'expression. En mettant, pour ainsi dire, « dans sa propre peau » tous les êtres qu'il aperçoit, ou bien prêtant à ces êtres bien troubles encore, son âme d'enfant déjà claire, il puise là des frayeurs — ou des bonheurs nouveaux, se crée des attractions — ou des répugnances de goût invincibles ; bref, il nourrit le germe de son esthétique future.

*
* *

Vous pressentez, n'est-ce pas ? que ce temps passé devant un berceau, n'est point du temps perdu pour la haute Esthétique. Résumant, en effet, nos observations puériles, nous pouvons marquer, dans l'évolution du sens de beauté, cinq phases : l'enfant ne perçoit tout d'abord que ses propres états intérieurs ; — puis le monde extérieur s'entr'ouvre à ses sens : il y distingue des *figures,* et bientôt, — par un progrès important, des *personnes.* Enfin, il prend conscience de son *moi,* qui devient désormais un centre actif de comparaisons. — Or, ce qui, dans le premier âge, était successif, devient plus tard simultané. Ces cinq jalons du sentiment esthétique futur sont comme les arbres d'une route que l'œil aperçoit d'abord un à un, et dont il embrasse ensuite la perspective d'un seul coup. Ainsi la *faune,* qui, pour l'instant, nous occupe, impressionne notre esprit agréablement — ou péniblement, en éveillant en nous, adultes, tout à la fois, des *mouvements organiques* — et des *images.* Par son pelage bien lustré, fourré richement, sa tête ronde aux oreilles pointues, écartées, ses prunelles luisantes, obliques, et le panache de sa queue, le *chat,* dont nous parlions plus haut, se présente comme un tableau ; mais il s'offre, aussi bien, comme une sensation de *tiédeur* et de *velouté.* Le contempler ne suffit pas à notre plaisir ; il faut qu'on passe la main sur ce poil soyeux, qu'on le caresse avec lenteur. Par antithèse, en le *crapaud,* ce n'est pas seulement la vue d'un corps rampant, pustuleux, de globes oculaires ternes et fixes, et d'une bouche dilatée, qui nous répugne ; mais également, — et peut-être par dessus tout, la sensation du toucher à distance, la révolte de l'organisme à l'idée d'un contact froid et rugueux. Ainsi nous voyons moins, dans le *poisson,* l'être écailleux — que nous ne subissons l'être visqueux. L'*araignée,* noire étoile sinistre, nous fait fuir, instinctivement, parce que nous sentons déjà le piétinement de ses pattes crochues sur notre épiderme.

. Toutefois, le fait capital, ici, n'en est pas moins l'obsession de l'*image*. Mais cette image, encore, elle s'offre à notre intelligence sous deux aspects : ensemble plus ou moins harmonieux — ou discord, de points, de lignes, de surfaces, de tons ; — et représentation d'un être défini, auquel on donne un nom ; c'est-à-dire, en un mot, d'une *espèce*. Je vous arrête sur cette distinction qui, faute d'être nettement opérée, fait disputer les philosophes et brouille les idées du profane. Que d'inutiles dissertations nous seraient épargnées, si l'on séparait, une bonne fois, ces deux aspects de toute chose : l'*harmonique* et le *spécifique* ! Dès la matière inerte, on les trouve, mêlés, confondus dans une unité sans doute opportune, mais trompeuse. Et qui donc sait, dans un *fronton*, dégager le triangle, et voir, dans une *roue*, le schéma d'une étoile géométrique ?... Mais ne nous préoccupons que des êtres, et plus particulièrement des animaux. Or, notre esprit est ainsi tourné, qu'il peut y voir, à volonté, des *figures* — ou des *personnes*. C'est, la plupart du temps, ce dernier point de vue qui domine, — et cela, grâce à la longue habitude que nous avons de mettre des noms sur les visages. Le *chat*, comme le *chien*, le *cheval*, l'*insecte* et l'*oiseau*, — sont trop familiers, pour que nous puissions faire abstraction de leur personnalité, ne voir en eux que des partis de lignes et de couleurs. Seuls, les professionnels de la Peinture sont capables d'un tel effort. Ecoutez-les : ils ne parlent que de *tonalités*, de *galbes*, de *silhouettes* ; même l'artiste vrai, qui se pique d'interpréter son modèle, sans servilité, qui le « stylise », comme on dit, est bien forcé de réduire l'espèce zoologique à des traits fort simples, et qui la font devenir *espèce artistique*. Pour nous, esthéticiens, qui ne créons pas, et dont la mission est de bien juger, il nous faut tenir un compte égal de ces deux tendances psychiques : celle qui *figure*, simplement, — et celle qui *personnifie*. Chacune d'elles, en effet, joue dans le sentiment du beau — ou du laid, un rôle important, bien déterminé. Observons d'abord la première de ces tendances. Comme l'a merveilleusement détaillé Sully Prud'homme, en son livre sur l' « *Expression dans les Beaux-Arts* », un facteur premier de notre impression devant tout objet, tout être vivant, est l'hypnose. La définirai-je savamment ? — Non, je préfère donner un exemple. Vous vous souvenez que, plus haut, j'employai le terme de « *rébarbatif* »... Eh bien ! ce simple mot contient toute une explication. Au nouveau-né qui vient de s'épanouir devant le visage imberbe, et rassurant, de sa mère — ou de sa nourrice, vous savez l'effet que produit un visage barbu. L'effarouchement subit d'un être si neuf, et qui ne connaît pas encore de personnes, pourrait-il s'expliquer autrement que par la figure ?... Or, c'est un effet tout semblable qui cause aux « grandes personnes » tant de répugnance à l'aspect d'un *ver*, d'une *chenille*, ou d'une *araignée*. A part l' « horripilation » d'épiderme, le schéma spécial à ces êtres influence directement notre système nerveux ; il atteint, du premier coup, la sphère inconsciente de notre esprit. Chez tous les animaux que nous qualifions de laids, de repoussants, il existe, à coup sûr, une combinaison de lignes et de teintes, et j'ajoute : de mouvements, qui, par elle-même, a le don fâcheux de nous dégoûter, ou de susciter en nous l'épouvante. —

L'Indien charmeur de serpents (d'après une ancienne image d'Epinal).

Inversement, les êtres gracieux, attrayants, offrent un ensemble de traits qui nous captivent d'emblée, sans réflexion. Voilà *l'hypnose esthétique*, qui ne diffère, semble-t-il, de l'hypnose physiologique que par le degré hiérarchique. La fixation d'un point éblouissant endort tel sujet préparé ; — mais, sur tout homme un peu sensible, la fixité d'un regard clair et scrutateur, arrête l'essor de la pensée. On dit, alors, qu'on est « *fasciné* ». C'est, en somme, mais en plus fin, l'action qu'exerce le serpent sur l'oiseau. Dans mon ouvrage intitulé « *les Eléments du Beau* », j'ai précisé cet ordre de faits, et démontré comment il se hausse du terrain médical et clinique au domaine du sentiment idéal ; j'ai tâché d'établir nettement la symétrie de ces deux états : le *charme* et la *fascination*. J'opposais vivement à la fascination de l'être gracieux par l'être sinistre, l'effet obtenu sur ce dernier, en retour, par l'Indien charmeur de serpents. Or, ces effets croisés se retrouvent dans l'*expression* pure et simple. Si les figures sont expressives, c'est qu'elles orientent notre appareil sensitif en tel ou tel sens. Elles sont pour nous des espèces de sémaphores, indiquant le flux ou le reflux de vie ; et, — correspondance admirable, notre propre figure, à son tour, répond à leurs signaux par d'autres signaux. C'est ce qu'on appelle, en psychologie, *la double et réciproque suggestion de l'idée par le geste, et du geste par l'idée.* La tête plate du reptile, sa gueule béante, sa langue bifide et dardée, son long corps apode et sinistrement volubile, — autant de signes, avec le sifflement, qui communiquent l'épouvante. Celle-ci se traduit, sans tarder, sur le visage humain par des signes qui nous impressionnent, à notre tour : ce sont les yeux qui se dilatent, la face qui pâlit, le corps qui se met à trembler. A notre tour, nous faisons l'office de sémaphores vivants, expressifs. — Mais laissons ces cas dramatiques, exceptionnels d'ailleurs. En l'ordinaire de la vie, l'animal, par sa seule physionomie, nous attire, ou bien nous repousse, — à moins qu'il ne nous arrête sur place. Il faut distinguer ici deux catégories d'effets favorables. La grandeur, ou l'éclat, d'une part, nous en imposent ; et nous en sommes plus intimidés que charmés. C'est l'émerveillement du sublime ; il se traduit par une attitude de surprise respectueuse, et quelquefois un geste de recul ; le mot de *monstre,* qui nous vient devant les très grands mammifères, tels que l'*éléphant,* la *baleine,* — ce mot n'est pas toujours péjoratif ; son étymologie ne fait-elle pas surtout allusion à la curiosité qu'excite l'extraordinaire ? — Ainsi le « monstre », primitivement tout au moins, n'est point l'être qu'on cache, mais l'être, au contraire, qu'on produit au jour.

Un effet non moins favorable, et qui s'oppose à l'émerveillement, est l'*enchantement.* C'est un résultat du *gracieux.* Des animaux comme la *gazelle,* la *colombe* ou le *papillon,* ne nous étonnent pas, ne nous tiennent pas à distance ; ils nous charment, d'emblée, nous attirent vers eux. On ne remarque pas assez ce besoin, *à priori* bizarre, qui nous porte, irrésistiblement, à caresser les êtres charmeurs, à les embrasser, les flatter longtemps de la main, comme de la voix. La douceur moite des pelages et des plumages, ou le velouté de la peau, ne suffisent pas, je pense, à justifier ce geste d'amour. L'œil est flatté par le coloris, par l'harmonie des formes ; l'oreille, par le son de voix, autant que la main, du contact. Et plus profondément que l'œil, ou que l'oreille, notre âme est subjuguée par cet ensemble de traits, devenus, par enchantement, des *attraits*. Alors, ce sémaphore animé qui traduit à l'extérieur, pour ainsi dire, ses marées latentes, se met en branle ; il révèle à tous, par son jeu, l'état de cette mer si mobile, et, permettez-moi l'expression, l'*étiage* des états d'âme. On reconnaît, au sourire d'un homme, que tel spectacle lui « *sourit* » ; et la seule vue d'un enfant qui lève ses regards en battant des mains, m'avertit qu'un oiseau superbe, et que je n'ai pas vu, vient de traverser le ciel à l'instant. De même, avant d'apercevoir l'araignée courant sur le mur, je suis averti de son existence par la mine effarée de la ménagère, son recul instinctif, son geste de dégoût...

*_**

Mais l'homme ne voit pas, dans la faune, que des figures : il y reconnaît, aussi, des *personnes*. Ces monstres, terrestres ou marins, qui nous tiennent en respect, on les détermine : c'est l'*éléphant*, ou c'est la *baleine* ; ces créatures qui nous ravissent, on peut les nommer : c'est la *gazelle*, ou la *colombe*, ou le *papillon* ; la créature ailée qui se fait suivre du regard, c'est un *oiseau* ; l'étoile coureuse et sinistre qui nous fait reculer d'horreur, c'est un insecte, une *araignée*. Même en reprenant son sang-froid, l'homme peut persister dans sa répugnance première, ou dans son extase ; mais il juge ces animaux comme ils doivent être jugés, équitablement, *d'après leur espèce*. Et sous cet angle défini, son jugement peut corriger l'impression première, en réformer la promptitude. Vous le surprendrez peut-être à dire : « *la belle araignée !* »... Les formes si massives de l'éléphant ne l'intimideront plus à ce point ; s'habituant à voir, en ce lourd colosse, un type zoologique rationnel aux parties bien coordonnées, adaptées aux fonctions de vie, — toute répulsion pourra disparaître. Ainsi l'éléphant, à ses yeux, aura « *son genre de beauté* ». Il y aura une beauté proprement *éléphantine*, comme une grâce « *arachnéenne* ». Il suffit, pour opérer ce revirement, d'observer la douceur de ces petits yeux, la puissance paisible de ce grand corps, la souplesse intelligente de cette trompe si singulière. Il suffira de voir, en l'insecte troublant, la tisseuse habile et patiente. Ainsi la réflexion viendra tempérer l'instinct qui d'abord s'insurgeait. Dominant ses nerfs, le spectateur, devant l'animal, mettra son diaphragme : le champ de sa vision mentale se restreindra. Sa mémoire ne l'embarrassera plus de comparaisons ambitieuses et compromettantes. Perdant de vue, momentanément, la *gazelle*, au galbe élégant, l'amoureuse et séduisante *colombe*, ou le *papillon* désinvolte, toute son attention se concentrera sur l'insecte endeuillé, sur le quadrupède fauve et sévère. L'*éléphant* sera rapproché, dans son esprit, de ses congénères ; l'*araignée*, de ses sœurs ou proches-parentes. Alors, le vice de ces êtres ne sera plus dans leur structure, jugée légitime et conforme ; il surgira d'une dérogation, justement, à cette forme typique, ancestrale ; on saisira la différence qui sépare la laideur saine, transmissible, de la *monstruosité*, de l'*infirmité*. Bref, tout en demeurant impressionné par les *figures*, le spectateur du monde animal tiendra compte, intelligemment, des « *personnes* ».

***

Il faut bien l'avouer, toutefois, cette façon de voir est peu populaire, étant déjà systématique, au fond, et déjà savante. Le vulgaire s'en tient, d'habitude, à l'impression prime-sautière ; on peut l'observer au *Jardin-des-Plantes*, en cette ménagerie créée pour l'étude, et qui se transforme, le dimanche, en théâtre... Oui, théâtre de drame ou de comédie, dont les acteurs sont les grands *fauves*, les *ruminants*, les *reptiles*, les *volatiles*, et ces *singes* qui paraissent une charge du type humain.

Le *type humain !* Voilà le critérium, au fond, de cette foule. C'est à lui qu'on rapporte, en définitive, tous les traits, plus ou moins singuliers, excessifs et paradoxaux de la faune. Le public populaire juge l'animal d'après lui-même ; il part du genre humain pour apprécier les genres zoologiques : ce qui le frappe, en la *gazelle,* ce sont, surtout, ses yeux de femme ; le *lion* lui apparaît comme un monarque chevelu, solennel et terrible ; c'est « *le seigneur à la grosse tête* » des Arabes ; *l'éléphant ?* — il se présente en philosophe pacifique et négligé de mise ; l'*ours,* en butor grossièrement fourré, qui marche lourdement, avec un balancement ridicule. On a peine à s'empêcher de voir, dans le *paon,* une demoiselle parée, vaniteuse de sa figure, et coquette ; — dans le *vautour,* un misanthrope chauve et renfrogné ; un couple de *hérons* nous semble un vieux ménage, et nous voyons de jeunes amoureux dans une paire de *pigeons.* Sur son perchoir, le *perroquet,* à la mine caduque, et jaseur, amuse la galerie comme ferait un pitre ; le *singe* a le succès d'un clown, ou d'un gymnaste ; le *serpent* fait l'effet d'un traître, et le *hibou,* d'un conspirateur. Voilà, sans rien outrer, l'histoire naturelle du peuple, et son esthétique ; elles se résument en ce seul mot : *l'anthropomorphisme.* On le verra plus tard : cette vision naïve est la source d'où découlent à la fois la Mythologie et l'Art, source abondante et féconde, dont le premier filet, on l'a vu, dérive du berceau de l'enfant.

Chez l'enfant, en effet, comme chez l'homme simple, l'hypnose des figures se confond avec la détermination des personnes, — l'aspect pittoresque, *harmonique,* avec l'aspect *spécifique* et, pour ainsi parler, « professionnel ». Mais le départ s'opère, ultérieurement, par les progrès de l'âge, et de la culture. Même, une divergence encore plus marquée sépare les hommes, au moment où, conduits par la destinée, ils prennent des chemins de vie différents. Alors la faune revêt, chez les uns, un aspect plutôt positif, — un aspect plutôt idéal chez les autres. Le plébéien, surtout paysan, voit de préférence, dans les animaux, la fonction utile et sociale : le *bœuf* est traîneur de charrue ; — la *vache,* laitière ; la *chèvre,* fromagère ; le *chien* est apprécié comme gardien modèle, et le *cheval,* comme porteur ; le *chat* lui-même, ce commensal oisif, et désœuvré, n'est-il pas le bon génie des greniers ? Et tout va de même ; la *poule* est la pondeuse indispen-

sable et ponctuelle ; le *coq* est le reproducteur, et de plus,
un réveille-matin. Ici, la classification qui fait loi, c'est
celle des bêtes domestiques — et sauvages, des espèces
utiles — et nuisibles. L'homme des champs n'a pas le loisir d'admirer ; s'il admirait, aurait-il le courage de sacrifier tant de jolies, d'innocentes bêtes ? Un éleveur ne
peut être à la fois un artiste ; et la fable du « *Cygne et du
Cuisinier* » reste invraisemblable. Voyez-vous le fermier
s'attendrir sur le cou duveteux d'un ramier, sur sa voix
si tendre et plaintive ?... Mais son couteau s'arrêterait en
route, et rien de ce qu'il faut faire, en définitive, ne se
ferait.

Et cependant cette impassibilité demeure un sujet de
stupéfaction pour l'artiste ; que dis-je ? même pour
l'amateur. Oui, vous entendez ? l' « *amateur* », c'est-à-
dire celui qui aime, qui ressent de l'amour pour l'être
beau, pour l'être vivant, et qui jouit de ces choses utiles
comme si c'étaient des objets d'art. Cet homme ne peut
s'accoutumer, en le séjour qu'il fait à la campagne, c'est-
à-dire dans la Nature, — à voir tailler les arbres et mutiler les bêtes. A ses yeux, c'est un décor qu'on abîme ; il
nomme cela « *vandalisme* »...

C'est que, dans cette âme d'élite, — ou délivrée, par
privilège, du joug de la nécessité, l'intelligence et l'affec-
tion du beau ont eu tout le loisir de s'accroître. L'hypnose originelle des figures, en vigueur dans chaque tête
enfantine, a persisté, chez elle, exceptionnellement ; la
tyrannie du gagne-pain ne l'a pas étouffée, comme chez
tant d'autres, au berceau. L'artiste, — ou l'amateur, est
donc un grand enfant ; son imagination n'est pas déflo-
rée ; son cœur est resté tendre. Mais avant tout il est es-
thète, il tient surtout à la beauté ; la fin tragique d'un
pourceau le troublera moins que la chute d'un arbre
qu'on sacrifie. Lui classe les êtres en *beaux* et en *laids*,
en espèces nobles — et roturières. Et il montre presqu'autant de dédain pour la classification du savant que pour
celle du campagnard.

Et cependant, ce savant est un idéaliste, encore, à sa
manière. Ses enthousiasmes sont aussi prompts, aussi ju-
véniles. Seulement, c'est moins l'animal vivant et jouant
— que l'animal mort, — ou bien travaillant, qui l'attire.
En effet, privé de la vie, l'être organisé laisse pénétrer ses
rouages ; il trahit le secret de la vie. Or, de l'approfon-
dissement des choses cachées, émane une beauté spéciale,

plus abstraite et de beaucoup plus austère. Tandis que l'artiste s'arrête, complaisamment, aux surfaces, — lui, le savant, explore avec passion les profondeurs. Et puis, sort-il de son laboratoire, son œil n'embrasse pas l'ensemble de la faune comme l'œil de l'artiste ; il ne classe point les êtres tels qu'il les voit, mais tels qu'il les *pense*. Trait bien remarquable : l'âme plus idéale de l'artiste se trouve être, ici, plus proche du réel ; j'avais fait ailleurs cette observation que la Nature groupait les plantes, et les distribuait sur la terre, dans un ordre tout différent de celui qui régla leur évolution. Ainsi, dans un paysage moderne, vivent côte-à-côte les *fougères* préhistoriques et les *aubépines*, beaucoup plus récentes en date ; les *prêles* frustes très anciens, voisinent, au bord des étangs, avec ces végétaux délicats, si perfectionnés, les *nénuphars* et les *vallisnéries*. Or il en est de même, à peu de différences près, pour les animaux : la même forêt brésilienne sert d'habitation aux perroquets et aux tortues terrestres; ses frondaisons abritent, fraternellement, les insectes et les oiseaux ; ses ruisseaux cachent aussi bien des écrevisses que des poissons. Or ce groupement, réalisé sous nos yeux par les nécessités de l'Adaptation, nous apparaît *harmonieux*, et *pittoresque* ; logique en soi, purement rationnel, il s'offre, du même coup, *esthétique* ; la distribution des espèces en les milieux conformes semble opérée par la main d'un artiste, être une œuvre d'art. Aussi plaît-elle, directement, aux artistes, qui trouvent déjà dans la Nature le tableau tout fait.

Mais ce tableau de réalité ne s'est formé qu'après-coup, et l'ordre d'adaptation, qui l'a composé, fut précédé d'une ordonnance à la fois plus stricte et plus abstraite ; celle-ci n'est pas fonction de l'espace, mais du temps ; c'est l'ordre de *filiation* des espèces, — ou, pour parler la langue darwinienne, d'*évolution*. Il n'est pas apparent, celui-là, et ne se manifeste qu'aux yeux de l'esprit ; on ne l'aperçoit pas, — on l'apprend dans les livres ; sa connaissance exacte est laborieuse, et ne dispense que des joies austères. Or le savant les connaît, ces joies ; il ne les échangerait pas contre les plus beaux spectacles. Après tout, n'est-ce pas un spectacle digne d'admiration, que l'agencement des organes, ces « *rouages de la vie* », que leur variation suivant des thèmes définis, divergents, — et que la diversification, méthodiquement opérée, des formes extérieures du corps ? Cette *unité dans la variété*, déjà constatée dans la flore, elle reparaît, moins radieuse peut-être, mais aussi grandiose, en la faune. Lorsque le naturaliste embrasse d'un coup d'œil le système si compliqué des espèces, des genres, des familles, des embranchements, — c'est pour lui comme un panorama prodigieux, dont les divers plans s'étagent harmonieusement à sa vue, dont les détails s'ordonnent et se fondent en tout homogène.

Et peut-être cette vue tout abstraite nuit-elle, bien souvent, à l'autre vision, celle d'un monde animal dans sa liberté, sa beauté de vie, son charme d'expression physionomique. La tendance du savant est de voir, dans les deux règnes vivants, comme deux armées bien disciplinées, rangées en bataille, et dont il passe en revue les pelotons, les bataillons et les régiments. Celle de l'artiste, au contraire, est de surprendre, en le règne animal, l'*ordre dispersé*, — un darwiniste eût dit : l'*ordre de combat*, de lutte pour l'existence. Si le savant suit, scrupuleusement, sa chronologie, dans ce qu'on nomme « *histoire naturelle* », — lui ne s'en tient qu'aux épisodes. Une vache paît dans un pré. Pas un instant il ne songe à la rattacher à l'ordre des *Ruminants* ; mais il la relie, plutôt, au pâturage qu'elle complète, et qu'elle anime.

De l'artiste ou du savant, qui donc a raison, ou tort ? — Tous les deux, — ou ni l'un ni l'autre. Chacun d'eux, pour ainsi dire, accapare un aspect de la grande Nature, — de la Nature une, indivisible ; et pour chacun, l'autre aspect est comme s'il n'était pas. — Je sais bien que « *la Science est longue, et la Vie, brève* » ; l'humanité doit se partager une tâche que l'homme serait impuissant, tout seul, à fournir ; c'est la loi de division du travail ; loi tyrannique, mais fatale ; il faut s'y plier... Mais n'a-t-on pas le droit d'espérer que l'artiste, de plus en plus, deviendra curieux de science ; et que, pour sa part, le savant daignera, de temps à autre, promener sur le monde un regard ému ? — Vous le savez, depuis le début même de ce livre : notre Esthétique a pour objet, surtout, la réconciliation des deux points de vue : *Science et Poësie*, tel est son mot d'ordre. Mais elle vise bien moins, en somme, à promouvoir une poësie scientifique, d'une part, et de l'autre, une science poétique, — qu'à préparer pour l'avenir un *état d'âme* généreux, capable de s'éprendre, sans distinction, des profondeurs et des surfaces. Il n'y a pas, en définitive, deux faunes, l'une à usage des savants, l'autre à l'usage des artistes. Et c'est pourquoi, dans chacun des chapitres qui vont suivre, je vais tenter de fondre en un seul tout l'histoire *scientifique* des animaux et leur histoire *pittoresque*.

Description des types animaux

Les Imperceptibles

Pourquoi, — peut-on se demander, — les animaux qui tiennent le dernier rang dans la série zoologique sont-ils d'une extrême petitesse, et même échappent à notre vue? — C'est, apparemment, que l'être vivant, étant composé de cellules, ne s'accroît que pour se différencier, pour compliquer la forme de son corps ; — de sorte que les êtres primitifs, par le seul fait qu'ils restent simples, sont en même temps minuscules ; généralement réduits à une cellule unique, on ne les aperçoit qu'avec le secours du microscope. Je les dénommerai « les *Imperceptibles* ». — Mais alors, direz-vous, à quoi bon les mentionner dans une histoire naturelle qui se qualifie d' « esthétique »... ? L'Esthétique, en effet, ne s'applique qu'aux objets que l'œil voit (ou que l'oreille entend) ; les contours invisibles directement, comme les sons dits « *imperceptibles* » sont pour elle comme s'ils n'étaient pas... Sans doute, mais — répondrons-nous, les animaux les plus compliqués et les plus apparents au regard sont reliés, indissolublement, aux plus élémentaires, à ceux qu'on distingue le moins. Et puis, une science du beau qui ne tiendrait compte que de ce que touchent les sens, et dédaignerait l'invisible, — aussi bien matériel que moral, — ce serait une science du beau bien étroite...

Parmi ces « *Imperceptibles* » qui commencent le livre de la faune, lui formant comme une préface en caractères très déliés, trois groupes attirent notre attention, — à des titres d'ailleurs assez divers. Ce sont, — ne vous effrayez pas des mots, — les *microbes*, — les *infusoires*, — et les *amibes*.

Pour les gens du monde, le *microbe*, c'est l'agent propagateur de la maladie contagieuse, et voilà tout. On devrait leur apprendre qu'il joue, dans le vaste univers, un rôle plus élevé, plus général, et, dans son intégralité, plus rassérénant : celui de *ferment* organique. Ainsi le grand mal qu'il nous fait est assez largement compensé par les bienfaits qu'il nous dispense ; s'il nous communique, accidentellement, la fièvre typhoïde ou la diphtérie, c'est grâce à son entremise que nous buvons, chaque jour, du bon vin, de la bonne bière.

Et d'ailleurs, au-dessus de ces considérations trop pratiques, plane très haut une question de *finalité*. Je vous ai accoutumés à voir dans les fins partout accomplies sous nos yeux, aux trois règnes de la Nature, un idéal providentiel, qui est un élément profond de beauté. Les *microbes*, en résumé, sont, par leur forme extérieure, insignifiants ; s'ils intéressent l'esthéticien, c'est par l'idée qu'ils représentent.

Les *Infusoires* sont intéressants pour nous au même titre. Déjà, pullulant dans les infusions végétales, comme leur nom l'indique, ils donnent, sous un verre grossissant, le spectacle d'un mouvement très actif. On ne peut les qualifier de beaux ou de laids ; leur forme est si rudimentaire ! A peine peut-on citer les *Vorticelles*, qui dressent au sein de l'eau, sur un pied spiral, des sortes de clochettes vivantes. — Les *Noctiluques*, d'autre part, par leur masse innombrable, produisent cette beauté : la phosphorescence de la mer. Au surplus, c'est à la mort de ces êtres fragiles que commence, en réalité, leur rôle essentiel ; comme la masse innombrable des Noctiluques engendrait la lumière à la surface des flots, — celle, incommensurable, des *Foraminifères*, arrive à former des montagnes. Ici, rappelez-vous le curieux aphorisme de Linné:

« *Petrefacta non a calce, sed calx a petrefactis. Sic la-*
« *pides ab animalibus, nec vice versâ. Sic rupes saxei non*
« *primœvi, sed temporis filiæ...* »

C'est un fait que les puissantes assises du terrain crétacé, dans certaines régions, sont entièrement composées — chose incroyable à dire ! des carapaces microscopiques de ces Infusoires, nommés ·« Foraminifères » (*Nummulites* et *Fusulines*) (1). Beauté toute idéale d'un rapport entre l'infiniment grand et l'infiniment petit. Elle se

---

(1) *Nummulite* veut dire « petite pièce de monnaie », et *fusuline* « petit fuseau », noms gracieux dont le latin, pour beaucoup, voile la poësie. Quant au terme de *Foraminifères*, il fait allusion aux trous dont le test de ces menus « coquillages » est percé.

double, ici, d'une élégance réelle de contours en ces tests prodigieuscment menus, prédécesseurs des coquilles plus apparentes des Mollusques. Citons, par la même occasion, les *Radiolaires*, dont l'unique cellule émet des piquants orientés géométriquement vers les divers points cardinaux ; ce sont comme les avant-coureurs de la symétrie rayonnée des Polypes.

Si nous parlons enfin, ici, des *Amibes*, c'est au point de vue morphologique encore, mais négatif, cette fois. Le propre de ces êtres simplistes est, en effet, d'être plastiques, et de prendre toutes les formes imaginables. Comme certaines œuvres d'art contemporaines, de tels organismes relèvent encore de l'Esthétique, — et par ce trait : c'est qu'ils sont *amorphes*.

Les Etoilés

En ce groupe des *Imperceptibles,* où la forme est encore
si rudimentaire, qu'on pourrait dire qu'elle n'existe pas,
vous venez cependant de voir poindre le type de symétrie
rayonné. Les *Radiolaires,* êtres microscopiques, au corps
réduit à une seule cellule, orientaient déjà leurs piquants
suivant 4 ou 6 directions très précises. C'était là comme
une tentative d'ordre et d'harmonie, pour préparer l'épa-
nouissement d'un thème organique fondamental, le *thème
de l'étoile.* Ailleurs, nous avons révélé l'importance esthétique de ce schéma ; nous en avons suivi la fortune dans
les trois règnes de la Nature, et jusque dans le règne
artistique.

Ici, dans le règne animal, en la faune, c'est comme un
héritage du règne végétal, de la flore ; et même, ce
rayonnement des parties, géométriquement ordonnées
autour d'un centre, est trompeur ; les animaux inférieurs
bâtis sur ce plan sont bien souvent semblables aux végétaux ; si semblables, que le naturaliste Milne-Edwards
avait créé pour eux la dénomination de « *Zoophytes* »
(animaux-plantes). Je trouve assez fâcheux que la Science
contemporaine n'ait pas cru devoir conserver ce nom ;
elle a fractionné, pour des raisons subtiles, ce groupe homogène ; elle distingue des *Polypes,* des *Echinodermes,*
et des *Spongiaires.* Nous autres, qui voyons la faune du

point de vue proprement esthétique, c'est-à-dire en considérant la forme extérieure, n'avons souci de telles divisions. A nos yeux, ce sont tous, plus ou moins, des *Rayon-*

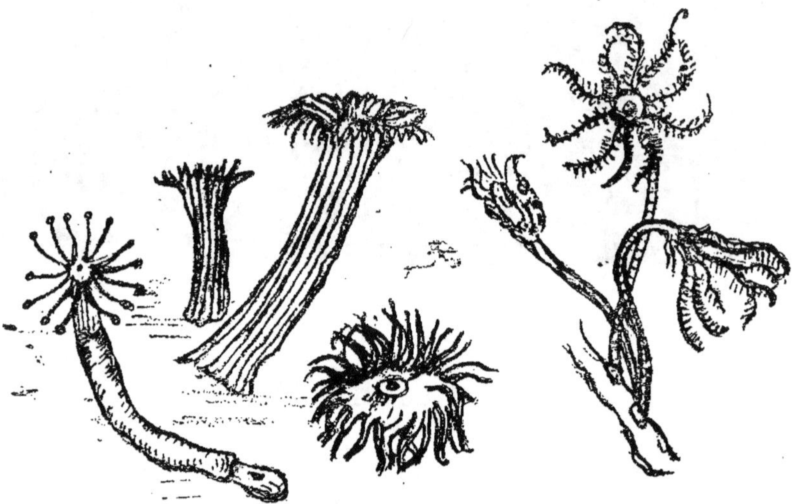

Figures d'après Landrin, *Plages de France* (Hachette)

nés, ou, comme nous les désignons ici, des *Etoilés* ; les uns, comme le *Corail*, agglomérés, formant des colonies, des sortes d'arbres, ou d'arbrisseaux ; — d'autres se présentant isolés, en individus, telles les *Astéries* (Etoiles de mer), ou les *Méduses* ;

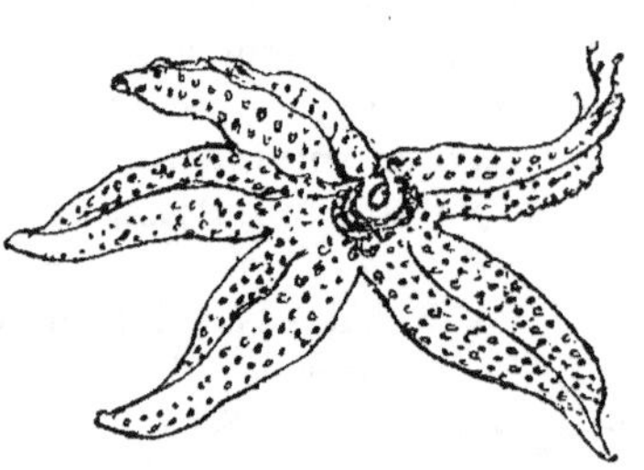

du reste, tantôt mous, ainsi l'*Holothurie* de Chine, ou notre *Anémone de mer*, — et tantôt endurcis, soit par places, soit dans leur corps tout entier. Tel est, par exemple, le cas de ces étranges animaux, si peu semblables à l'animalité, qu'on connaît, dans le peuple, sous le nom d'*Oursins*, et, parmi les savants, sous celui d'*Echinides*. Le test qui les enveloppe en entier, et qui comble les intervalles entre les cinq bras, réalise un contour continu, qui s'oppose à celui, bien découpé, de l'*Astérie*, comme le disque au polygone étoilé. C'est la différence qu'on remarque entre un médaillon à raies divergentes et la croix de la légion d'honneur.

D'ailleurs, ce n'est point là l'aspect extérieur, et la forme apparente, chez le vivant ; car l'Oursin, tel qu'on

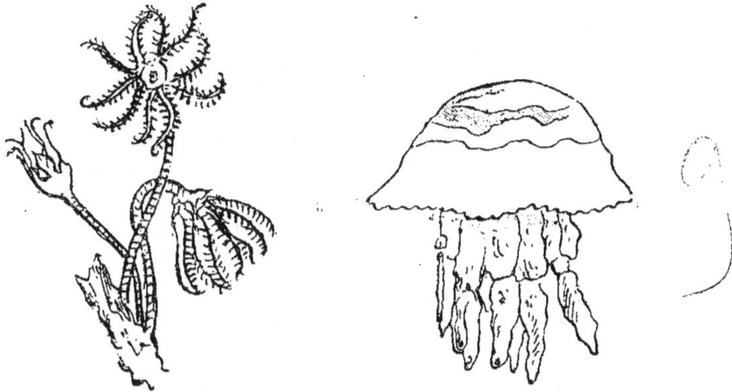

Figures d'après Landrin, *Plages de France* (Hachette)

le trouve sur nos côtes, et non fossile dans les falaises, se montre tout hérissé de piquants, ce qui lui vaut le nom de *châtaigne de mer*.

** **

Il en est de la Nature comme de nos Arts : un thème plastique initial peut être masqué par les propres variations qu'il subit. Avec les mêmes éléments qui font l'Astérie, c'est-à-dire un disque central et 5 appendices, l'Artiste suprême a réalisé l'*Ophiure,* si différent. Le nom de ce dernier exprime bien l'impressionnant ensemble de dix queues de serpents réunies en fouet, et se tordant en tous les sens.

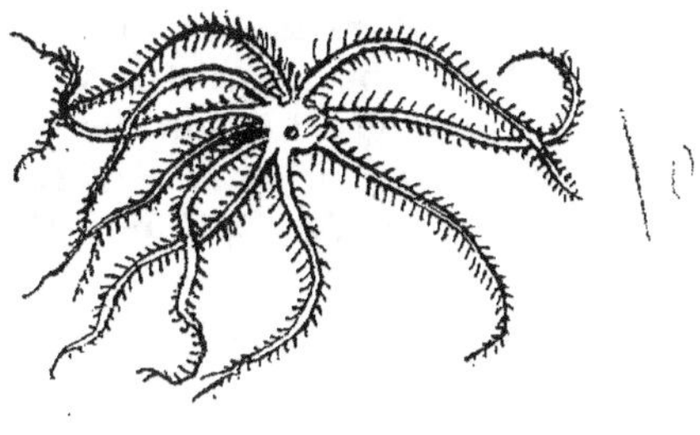

Les *Encrines* (1), ou « Crinoïdes », nous offrent une variante plus sereine. La plupart sont fossiles ; mais une espèce habite encore la Méditerranée : c'est la *Comatule.*

(1) Il n'est pas sans intérêt pour nous de constater, une fois de plus, que la Science la plus rébarbative est souvent, dans sa terminologie, attrayante : ainsi les termes de *Crinoïdes* et d'*Encrine,* tirés du grec, signifient « semblable au lys ». Et c'est le juste portrait de ce genre d' « animaux-plantes ».

Ce nom signifie « petite chevelure » ; mais l'animal qui
le porte a plutôt l'apparence d'un joli bouquet de feuilles
découpées, porté sur une tige svelte, et qui, se refermant,
simule un bouton de fleur.

Si, parmi les *Etoilés*, il en est qui suggèrent l'idée de
fleur, ce sont bien les Polypes agglomérés, *Coraux* et *Madrépores*. Jadis, Peysonnel les rangeait parmi les végétaux ; et c'est seulement beaucoup plus tard que fut
démontrée leur nature animale. Ces Zoophytes pourraient, du reste, prendre aussi bien le nom de « *Lithozo-
aires* », puisqu'en se pétrifiant, en devenant fossiles, ils
arrivent, grâce à leur nombre immense, à former des ré-
cifs très redoutables, ou ces îles en anneau, non moins
périlleuses pour les navires, qu'on appelle *atolls*.

Les *Madrépores*, très voisins des Coraux, s'en distinguent par *6* tentacules, au lieu de *8*, à la couronne. Ce
chiffre défini, c'est encore un legs de la flore à la faune ;
on se souvient que le nombre *3* (ou son multiple *6*), pour
les folioles du verticille, caractérisait le groupe botanique
des *Monocotylédones*, — et le nombre *5* celui de la plupart des *Dicotylédones*. Le chiffre *4* est moins répandu
chez les plantes. Encore une fois, nous appelons l'attention du lecteur sur cette arithmétique, comme sur cette
géométrie naturelles. Il y a, dans le domaine de la vie,
même la plus exubérante, des limites absolues, bien que
variant d'une espèce à l'autre ; le Créateur semble avoir
dit à l'énergie plastique et modeleuse, tout comme aux
flots de l'Océan : « *Tu n'iras pas plus loin !* » Mais quelle
finesse et quelle harmonie dans cet ordre ! L'essor de vie
s'étend, libre et généreux, sans entrave ; seulement il se
laisse guider ; il suit, docilement, certains chemins vou-
lus ; il est *orienté*. Le résultat, c'est l'harmonie, c'est le
rythme, et c'est la beauté. Quelle leçon pour nos artistes !

Apodes et Polypodes

(*Vers et Crustacés*)

S'il y a, dans toute la faune, un groupe antipathique
au premier chef, c'est bien celui de ces animaux qu'on
nomme les *Vers* : Ils sont, pourrait-on dire, aux Inverté
brés ce que sont, aux *Vertébrés*, les *Reptiles*. Ce qui frappe
le plus, en effet, et ce qui dégoûte surtout en eux, c'est
qu'étant privés de membres, et cependant libres de leur
corps, ils ne progressent qu'en rampant. C'est pour ac-
centuer ce trait de physionomie défectueux que je prends,
pour les désigner, dans ma classification esthétique, le
terme d'*Apodes* (c'est-à-dire sans pieds). Mais, remarquez-le bien, ce trait n'est pas nouveau ; nous l'avons
déjà vu, dès le groupe des *Etoilés*. Là, seulement, il se dis-
simulait sous l'aspect général rayonnant ; et les couron-
nes tentaculaires du Corail, en se déployant comme des
corolles de fleur, masquaient de leur grâce toute végétale
le corps en forme de sac allongé, le corps *vermiforme* du
polype. D'autre part, un grand nombre de vers, de ceux
qui vivent dans l'Océan (vers marins) portent à l'extrémité de leur corps, également, une couronne de tentacules. Mais voici : les polypes du Corail sont fixés ; le tube
qui constitue leur corps reste court et comme engaîné
dans l'arborisation totale ; le Corail est une colonie d'as-

pect arborescent ; il apparaît à nos regards tel un arbuste. Au lieu que le *Ver* (quand il n'est pas fixé) se présente comme un être libre, mobile et volontaire ; il progresse et n'a pas de pieds, ce qui semble, en somme, paradoxal, et suscite une vague inquiétude... Il est vrai que les *plantes volubiles* s'enroulent, aussi, de tout leur corps en montant ; elles font, en définitive, le geste du *Lombric* — ou du *Serpent* auquel on présente un bâton ; et cependant, quel charme dans ce geste !... C'est qu'ici la locomotion ne se dégage pas encore, ne se sépare pas de la croissance ; et celle-ci, grâce à son extrême lenteur, donne l'illusion d'une sereine immobilité. Vous savez quel est le privilège de beauté dans la flore.

Chez les *Apodes marins*, que nous avons cités, la symétrie rayonnante se combine avec la bilatérale, de manière à tempérer le type vermiforme par l'étoilé. La *Serpule* pourrait se définir : un tube couronné d'un soleil... Mais quand cet astre (*aster* en latin) disparaît, — comme, par exemple, chez le *Ver de terre*, il ne reste plus que le long tube monotone et mouvant. C'est comme une transition, un passage critique vers un nouvel ordre de choses, où la *symétrie bilatérale*, reprenant l'avantage, s'avantagera d'appendices latéraux, propices à la marche, ou au vol, tandis que la *symétrie rayonnante*, en quelque sorte refoulée, laissera des vestiges d'elle-même en certains détails de l'organisme.

Le classement des Vers, — des « *Apodes* », peut être dit « physiologique » ; c'est-à-dire que c'est le genre de vie qui, chez eux, détermine les différences de forme. Ainsi ceux qu'on nomme des *Annélides* sont des espèces libres et supérieures ; tandis que ceux désignés sous le nom d'*Helminthes* sont parasites, et par conséquent dégradés.

Parmi les Apodes indépendants, il en est d'aquatiques, et d'autres terrestres. Les aquatiques habitent l'eau douce ou l'eau salée. Sur nos plages sablonneuses, l'*Arénicole* découvre un long corps cylindrique, garni sur les côtés de branchies en forme de houppes ; la *Serpule* laisse émerger les siennes en étoile, à l'extrémité du fourreau calcaire qui l'abrite. Dans les mares, la *Sangsue*, toute plate, espèce de limace sanglante, attend qu'on vienne la pêcher pour servir d'aide aux médecins ; et le *Lombric*, hôte de nos jardins, se tord sous la bêche, demi-nu, demi-couvert d'un manteau sordide d'humus.

D'où vient l'horreur, la répugnance instinctive qu'inspirent tous ces êtres ? Mais, apparemment, de cette *absence de membres* dont nous avons parlé. Peut-être, s'ils étaient les seuls animaux offerts à nos regards, les ver-

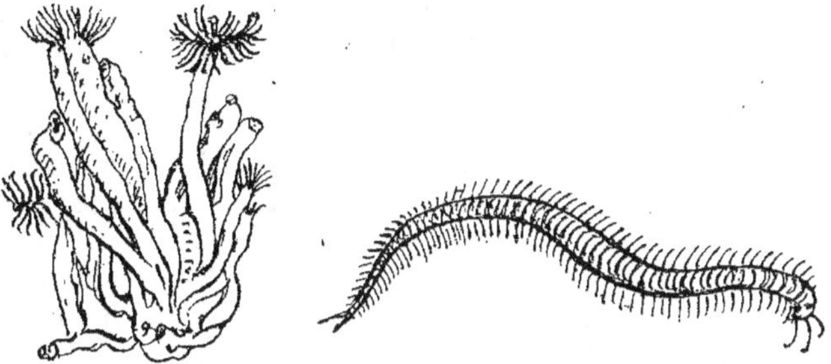

rions-nous d'un œil moins dégoûté... Mais nous les comparons, inévitablement, aux animaux pourvus de membres, et marcheurs ; et les classer comme *rampants,* c'est leur décerner un brevet d'infériorité. — Toutefois, remarquez-le bien, c'est moins du mépris que nous ressentons à leur vue, que du dégoût. En effet, méprisons-nous les *Polypes* qui, eux, ne se meuvent même pas ? Or c'est justement le mouvement qui, chez les *Apodes,* nous impressionne péniblement ; leur mobilité n'ayant point d'appareil spécial, et s'opérant par tout le corps, prend quelque chose de terrible ; elle est à la fois sournoise et gênée... Par cette tendance instinctive chez l'homme à répéter, virtuellement, en lui-même, un geste étranger, *nous nous mettons,* pour ainsi dire, *en la peau du Ver* (avec, bien entendu, notre mentalité d'homme) ; et ce mouvement qui le tord, lui, très naturellement, nous embarrasse comme un effort contraire à notre nature.

Ainsi ce premier pas de l'animal vers la liberté choque davantage notre esprit que son attitude captive ; et ce commencement de progrès nous affecte comme un début de décadence. Celle-ci se fait plus manifeste encore, et d'ailleurs réelle, chez les espèces *parasites.* Là, la dégradation du corps suit celle de la vie ; le milieu infime rend la forme infime ; notre dégoût est ici justifié par une régression organique. Toutefois, on peut s'arrêter, non sans intérêt, aux variantes morphologiques ; car, en cette famille de monstres, il est un type *filiforme* ou *cylindrique* (Nématodes), un type *rubané* (Cestodes) ; un type court et plat (Trématodes). Au premier appartient l'*Ascaride ;* au second, le *Ténia*, qui vivent tous deux dans notre intestin ; au troisième, la *Douve* du foie. Reconnaissez, à cette occasion, la justesse de ma formule : le *beau latent*, le *laid latent.*

Si la laideur se dissimule, comme ici, et semble fuir notre regard, c'est — je le redis encore un fois, — le résultat d'une *adaptation au milieu infime.*

Le milieu ne cache pas, évidemment, *exprès,* la déformation ; mais la déformation naît elle-même du milieu. Le répugnant Apode parasite, qui nous répugne pour d'autres raisons que l'Apode libre, est fait ainsi pour vivre en la profondeur des viscères ; de là ce fait qu'il nous épargne l'horreur de sa vue. Voilà comment, le but biologique atteint, le but esthétique se trouve atteint du même coup.

Les Polypodes (Crustacés)

Immédiatement après les *Apodes*, et au-dessus, viennent se ranger ces animaux bizarres, quoique très familiers à tous, qu'on appelle les *Crustacés*. Pour moi, je les baptiserai « *Polypodes* », afin de souligner plus nettement leur trait — à mon avis le plus caractéristique : c'est à savoir la multiplicité presque déconcertante de leurs appendices. Chez eux, en effet, tout, à peu près, est de nature appendiculaire, et prend la forme de membre, — jusqu'aux mâchoires (que les naturalistes désignent sous le nom de « *pattes-mâchoires* »), — jusqu'aux globes oculaires eux-mêmes, très saillants, et portés sur un pédicule allongé. C'est, en résumé, l'exacte contre-partie de l'*Apode*. Et, remarquez-le bien, ce luxe d'appendices marcheurs et nageurs, masticateurs et sensitifs, peut être, au sens *organique,* un progrès ; il n'en paraît pas un au sens *esthétique.* Si le ver de terre, à part la teinte terreuse de son corps, nous choque par sa nudité, sa pénurie de membres, — l'*Ecrevisse* ne nous produit guère un meilleur effet, et cela par la réunion de causes justement contraires. Ce gros corps, tout encroûté d'une carapace rigide, dont les pièces postérieures, en anneaux, se tordent gauchement, et qui projette, d'avant en arrière, un attirail compliqué d'instruments, d'allure mécanique et menaçante, a quelque chose de terrible et de comique

tout à la fois ; c'est comme la caricature d'un chevalier
d'antan, empêtré dans ses armes et son armure.

Qu'est-ce à dire ? Allons-nous donc commettre ce sacrilège, de dénigrer l'œuvre du Créateur ? — Oh ! certes,
non. Nous prenons, seulement, la création telle qu'elle est
— telle qu'elle apparaît, du moins, manifestement, à l'esprit le plus droit, le plus religieux. Je sais bien que les
savants, qui ne sont guères religieux, d'ailleurs, sont disposés à trouver tout beau, à ne rien voir de laid dans la
Nature. — Mais c'est un point de vue, chez eux, tout artificiel : ce qu'ils appellent du nom de *beauté*, bien à tort,
c'est l'intérêt que prend leur intelligence à des combi-
naisons ingénieuses ; c'est une beauté, si l'on veut, mais
beauté tout abstraite, et purement technique. Si le savant
veut bien se dépouiller de cette admiration professionnelle, il s'écriera, comme le profane, à la vue d'un homard agitant ses 19 paires d'appendices: « Quelle étrange
et peu gracieuse créature ! »

A ces naturalistes trop éclectiques, qui ne se choquent
d'aucune discordance, je dirais : vous vous montrez
« plus royalistes que le roi ». L'esprit religieux, hélas !
ne vous étouffe pas ; et pourtant, vous semblez avoir le
scrupule de découvrir une infériorité dans la Création.
Mais d'abord, n'êtes-vous pas les premiers à reconnaître
des animaux « *inférieurs* » ? Il est vrai, c'est purement
au sens organique, et je sais bien que le *Chevreuil*, supérieur au *Singe* en beauté, lui reste, évidemment, en organisation, bien inférieur. — Toujours est-il qu'il existe, en
dehors de la classification hiérarchique, des différences
qu'on pourrait qualifier d'*harmoniques*, et qui nous auto-
risent pleinement à classer les animaux en *beaux* et en
laids. — Notez que le second de ces termes n'a rien, vis-
à-vis du Créateur, de blasphématoire, puisqu'en définitive, c'est par la volonté divine que ces créatures sont
disgraciées, — ou du moins le paraissent à nos regards.

Et d'ailleurs, il convient de rappeler ici cette loi
d'Adaptation presque automatique, en vertu de laquelle
le *Laid* se dissimule, en l'univers, d'une façon ou de l'autre ; il échappe à notre regard habituel. Autrement, di-
rions-nous couramment, en face du paysage : la *belle
Nature ?...* — Ces Crustacés, dont le spectacle est presque
grotesque, à l'étalage d'un restaurant, — ne vivent-ils
point discrètement à l'ombre des pierres, ou sous le voile
glauque des eaux ? Ainsi, pour les voir, l'homme doit

leur faire la chasse, et forcer leur retraite. Ils sont peut-être faits pour être mangés ; ils ne sont pas faits pour être contemplés.

*
* *

J'ai très abondamment expliqué, dans un autre ouvrage (1), les raisons de ce que nous appelons *laideur* dans la faune ; j'ai montré, dans cette laideur, comme une *crise de l'Adaptation*, crise nécessaire toutes les fois que l'organisme, en général, doit franchir un nouveau stade de complication. Tout bénéfice, en la Nature, exige un sacrifice. Déjà, lorsqu'on s'élève du règne végétal au règne animal, les grâces du contour, on l'a vu, sont sacrifiées, d'abord, à ce double progrès : la *sensibilité, le mouvement autonome et libre*. Et cependant, le type organique de la plante persistait quelque temps, comme instrument de vie, chez la bête ; c'est ce qui produisit les animaux à forme de plantes, les *Zoophytes*. Mais à l'état fixé, état définitif pour la flore, devait succéder, pour la faune, un état supérieur, mobile et voyageur ; à la pêche expectative, sur place, la chasse active, quêteuse, acharnée. Ce fût comme l'âge héroïque, succédant au pastoral, à l'idyllique. Or ce genre de vie si nouveau commandait, nécessairement, un changement dans l'outillage. J'ai dit ailleurs comment la Nature s'y était prise pour cela ; j'ai montré son doigt, ingénieux autant qu'économe, intervertissant le rôle des *appendices*, refoulant les instruments de la vie *végétative* au-dedans, et faisant épanouir au dehors ceux de la vie *sensitive et locomotrice*. C'est ainsi que les verticilles bien apparents de la fleur se firent latents, devinrent les *viscères*. Et, lorsque le plan de symétrie rayonné fit place au plan bilatéral, des appendices locomoteurs vinrent se grouper, par paires, aux deux côtés de l'axe du corps ; simples touffes de poil chez les *Vers*, les « *Apodes* », puis membres articulés chez ceux dont nous nous occupons, les *Polypodes*. On verra tout-à-l'heure, chez les Insectes, cette multiplicité trop encombrante d'appendices se réduire au strict nécessaire ; la Nature ouvrière va se montrer artiste : par un effort de concentration et de mise au point, elle abrégera la longue et prolixe série d'articles, éliminera les organes de nata-

(1) La *Sphère de beauté* (Alcan).

tion, devenus oiseux, réduira considérablement ces mandibules fantastiques, affinant, du même coup d'ébauchoir, ces membres lourds, paresseux, maladroits, pour
en faire des pattes déliées, agiles, faites pour courir allègrement.

J'ai dit, à l'instant, ce mot : la Nature *ouvrière*... Eh
oui ! la Nature l'est, très simplement, avant tout, avant
d'être artiste. Ce qui la préoccupe d'abord, c'est de réaliser l'outillage de vie ; puis, cette vie se compliquant toujours davantage, il arrive un moment où le travail de
simplification s'impose ; alors l'organisme s'allège, ses
formes se dégagent de leur primitive lourdeur ; il gagne
en sveltesse, en beauté ; tel le soldat qu'on arme à la légère pour des campagnes plus lointaines et plus savantes.

*   *

Avant de quitter ces espèces d'*hoplites* que sont les
Polypodes ou *Crustacés*, ayons soin de dire que ce corps
d'armée ne compte pas seulement dans ses rangs le *Crabe*,
la *Crevette*, le *Homard*, l'*Ecrevisse* et la *Langouste*, ni
même le *Bernard l'Ermite*, types bien connus, types populaires. Deux autres groupes, aux uniformes assez différents, forment, en quelque sorte, les ailes ; et, par ces
ailes, l'armée des *Crustacés* en rejoint deux autres, alliées.
Autrement dit, ces Crustacés bien francs se relient, par
des formes ambiguës, d'une part aux *Insectes*, et de l'autre aux *Mollusques*. Examinez plutôt, fixés aux rochers, à
marée basse, ou bien aux bordages des navires, ces curieux animaux que sont les *Balanes*, les *Anatifes*. A voir
la coquille bivalve de ces derniers, vous les prendriez pour
des Mollusques ; mais leurs pieds, en forme de houppe
(d'où leur nom commun de *Cirripèdes*, et d'autres caractères, encore, les font rentrer plutôt dans le groupe des
Crustacés. Ce ne sont, en réalité, ni Mollusques, ni Crustacés, mais des formes de transition entre ceux-ci et
ceux-là. — De même, le *Cloporte*, cet inoffensif et discret
insecte, voudrait-on dire, est enrégimenté par les naturalistes parmi les *Crustacés* ; c'est, en définitive, semble-t-
il, le trait d'union qui relie ceux-ci aux Insectes. « *Natura
non facit saltus* ».

Je ne m'attarderai pas à décrire ces formes simplifiées,
vraies miniatures de la tribu : les *Apus*, les *Cypris* et les

Daphnis, — miniatures peu séduisantes, et dont les noms seuls (au moins pour les deux derniers) sont poëtiques ; — ni cette hydre minuscule de la *Lernée,* que sa petite taille empêche d''être effroyable ; — et je renvoie le lecteur aux traités de paléontologie pour les formes fossiles, telles que les *Trilobites,* étranges prédécesseurs de nos Crustacés, qui s'enroulaient sur eux-mêmes en boule, à la manière des *Cloportes.*

Les Insectes

Lorsqu'on a franchi les degrés les plus inférieurs du règne animal, représentés par les *Imperceptibles*, les *Etoilés*, les *Apodes*, les *Polypodes* et qu'on arrive au groupe des *Insectes*, il semble qu'on s'arrête, satisfait, sur un palier de repos. En effet, les quatre groupes que nous venons d'étudier, et tout spécialement les deux derniers, ne paraissent avoir été créés et mis au monde que pour préparer la venue de ce groupe nouveau, si remarquable, et déjà si parfait d'organisation, si séduisant souvent par la forme extérieure : je dois ajouter : si digne d'attention par la beauté morale, en quelque sorte, de ses mœurs (1).

Le *progrès organique*, chez les Insectes, — le seul dont se préoccupent les naturalistes de profession, est considérable. On m'objectera des représentants du groupe peu favorisés ; mais je répondrai tout de suite que sous mes yeux, tandis que j'écris, s'offrent les types les plus nets, les plus « entomologiques », les plus *insectes*. Or, chez ceux-là, si vous les comparez aux *Crustacés*, et surtout

(1) « *Morale* » est une manière de parler, car l'animal n'est pas, comme est l'homme, un être responsable. — Je recommande la lecture, ici, d'un des plus beaux ouvrages d'histoire naturelle, à la fois précis et philosophique : les « *Souvenirs entomologiques* » de J.-H. Fabre.

aux *Vers,* ce qui frappe l'esprit tout d'abord, c'est une *simplification de contour,* — laquelle, — fait paradoxal, — va de pair avec un degré de complexité supérieur. Effectivement, un *Scarabée* s'offre d'aspect plus uni qu'une *Ecrevisse,* par exemple, et cependant, le corps du Scarabée trahit un travail de différenciation bien plus accusé. C'est là ce que je désignais ailleurs sous ce nom : stade de *complexité harmonique.* La Nature, je le rappelle ici, débute par un stade de simplicité, puis intervient un moment critique : c'est le stade de complication ; enfin, cette complication se résout ; elle s'harmonise et disparaît aux yeux sous le voile de l'unité : c'est le troisième stade. Or nulle part, en la faune, ce retour à l'unité par le chemin de la variation, n'est plus manifeste au regard que chez l'Insecte. Il se traduit par deux phénomènes concomitants : la *fusion des anneaux* ou segments du corps, si nombreux et distincts chez les *Vers,* chez les *Crustacés,* — et la *réduction* considérable des *appendices.* Déjà, le type Insecte est bien réduit de taille ; mais considérez-le en détail : quel affinement minutieux de ses appendices ! C'est comme une miniature du Crustacé, du « *Polypode* » ; et une miniature harmonieuse. Il n'est plus, ici, question de « *pattes-mâchoires* », encore moins d'*yeux pédiculés* ; mais on trouve des membres exclusivement *locomoteurs,* faits pour la marche, pour la course ; et, concentrés autour de la tête, des instruments de *sensation* et de *préhension,* — en deux groupes bien séparés et distincts, manifestement, l'un de l'autre.

Plus de membres nageurs, de pattes natatoires *obligées ;* ces organes ne se trouvent, désormais, que chez les espèces aquatiques. Sauf ce groupe assez restreint, la classe des Insectes tout entière est franchement terrestre. Que dis-je ? elle est plutôt *amphibie* (c'est-à-dire pouvant vivre en un double milieu) — mais cela dans un autre sens que les Crustacés, puisque cette existence des Insectes se partage entre la terre et l'air : elle est aérienne autant que terrestre. Car il intervient, à ce moment glorieux de la faune, une fonction vraiment supérieure, — si supérieure même que l'homme, sur ce point, le cède à l'animal ; et c'est la faculté de s'élever, de se diriger dans les airs : c'est le *vol* (1). L'aile, instrument de cette fonc-

(1) Aujourd'hui l'homme, par un ingénieux artifice, peut s'élever et se diriger dans les airs ; il a emprunté à l'insecte ailé, à

tion, se retrouvera chez l'Oiseau. D'où l'on peut dénommer l'Insecte, en anticipant, l' « *Oiseau des Invertébrés* ». Nous avons dit que, chez cet être perfectionné, les *organes des sens* et les *instruments de préhension* se con-ganes des sens et les *instruments de préhension* se concentraient visiblement autour de la tête. Mais il y a plus, car ces derniers, les organes de préhension, prennent ici des formes variées, en accord avec le régime. D'où le classement des Insectes en *broyeurs*, — *suceurs* — et *lécheurs* ; les « suceurs » pourraient, trop souvent, être qualifiés de « *piqueurs* » : pour sucer notre sang, ils nous blessent d'un aiguillon. Vous voyez comment, en toute chose, domine ici la loi de « *division du travail physiologique* » ; en vigueur chez l'individu, cette loi de progrès s'exerce encore entre les espèces.

Ce qui est vrai des instruments préhenseurs autour de la bouche, ne l'est pas moins des membres marcheurs, sur les côtés du corps. Ces derniers prennent également des adaptations variées, ce qui fait distinguer des espèces *sauteuses*, des *nageuses*, et d'autres *fouisseuses*.

*
* *

Par ce tableau, tout abrégé qu'il soit, du progrès organique chez l'Insecte, on peut juger, jetant un regard sur lui-même, que le progrès *esthétique* a marché de pair. Et cela, pour la première fois dans la faune. Il y a là comme un témoignage éclatant de cette vérité, souvent répétée par nous, que la beauté, dans le monde extérieur, prend sa source en l'économie de moyens, la concision, et la *distinction*. Remarquez l'évolution de ce dernier mot du domaine positif à l'idéal, et sa parenté de sens avec le terme de *sélection*, par l'intermédiaire d'*élégance*...

La beauté, chez l'Insecte, en définitive, est — permettez-moi l'expression, un *retour de crise*... J'entends parler de cette crise d'adaptation qu'amène, dans la faune, l'introduction de facultés neuves, de pouvoirs physiques ou psychiques inédits, — leur perfectionnement, tout au

l'oiseau, cette fonction de VOL dont il était jaloux. Mais si sa supériorité sur l'animal, en cette affaire, est dans le génie d'invention, il reste inférieur, pour la technique — et la *beauté* du résultat — à l'ouvrage divin : l'insecte ailé, comme l'oiseau, est un aéronef *vivant* et souvent délicieux à voir.

moins. Ce stade critique arrive forcément toutes les fois que l'organisme animal doit passer du simple au complexe. On sait quels sacrifices d'harmonie exigea tout d'abord ce nouveau progrès, de la végétation à l'animalité : c'est à savoir la *sensibilité*, le *mouvement autonome*. Or, chez le type Insecte, préparé de si loin, mouvement autonome et sensibilité se sont forgé des instruments plus précis et plus fins. On pourrait dire que si la flore représente l'âge *idyllique*, — et le *Crustacé*, l'âge *héroïque*, — lui, l'Insecte, qui court, qui travaille et qui vole, représente un état de civilisation à la fois *industriel* et *décoratif* très avancé.

Mais c'est le *vol*, surtout, qui nous captive chez l'Insecte. Il représente une adaptation merveilleuse à l'élément diaphane, invisible, et d'apparence immatérielle, à ce fluide aérien, milieu sublime, idéal, et que l'homme est forcé de conquérir par des artifices. Et le milieu tout idéal, par une loi de contagion heureuse, rend idéale la fonction ; celle-ci fait la forme idéale à son tour.

Voilà comment se justifie, encore une fois, mon principe esthétique du *beau latent*, du *laid latent*.

Si le milieu infime, qui dégrade l'être, le dissimule en même temps, — le milieu sublime, qui l'exalte, se trouve, du même coup, le manifester à la vue. Comme l'Oiseau, l'Insecte ailé paraît beau par la même cause qui le fait *évident*. Il fait partie, lui aussi, de ce qu'on appelle « *la belle Nature* ». Et puis, il n'est pas, à la façon du Crustacé, « *culinaire* ». Si l'Ecrevisse, ou le Homard, semblent faits pour être mangés, l'insecte paraît, lui, créé pour être contemplé ; il n'est pas une tentation pour la bouche, mais un régal pour les yeux, et l'imagination.

Les métamorphoses des Insectes et leurs mœurs

Au principe du « *beau patent* », bien manifeste, et qui s'oppose au « *laid latent* », dissimulé, j'en ajoute un second, qui n'est pas sans rapport avec le premier : le *laid, préface à la beauté*. Son application aux Insectes est frappante. En effet, si tous les animaux, — au moins de type supérieur, passent par l'état obscur d'*embryon* avant de vivre à la lumière du jour, — ceux-ci nous donnent le spectacle successif de deux vies : vie de la *larve*, — et vie de l'*insecte parfait* ; et même, en certains cas, s'interpose entre elles une vie transitoire, celle de *nymphe* ou *chrysalide*. Or seul, ce stade intermédiaire est latent. Avant le mystère du cocon bien clos, nous subissons la vue de la *chenille,* et nous jouissons, après, de celle du *papillon...* Voilà, me dira-t-on, qui détruit votre principe de tout-à-l'heure : la chenille, en effet, se montre à découvert, tout comme le papillon qui sortira d'elle. Or la laideur, ici, n'enfreint-elle pas la consigne sacrée qui la refoule dans l'ombre ?...

Je répondrai d'abord qu'une chenille n'est pas toujours laide, à proprement parler ; elle n'est, au moins, jamais *difforme,* à la manière des embryons.

D'autre part, il faut considérer ce point, que si la larve d'un insecte ne se disssimule pas toujours au regard, elle est beaucoup moins évidente que cet insecte à l'état parfait, s'il est ailé surtout ; et le principe du *beau latent* n'est pas ébranlé, du moment qu'on perd de vue la *chenille* rampant sur le sol, pour suivre longtemps des yeux le *papillon,* ou la *libellule,* évoluant en plein azur. Mais revenons au « *Laid, préface à la beauté* ». Dans le groupe immense que nous étudions, le contraste esthétique entre l'état larvaire et l'état parfait n'est pas toujours aussi accusé ; il n'en est pas moins vrai que la *préface* est ici d'impression moins soignée, tout en restant aussi lisible. Et c'est pourquoi notre imagination est vivement frappée d'un tel changement ; la Science positive elle-même prononce, en cette occasion, le mot idéaliste de « *métamorphoses* ». On la surprend, là, à parler le même langage que la poësie.

C'est qu'au fond, il faut y songer, la réalité, que la Science effleure, est mystérieuse ; et la poësie, comme on sait, est née du mystère. On doit s'accoutumer, d'ailleurs, à voir des vérités en-deçà comme au-delà du terrain scientifique. Ainsi le *Lépidoptère* glorieux, palpitant de ses ailes neuves, au sortir du cocon couleur de poussière, et s'élançant d'un ardent essor dans l'azur, a-t-il suggéré aux peuples jeunes, intuitifs, la légende lumineuse de *Psyché ;* — et *Psyché,* c'est une réalité supérieure : c'est l'âme invisible aux yeux, mais en qui l'on croit, forcément, l'âme immortelle, impérissable, et d'une souveraine beauté, — qui, lorsque vient la mort, abandonne le plus beau corps comme une chrysalide. Nos savants, qui, trop souvent, n'y croient guères, et dédaignent la poësie, n'ont point laissé là, cependant, le nom sublime de *Psyché...* Il est vrai que ç'a été pour en extraire ces termes pédantesques de *psychologie, psychique, psycho-physique.* — Et ceci m'amène à *l'âme* des insectes, — ou du moins aux manifestations si variées, et si remarquables, du principe caché qui les anime.

***

Ils ne sont pas qu'intéressants ou captivants de *forme*, les Insectes ; ils nous retiennent aussi, savent nous captiver par leurs *mœurs.* Evidemment, chez eux, le mot n'implique aucune morale ; mais il témoigne que la Nature est un miroir où l'homme se reflète. En tout cas, les instincts primitifs qui poussent l'humanité, sans la lier, aux actes nécessaires, — on les trouve déjà dans l'animalité. Sous ce rapport, *l'Insecte* est admirable, et pourrait, bien souvent, nous servir d'exemple. On constate, chez lui, au plus haut degré, ce progrès psychique, puisqu'il faut l'appeler de ce nom, progrès en relation avec celui de la *sensibilité* et du *mouvement libre, autonome,* — ces deux conquêtes de la faune. L'Insecte réagit à des émotions, telles que la peur, l'amour, la sollicitude pour sa progéniture, l'indignation contre l'agresseur, et peut-être un vague sentiment de beauté...

Sous cette vague, mais providentielle impulsion qu'on appelle *instinct*, il fuit, ou tient tête avec acharnement, cherche sa compagne et s'accouple, se creuse quelque part un abri, pourvoit à l'alimentation des larves. Mais, spectacle plus surprenant encore pour nous autres hommes, — il se groupe en *sociétés* très analogues aux sociétés humaines, et qui pourraient même nous servir d'exemples. Les abeilles, en construisant comme on sait ces agrégations de cellules qui font la *ruche,* suivent un système d'architecture qu'il serait insuffisant de qualifier d'ingénieux, parce qu'il est nécessaire et définitif : le *style hexagonal.*

Nous n'insisterons pas ici sur ces faits connus, et dont on trouve la description dans tous les livres. Il nous vient seulement à l'esprit une idée, que nous croyons intéressante à traduire : c'est que l'Insecte, être distinct, indépendant, quand on le compare, par exemple, au polype du Corail, sacrifie, délibérément, sa liberté d'allure individuelle, en se groupant, formant des *phalanstères.* A la solidarité matérielle du madrépore, il substitue la solidarité tout idéale de la ruche, ou de la fourmi-

lière. C'est une colonie dont le lien n'est plus un arbre
calcaire, d'un seul tenant, mais l'instinct social, tout abstrait ; il groupe ces unités indépendantes que sont
l'*abeille*, la *fourmi*, et les relie étroitement, alors même
qu'elles sont dispersées, par le nœud d'une intention
commune. N'est-ce point là une leçon très-claire pour ces
hommes qui prônent toujours et quand même la liberté,
sans avoir l'air de se douter que, lorsqu'on est libre de
toute chaîne, on s'en forge à soi-même, d'instinct... ?

Classification des Insectes

Jusqu'à présent, j'ai dit, au singulier : *l'Insecte* est ceci, ou cela ; il fait comme ceci, ou comme cela... C'est
un détour usuel de généralisation qui convient, tant
qu'il s'agit de traits communs à tout le groupe. Mais
maintenant, le moment est venu de mettre en relief, à
leur tour, les traits différentiels, — ceux qui servent à
distinguer les *espèces*. L'objet de la classification, en définitive, est d'ordonner les différences ; elle juxtapose
moins les semblables qu'elle n'écarte les opposés ; ce
qu'on nomme l'*espèce* est, à parler précisément, un produit des moindres différences ; un naturaliste l'a très-
intelligemment définie : « la réunion des individus qui se
ressemblent plus entre eux qu'ils ne ressemblent à
d'autres. »
Mais il arrive que pour classer les espèces, en former
des *genres*, puis des *familles* bien homogènes, pour fon-
der, en un mot, une « *classification naturelle* », les
savants sont obligés de compter par un très-gros chiffre
les caractères de structure, d'organisation intérieure et
profonde. Ce sont, en effet, ceux qui varient le moins,
ceux qui révèlent le plus sûrement le lien d'affinité, de
parenté probable. — Or, justement, pour l'esthéticien,
ces caractères ne comptent guères ; ou, du moins, sont
moins essentiels, puisque la *beauté* — ou la *laideur* —
des êtres se déduit des formes extérieures, — seules per-
ceptibles à notre vue. Il y aura donc, en face du classement scientifique, un classement proprement *esthétique* ;
et ce dernier se fondera surtout sur les ressemblances —
ou les dissemblances — de physionomie. — Si je dis « *surtout* », et non pas « *exclusivement* », c'est que les traits
profonds, anatomiques, bien qu'échappant à nos re-

gards, forment cependant la base essentielle sur quoi s'appuient les traits superficiels et pittoresques. L'artiste a beau se fier à ses seuls yeux pour grouper les êtres, il n'en est pas moins forcé de compter avec des thèmes fondamentaux de structure : le type *étoilé*, — le type *apode* ou *vermiforme*, le type *polypode* ou des Crustacés, — le type *Insecte*, enfin le type *Mollusque* et le type *vertébré*. La loi de *corrélation organique* intervient d'ailleurs opportunément pour concilier l'artiste et le savant ; elle lie le dehors au dedans, d'habitude, de telle sorte que des êtres, anatomiquement très-voisins, offrent, dans leur silhouette, un « air de famille ». Et c'est ce qui se produit, en particulier, chez les Insectes.

Toutefois l'esthéticien, se mêlant de classer, et de nommer les animaux, peut se montrer plus large, et sacrifier plus libéralement au pittoresque. Aussi bien nous accorderons-nous cette licence, de réunir aux *Insectes* proprement dits les *Myriapodes* et les *Arachnides* ; et, d'autre part, échangerons-nous les noms savants contre d'autres plus populaires, et *représentatifs*.

La terminologie des familles d'Insectes est fondée, comme on sait, sur la nature et le nombre des *ailes* (ce qui paraîtrait bien superficiel, si ce caractère des organes du vol n'était en corrélation avec d'autres plus importants).

Rappelons que chez ceux qu'on appelle *Diptères*, la paire d'ailes postérieure s'atrophie, se transforme en deux balanciers ; — que les deux paires, chez les *Papillons*, nommés pour ce seul fait *Lépidoptères*, sont revêtues d'écailles colorées, fort décoratives ; — que les ailes d'avant, durcies, servant d'étuis pour celles d'arrière et se dénommant alors des « élytres », distinguent les *Coléoptères* ; que ceux nommés *Hyménoptères* ont les deux paires d'ailes accrochées ensemble, de manière à rendre leur jeu solidaire ; — et qu'enfin, chez ceux désignés *Aptères*, la dégradation va jusqu'à l'atrophie complète de ces organes aériens.

Fidèles au principe exposé plus haut, nous adopterons la nomenclature populaire comme étant bien davantage évocatrice, et nous dirons que les Insectes se subdivisent, tout simplement, en *Mouches, Papillons, Scarabées, Mouches à miel* et *Fourmis* (Insectes sociaux), *Punaises* et *Parasites*. — Seuls, à peu près, les *Orthoptères* manquent d'un nom usuel ; nous les dénommerons « *Faux-Coléoptères* ».

Si l'on voulait forcer la note pittoresque, les *Orthoptères* seraient qualifiés de « *bohémiens* » ; — les Diptères, de « *bourdonnants* », — les Coléoptères, d' « *industriels* » et les Hymenoptères, de « *collectivistes* ». Quant aux Lépidoptères, ne représentent-ils point, parmi la foule besogneuse des Insectes, les *poëtes*, les *artistes* ?

Entrons dans le détail : quelques types remarquables par leur beauté — ou leur laideur, — au moins leur singularité, vont attirer notre attention.

Scarabées ou Coléoptères

Chacun, n'est-il pas vrai ? connaît de vue le *Carabe*, hôte de nos jardins, et pour cela nommé « Jardinière ». On pourrait dire « *belle Jardinière* », à voir ses formes élégantes, l'éclat métallique de son corselet et la vivacité légère de sa démarche. Son allure est même si prompte, qu'on ne peut l'admirer longtemps ; à peine a-t-il paru, traversant votre allée, qu'il disparaît dans un parterre.

— Ses proches parents sont : la *Cicindèle*, dite « champêtre », presqu'aussi jolie, aussi désinvolte; et le *Calosome* (dont le nom signifie *beau corps*). Il porte un corselet bleu saphir.

Si vous fouillez les bords d'une mare, trois Coléoptères *nageurs* ne tarderont pas à se présenter ; ce sont : le *Dityque* et l'*Hydrophile*, au corps épais, trapu, les membres adaptés à la vie aquatique ; puis un insecte plus petit, le *Gyrin*, curieux par son mouvement inlassable de tourniquet.

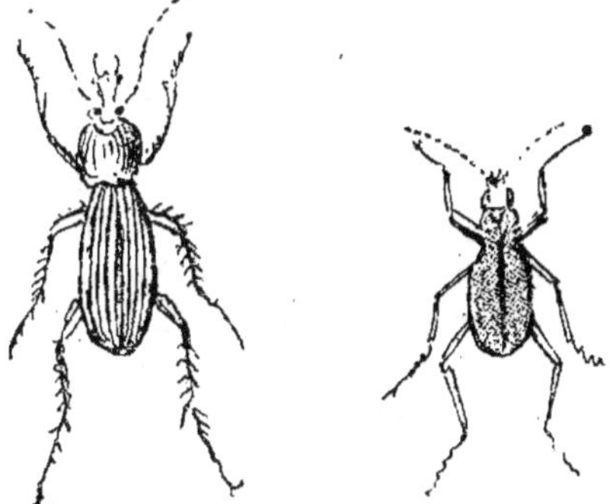
Figures d'après Girard, *Métamorphoses des Insectes*
(Hachette)

Quittez les eaux ; dans la campagne sèche, vous trouverez les *Staphylins*, au corps allongé, formant contraste avec la plupart des Coléoptères par des élytres écourtées, qui laissent l'abdomen, avec ses anneaux mous, à découvert ; on dirait, par derrière, des abeilles ou des guêpes. C'est ce qui a fait donner à ce groupe d'Insectes le nom de « *Brachélytres* ». L'étui corné qui protège les ailes offrant l'aspect, un peu, d'un manteau, les Staphylins sont des *court-vêtus*.

Un autre groupe comprend le *Bupreste*, superbe coléoptère, qui mérite son qualificatif d' « impérial » ; puis le *Taupin*, que les entomologistes nomment *Elatère*, parce qu'il a le pouvoir de se tendre et de se détendre, pour sauter, comme un ressort ; puis encore le *Lampyre*, dont la femelle, restant toute sa vie à l'état de larve, rachète cette infériorité par un privilège esthétique extraordinaire : la phosphorescence. C'est un *ver*, — mais un ver « *luisant* »... — Citons, pour terminer, la *Vrillette ;* celleci ne brille pas aux yeux, mais elle s'impose à l'oreille Les petits coups réguliers dont elle frappe la boiserie, dans le silence de notre chambre à coucher, l'ont fait nommer par des esprits craintifs « *l'horloge de la mort* ».

Voici un nouveau groupe, encore, fort intéressant, celui des « *Clavicornes* ». On sait que ce mot de « cornes » ici, désigne les antennes. Or, « *Clavicorne* », cela veut dire : dont les antennes sont en massue. C'est là un trait commun à des insectes très divers, tels que l'*Escarbot*, sujet d'une fable de La Fontaine, — le *Sylphe*, où l'on a vu l'image d'un bouclier, — le *Dermeste*, amateur de lard (pour ses larves) ; il porte un petit écu sur le corselet ; puis l'*Attagène*, qui s'attaque aux pelleteries. La plupart de ces bestioles portent sur le dos comme des signes héraldiques ; le *Sylphe* a quatre points disposés symétriquement ; le *Dermeste* en a six sur son écu ; l'*Attagène*, dite « ondée », a le dos rayé de traits sinueux, tracés en blanc sur fond obscur. Je réserve pour la fin ce curieux insecte, si bien observé par Fabre et que Rostand, dans son « *Chantecler* », a mis en scène d'une manière si touchante : le *Nécrophore*.

Parlant, en général, des *métiers* de cette petite faune, qui représente à elle seule près des 2/3 du règne animal tout entier (près de 360.000 espèces), Fabre s'exprime ainsi : « Et n'allons pas croire que cette besogne ordu- « rière (celle des *Bousiers*) entraîne forme sans élé- « gance et costume dépenaillé. L'Insecte ne connaît pas « nos misères. Dans son monde un terrassier revêt « somptueux justaucorps ; un croque-mort se pare d'une

« triple écharpe aurore ; un bûcheron travaille avec ca-
« saque de velours ». (*Souvenirs entomologiques*).

Le « croque-mort » dont il est ici question, est le *Né-crophore* fouisseur (*Vespillo*). C'est un des plus clairs témoignages, à la fois, et de l'instinct qui prévoit pour la progéniture, — et de la providentielle finalité grâce à qui les besoins de vie d'un insecte assurent, pour tous les vivants, l'élimination des déchets de mort.

* **

Les « *Clavicornes* » avaient les antennes en massue ; les « *Lamellicornes* » les ont en forme de peignes.

De ce groupe très populeux, j'extrais les types les plus notoires : c'est d'abord le *Hanneton*, le vulgaire Hanneton, jouet des écoliers, fléau du jardinier, des cultivateurs ; sa larve, le *ver blanc*, s'attaque à tout, dévore tout : céréales, betteraves, plantes fourragères et potagères, arbres fruitiers et forestiers, même la vigne. Dans un concours agricole à l'envers, on lui décernerait le premier prix de dévastation. Et cependant, l'insecte qui commet ces ravages (et cela pieusement, pour sa progéniture) a l'aspect inoffensif et bonasse. Il n'est, d'ailleurs, vilain ni de forme, ni de couleur ; mais son allure est lourde, étourdie, maladroite ; — au moins nous paraît elle ainsi ; car, il faut l'avouer, cet hurluberlu se tire assez bien des difficultés de la vie...

La *Cétoine dorée* (plutôt *mordorée*) est, pour ainsi parler, comme un hanneton idéaliste. L'été, par un hasard heureux, au lieu d'une fâcheuse mouche à viande, ou d'un sinistre papillon noir, vous recevez parfois sa visite ; elle vient de se promener sur les roses ; et son irruption bruyante entre vos carreaux entr'ouverts ne laisse pas de vous causer quelque émoi... Mais, aussitôt posée, vous reconnaissez le *Coléoptère*, cet insecte volant dont les ailes se serrent dans un étui, se dissimulant si parfaitement, qu'au repos, il semble seulement un simple marcheur... Alors la *Cétoine* est admirable à regarder ; c'est un vrai bijou précieux, et vivant ; on voit, comme en un rêve, le minéral qui se configure, et se meut... Est-ce que la Nature, en fait, a souci de nos étroites classifications ?

Sortez, à présent ; pénétrez dans ce bois ; arrêtez-vous au pied de ce chêne centenaire. Là, vous ne tarderez pas à saisir le cousin germain de la Cétoine et du Hanneton ;

cousin magnifique, d'ailleurs, et d'aspect terrible : tel un guerrier paré pour le combat. Sa taille est superbe, et sa démarche imposante ; une armure noire et polie, comme

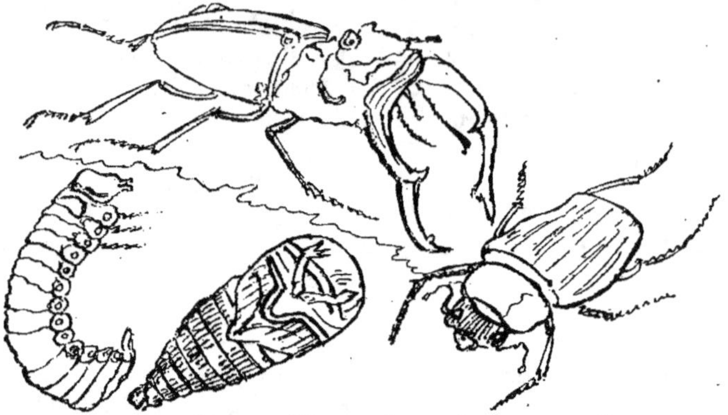

Figure d'après Girard, *Métamorphoses des Insectes* (Hachette)

une armure de deuil, l'enveloppe étroitement, et sa tête est ornée de défenses qui rappellent un peu la ramure d'un cerf. Vous l'avez nommé : c'est le *Cerf-volant*, le « *Lucane* ».

Quand on vient de l'apercevoir, qu'il paraît laid, bizarre, hétéroclite par contraste, l'*Oryctes*, dit « *Nasicorne* »..... Analogue au rhinocéros, en effet, ce coléoptère porte sur le nez un appendice menaçant. Mais ici la corne frontale, au lieu d'être recourbée, se prolonge en pointe, et simule plutôt le dard de la Licorne (*Monodonte monoceros*).

De cette sorte de chevalerie lilliputienne, passons au peuple inerme, travailleur. Celui-là possède moins des armes — que des *outils*. Michelet reconnaît en général, chez les Insectes, les instruments de cent métiers divers ; il appelle l'Insecte, le grand destructeur et fabricateur, *l'industriel par excellence*. « Fabricateur » et « destructeur », cette formule à deux tranchants (celui de la *truelle* et celui de la *pioche*) ne conviendrait-elle pas à tels de nos ingénieurs, de nos architectes ? Et la tribu des *Xylophages* n'a-t-elle point ses représentants dans nos ravageurs de forêts ?...

Mais n'anticipons pas. Dans le groupe qui nous occupe, celui des *Lamellicornes*, deux types professionnels sollicitent notre attention : le *Bousier* et le *Géotrupe*, dit « stercoraire ».

Vous rencontrerez le *Bousier* sur tous nos chemins de France. Fait véritablement remarquable : il n'est pas rétribué par l'Administration, et l'Administration n'a pas de plus fidèle agent de voirie. Par ses soins, la route est débarrassée des larges résidus de la vache. Les anciens Egyptiens appréciaient, sans doute, mieux que nous ce genre de service, et l'insecte qui nettoie, dans notre Midi, la chaussée souillée par les chevaux, les mulets, porte encore ce nom plus qu'honorable : *Scarabée sacré*. Ennoblir ainsi, presque diviniser cet humble et sordide artisan, n'était-ce pas leur façon de reconnaître la loi providentielle de finalité ?... Nous autres, si supérieurs, (ou qui nous jugeons tels), sommes-nous frappés, comme il conviendrait, de cette prévoyance d'un insecte, — égoïste, à vrai dire, mais dont nous profitons ?... Admirons-nous cette ingénieuse combinaison qui, du même coup, sert la race animale, et la nôtre ? Adorons-nous Celui qui, dans cette occurrence, comme en tant d'autres, a prévu nos besoins par delà les nécessités de vie de l'Insecte ?...

*
* *

Tous les groupes décrits précédemment sont réunis par les naturalistes sous l'étiquette commune de *Pentamères*, ce qui signifie : dont les tarses sont composés de 5 articles.

Un autre corps d'armée, d'égale importance, est qualifié par eux d'*Hétéromères*.

Suivant notre habitude, en cette revue d'honneur que nous passons, nous ferons sortir du rang les unités les plus remarquables. Et voici, tout d'abord, le peloton des « *Mélasomes* ». Nom trop savant, tiré du grec, mais significatif ; il signifie : « corps noir ». En appelant ces insectes les « *Ténébreux* », je ne fais donc ici que traduire ; d'autant plus que l'un d'eux fut baptisé *Tenebrion*. Ce dernier vit dans la farine. Il a pour congénère le *Blaps*, fort bien reconnaissable à son corps qui se rétrécit et s'effile en pointe à l'arrière.

Dans un autre groupe, les *Trachélides*, nous trouvons le *Méloë*, dit « *proscarabée* », et la célèbre *Cantharide*. — Pour désigner clairement le *Méloë*, je dirai que c'est un « *écourté* » comme les Staphylins. Ses élytres, arrondies à leur bord libre, et assez écartées l'une de l'autre, figurent, sur le dos de l'insecte, comme les pans d'une mantille. — Quant à la *Cantharide,* c'est un Coléoptère bien vêtu jusqu'au bout, svelte et plein d'élégance. Chose étrange, que cette bestiole si distinguée de tournure, serve à faire des vésicatoires !

Le groupe suivant, celui des « *Tétramères* » n'offre en général que des insectes fort nuisibles. C'est la *Bruche,* qui perce nos pois pour y loger sa larve ; c'est la *Calandre,* ennemie de nos blés ; puis le *Charançon* (Curculio), bien connu comme dévastateur, encore, des greniers ; puis l'*Orcheste* de l'aulne, l'*Attelabre* du coudrier, chacun prouvant par son surnom qu'il est « *tout entier à sa proie attaché...* » Citons, enfin, pour son bec très proéminent, le *Rynchite.*

D'autres destructeurs s'en prennent au bois. On les appelle « *xylophages* ». Le *Scolyte* et le *Bostriche,* en particulier, sont connus, très défavorablement, de nos forestiers. Dans une famille nouvelle, celle des « *Longicornes* », remarquable entre toutes par le beau développement des antennes, nous trouvons encore, comme insectes nuisibles, la *Criocère* de l'asperge, au corps jaunâtre, orné d'une croix noire en travers du dos, et l'*Altise,* fatale aux vignobles. — Mais nous pouvons admirer sans arrière-pensée la *Chrysomèle,* d'un joli bleu, sur lequel tranche le rouge des élytres ; et puis, par dessus tout,

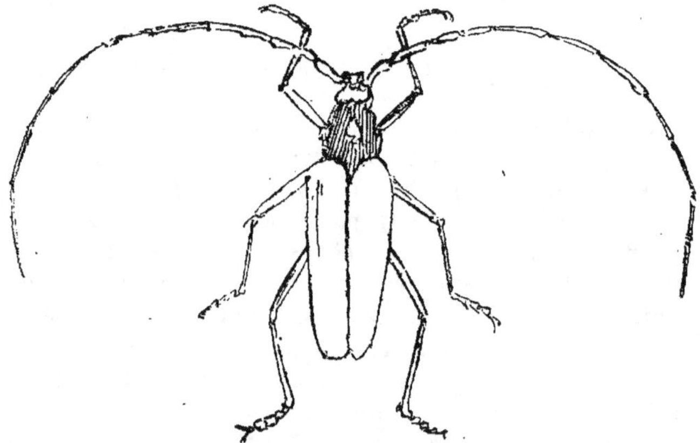

Fig. d'après Girard, *Métamorphoses des Insectes* (Hachette)

le prince de la tribu, le magnifique *Capricorne.* Les savants, qui sont quelquefois des poëtes, l'ont nommé *Cerambyx heros.* Tout est noble, élégant, harmonieux, en ce type élu, sélectionné par la Nature artiste ; même, la

longueur inusitée des antennes, qui dépassent de moitié
celle du corps, ne trouble nullement l'harmonie ; tout au
contraire. C'est un témoignage de plus en faveur de ma
loi de *surproportion*. J'avais forgé ce terme, jadis, pour
l'opposer à celui de *disproportion,* qui, dans de pareils
cas, est injuste.

Nous finirons cette revue des Coléoptères par les *Cocci-
nelles*. Populaires sous ce nom touchant : « *bêtes à bon
Dieu* », elles charment par leur air inoffensif et doux.
contrastant avec l'aspect précipité, menaçant ou farouche
de tant d'autres. Le semis de points qui décorait, on s'en
souvient, le dos des *Sylphes,* se retrouve ici, variable en
nombre, en figure : ; il sert ainsi à distinguer les espèces
Ne dirait-on pas, en vérité, que les bêtes de tout genre
ont, comme les Croisés, leur signe de ralliement, passant
au décor, — leur *blason ?*

Faux Coléoptères

Sous le nom, un peu désobligeant, peut-être, de « *faux
Coléoptères* », nous réunissons ces sortes d'insectes que
les savants nomment, à part, *Orthoptères* et *Hémiptères*.
Ce qui les rapproche, en effet, — et les éloigne à la fois
des Coléoptères véritables, c'est que leurs élytres sont
incomplètes ; autrement dit, les ailes antérieures, insuffisamment endurcies, ne constituent, pour les postérieures, qu'une demi-protection. Chez les *Orthoptères*, en
particulier, ces dernières, les ailes transparentes et servant au vol, ne se plissent pas transversalement, mais
longitudinalement, en éventail. Combien la Nature ouvrière aime varier ses moindres procédés !

J'ai surnommé les Orthoptères des « *bohémiens* »
C'est à cause de leur vie plus ou moins errante, de leurs
allures assez... pittoresques, — et de leur musique. Plusieurs de ces insectes sont *stridulants,* c'est-à-dire qu'ils
fatiguent, l'été, — ou charment — nos oreilles par un
son suraigü, longtemps de suite répété. Cette sonorité.
très tendue, s'harmonise, en notre pensée, avec les belles
chaleurs méridionales, — avec la tension calorifique, électrique ; d'où sa poësie singulière. — La *Sauterelle,* vêtue
de vert comme les prés, la produit en frottant ses deux
ailes sèches l'une contre l'autre ; il en est de même pour
le « cri-cri », le noir *Grillon* de nos foyers. Le chant de
ce dernier est intime, hivernal. Le *Criquet pèlerin* (qu'on

nomme improprement sauterelle), arrive au même résultat par le frottement de ses pattes. Il faut ajouter, comme se joignant à l'orchestre, un Hémiptère : la *Cigale*. Celleci stridule de concert, mais en tendant, puis distendant en mesure une membrane.

Si donc, Sauterelle, Criquet et Grillon sont des *violonistes*, la Cigale, elle, est *timbalière*. — Ces animaux,

d'ailleurs, sont intéressants à bien d'autres titres ; la *Sauterelle*, comme son nom l'indique, ne vole ni ne marche, et procède par bonds. Le *Criquet pélerin* voyage par troupes innombrables, pour le malheur des Africains et de nos colons d'Algérie. C'est un ravageur de moissons ; les Arabes l'appellent « la *Crevette de l'air* » : ils se vengent en la croquant ; c'est un de leurs mets favoris.

Un autre ravageur, cette fois terrestre, est l'affreux insecte noir, et plat comme une punaise, trop connu sous les noms de *blatte*, de *cancrelat*. Tandis que le Grillon, inoffensif et solitaire, chante modestement près du four, ses vilaines cousines les *Blattes*, infestent la boulangerie toute entière.

Très originale par son maintien est la *Mante*, dite *religieuse*. Les Provençaux, dans leur langue sonore, et leur imagination si jolie, l'ont baptisée « *pregaDiou* ». Je m'étonne

Fig. d'après Girard, *Métamorphoses des Insectes* (Hachette)

qu'on n'ait pas encore songé à « laïciser » cet insecte, — en compagnie de la « *Bête à bon Dieu* », du « *Criquet pélerin* », des « *Chenilles processionnaires* », et de tant de végétaux porteurs de vocables aussi compromettants : tels le « *gant de Notre-Dame* », la « *fleur et le roseau de la Passion* », la « *Vigne Vierge* », etc... Mais que les incrédules se rassurent : ce n'est là, chez le *prega-*

Diou, qu'une attitude menteuse, hypocrite ; si la bestiole joint les pattes, c'est pour capturer sa proie au passage ; ce ne sont point pattes pieuses, mais pattes ravisseuses.

La Fontaine a raison : il ne faut pas se fier aux apparences. Ainsi, voilà cet innocent *Forficule*... Parce qu'il porte, à la partie postérieure de son corps, une pince assez semblable à l'instrument qui servait à forer, chez les dames, l'oreille en quête d'un bijou, — ne l'accuse-t-on pas de se faufiler, sournoisement, dans le conduit auditif des dormeurs, afin de leur perforer le tympan ?

Mais un cas très réel, et bien intéressant, c'est celui des animaux qui, pour se couvrir, prennent la couleur, et jusqu'à la forme du milieu. Cela s'appelle *mimétisme*. Bien entendu, les êtres vivants qui *miment* le milieu matériel, afin de se confondre avec lui, ne le font pas consciemment, ni d'eux-mêmes : c'est l'instinct qui le fait pour eux ; et encore n'est-ce pas ici l'instinct psychique et personnel, mais une force purement organique. Ce bizarre Coléoptère de Java, qu'on appelle *Mormolyce-feuille*, tant ses appendices dilatés, aplatis et parcourus de nervures, simulent un limbe végétal, — évidemment ne s'est pas fait ce qu'il est ; il ne s'est pas *grimé* par ses propres moyens... (1) Pourquoi donc hésiter, chercher des subterfuges métaphysiques, inventer de grands mots

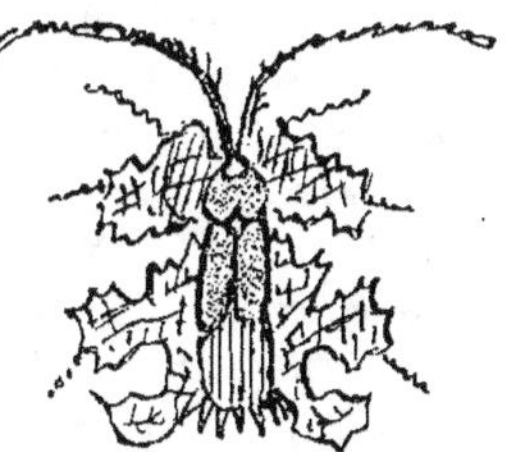
Fig. d'après Girard, *Métam.* (Hachette)

rébarbatifs et vides ? Pourquoi ne pas confesser, franchement, que l'auteur de cet acte de prévoyance est celui même qui dirigea la croissance, et que Dieu, créateur de l'insecte, avant même que d'éveiller en lui l'amour de sa progéniture, a doué, pour ainsi dire, son corps grandissant, d'un pouvoir divinateur infaillible ?... Si tous les êtres, on l'a souvent dit, chantent la gloire de Dieu, le *Mormolyce-feuille*, comme la Sauterelle d'un vert d'herbe, ou le *Bacille de Rossi*, qu'on prend pour un bout de rameau, dans le branchage, sont les témoins candides et frappants de sa Providence.

(1) Non plus que le *Lasiocampa quercifolia* (« feuille morte du chêne ») que nous figurons à la page suivante, plus « foliaire » encore que le précédent.

L'autre groupe de ceux que j'ai nommés les « faux Coléoptères » est constitué, officiellement, par les *Hémiptères*. Leurs ailes antérieures, membraneuses à l'extrémité libre, sont plus ou moins coriaces à la base. A peine aériens, ces insectes sont arboricoles, comme la *Cigale*, qu'on entend striduler dans le feuillage, au midi de la France ; — ou bien aquatiques, tels la *Nèpe*, le *Notonecte*, l'*Hydromètre*, — enfin, pour notre tourment, parasites: ainsi la *Punaise des lits*.

Fig. d'après D' Paul Girod, *Atlas des Papillons de France* (Lhomme).

Les naturalistes, qui sont gens précis, ont pris scandale de ce que la fameuse *Cigale* de La Fontaine, en sa première fable, était obstinément figurée, par les illustrateurs, sous les traits d'une *Sauterelle*, — de notre grande Sauterelle verte, la *Locuste*. Est-ce ignorance de leur part, — ou bien est-ce que la Sauterelle est plus ! « représentative » que la Cigale, dont l'aspect est plutôt celui d'une grosse mouche fort pesante ?... Ou bien encore, serait-ce là une distraction du fabuliste, car si la cigale chante, elle ne *danse* pas.

Nèpe, Notonecte, Hydromètre, sont les hôtes bizarres de l'étang. La *Nèpe* a les pattes de la première paire très écartées des deux paires suivantes, et son abdomen se termine par une fourche.

C'est un insecte très utile, en ce qu'il se nourrit des larves de Cousins. C'est ainsi que le *Réduve masqué* nous débarrasse des punaises.

Notonecte signifie « *qui nage sur le dos* ». L'Hémiptère aquatique de ce nom fait, effectivement, la planche. Le posez-vous sur le rivage ? Il se retourne, et se comporte alors comme un bon terrien. — Quant à l'*Hydromètre*, on jurerait d'une araignée : de ses six pattes longues et grêles, il court à la surface des eaux comme un faucheux sur le poli d'une glace.

Le mot seul de punaise nous dégoûte. Si le « Pentatome », ou *punaise des bois*, n'est pas pour nous, comme celle des lits, un parasite menaçant, il repousse par son odeur.

La tribu des *Pucerons* n'est redoutée que des seuls horticulteurs, obligés de défendre contre eux leurs roses, pied à pied. Un d'eux toutefois, — et Dieu sait s'il a fait parler de lui dans le monde ! est... la « bête noire » des vignerons : c'est le *Phylloxera*, dont le nom signifie « dessècheur de feuilles ». Sans conteste, il est le premier au concours des « insectes nuisibles ». Les philosophes diront bien que son intervention ne fut pas si funeste, ayant eu pour effet le rajeunissement obligé du pampre, atteint dans sa vitalité, mourant pour avoir trop vécu...

Mouches communes ou Diptères

La parole de l'Evangile : « *Soyez semblables à ces petits* », peut s'appliquer fort bien aux pharisiens de l'Esthétique. Pour classer — ou nommer, *esthétiquement*, les êtres si variés qui nous environnent, rien de tel qu'un langage candide et tout spontané, qu'une manière de définir innocente, émanant de l'effet produit, et que n'embarrasse point le lourd bagage scientifique. Si je demande à quelque enfant comment il distingue les Mouches des Scarabées (nos Coléoptères vrais ou faux), il dira : « les *Scarabées*, ça s'envole quand on veut les prendre ; mais je les vois courir dans les allées, sur le livre où j'apprends mes leçons ; et, cachant leurs ailes sous des étuis, ils courent toujours devant eux... Les *Mouches*, cela vole tout le temps, à moins qu'elles ne se posent sur les carreaux de la fenêtre ; leurs ailes sont toutes nues ; elles bourdonnent autour de la chambre... »

De bonne heure, cet enfant apprend à distinguer des *Mouches ordinaires* (nos « Diptères ») — les *Demoiselles*, au long corsage, aux ailes finement réticulées (Névroptères), les *Mouches à miel* (Hymenoptères), au ventre annelé, noir et jaune, — enfin les *Papillons*, ces mouches privilégiées dont les quatre ailes sont si bien peintes (pour les savants, « Lépidoptères »).

Nous ne dédaignerons pas ce classement, si puéril qu'il apparaisse, car il se base sur l'*expression*, et sur la *beauté*. D'ailleurs, il concorde, en ses traits essentiels, avec les systèmes les plus érudits.

Tous les insectes désignés par le vulgaire sous le nom de *mouches* ont un air de famille qui les fait reconnaître à première vue. Regardez-les de près : un trait commun vous frappera, qui confirme la nature homogène du groupe. C'est qu'il n'existe là qu'*une paire d'ailes*, l'antérieure, — la paire postérieure étant représentée par un organe d'équilibre, les « *balanciers* ». Cette simplification (à qui se joint un perfectionnement dans l'instrument de vol), a fait créer le mot de « *Diptère* ». Trois choses caractérisent la Mouche (ou le Diptère), en général : la paire d'ailes unique, — la trompe, ou l'aiguillon, — le bourdonnement perpétuel ; elle est *suceuse* ou *piqueuse* et parfois les deux ; elle s'annonce bruyamment, en fanfare.

La sonnerie des *Cousins,* ou de leurs congénères des pays chauds, les *Moustiques,* est suraiguë de ton, et sournoise ; quel contraste avec la note grave du *Bourdon !* Au reste, tout est, chez ces insectes, menu, fin, aiguisé ; leur corps gracile, aux pattes longues et capillaires, aux ailes étroites, aux antennes plumeuses, ne manque pas d'une certaine élégance ; dire que leur voix, à l'instar de leur aiguillon, est « *perçante* », ce n'est pas faire un vain jeu de mots. — La larve des Cousins est aquatique, et vit dans les mares, les réservoirs. Pour s'en débarrasser, il suffit de plonger dans l'eau un poisson comme la tanche, ou bien un insecte carnassier tel que la *Nèpe.* Ainsi la concurrence vitale entre animaux réserve parfois à l'espèce humaine de précieuses ressources.

Le *Taon,* grosse mouche trapue, est l'antithèse vivante du Cousin. Sa piqûre tourmente les bestiaux, qui le chassent du fouet de leur queue, tout en pâturant ; sur notre peau plus fine, elle laisse une tache de sang. — L'*Œstre,* de grande taille et toute velue, ne pique pas ; mais, sur le pelage des bœufs et des chevaux, elle pond ses œufs. Ces pauvres bêtes, inconsidérément, se lèchent ; et leur langue sert de véhicule aux larves, aussi dange·reuses, parfois, que dégoûtantes. Par un cycle vital habituel aux parasites, ces mêmes larves, expulsées par voie digestive, passent à l'état d'insecte parfait ; elles deviennent de grosses mouches velues, qui pondent, à leur tour, sur les chevaux, les bœufs, — et ainsi de suite.

La *Mouche à viande,* elle, ne s'attaque qu'à la chair morte, et visite nos garde-manger. Son abdomen est d'un bleu métallique inquiétant ; mais, privée d'aiguillon, elle est inoffensive. Son rôle, néanmoins, fort néfaste, est de hâter la décomposition des viandes. A ce propos, elle occupe, en l'histoire de la *génération spontanée,* une place importante. Au temps où vivait l'Italien Redi, régnait la croyance universelle que la putréfaction, par elle-même, engendrait les vers. Le perspicace naturaliste, imbu de cette idée que « *tout être vivant naît d'un œuf* », fit une expérience concluante : deux garde-manger contigus furent approvisionnés de viande fraîche ; l'un fut tenu ouvert ; l'autre fut clos d'une toile métallique. Or, dans le premier seulement, là où la *mouche bleue* avait pu pénétrer, on trouva la viande farcie de petits vers blancs, nés des œufs introduits, et qui ne suivaient pas la putréfaction, mais la précédaient, au contraire. — A chaque fois que le fait est cité, l'on en prend texte pour glorifier la Science. Moi, j'en fais honneur, plus simplement, à la logique.

Ouvrons à-présent la fenêtre toute grande, pour qu'elle s'envole au dehors, la répugnante Mouche bleue (Musca « vomitoria »). La *Mouche domestique*, elle, peut rester ; c'est notre hôte, et notre commensal ; hôte incommode, sans doute, commensal importun, s'il pullule ; mais, à tout prendre, insecte au vol paisible, et d'aspect rassurant, insecte familier, égayant, symbolisant l'été, le chaud Midi bien ensoleillé (1). Le soir, dans les coins ombreux de forêt, nous nous plairons à voir tourbillonner en une sorte de valse aérienne, les *Moucherons*.

Mouches réticulées (*Névroptères*)

Ce terme, plus intelligible, à mon sens, est la traduction, en somme, du mot trop grec de *Névroptères*. Les insectes qu'il désigne ont, en effet, leurs deux paires d'ailes très-finement ouvragées, formant un délicat réseau de nervures (*réticule*). Le plus populaire, et le plus poëtique d'entre eux est la *Libellule* ; si vive et distinguée de forme, de couleur et d'allure, que l'instinct pittoresque du peuple l'a baptisée, galamment, « *demoiselle* ».

Voilà comment le poëte voit la *Libellule* ; ainsi, du reste, qu'il aperçoit toute chose en ce monde : sous l'angle imaginatif, idéal ; et moi, je le vois comme lui. — Lisez maintenant la description technique de cet animal, ensemble d'organes bien adaptés, — un milicien, aussi, de cette innombrable armée des Insectes, et qui, par son uniforme, appartient à tel corps de troupe, à tel régiment, à tel peloton... Et moi, pareillement, je le

(1) Au point de vue de l'hygiène, toutefois, la *Mouche domestique* peut être dangereuse, en transportant et déposant des germes infectieux.

vois comme lui... Comment je concilie ces deux visions si différentes ? — Mais, plus simplement qu'on ne croit. Il me suffit de faire, abstraitement, le tracé d'une figure géométrique ; des deux angles opposés, que je joins, je compose, d'un coup, un carré parfait ; de deux figures *ouvertes*, incomplètes, je forme une figure *fermée*, je réalise l'intégral.

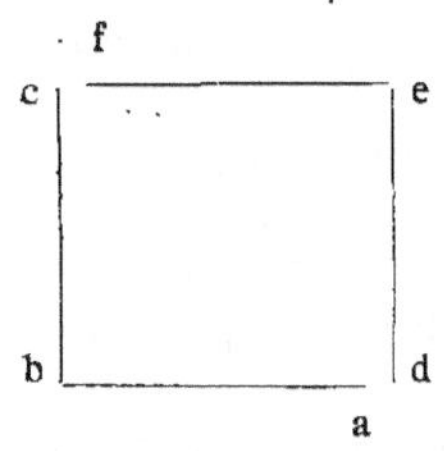

abc, *angle* du savant.
def, *angle* du poëte.

Certes, la Libellule est en soi, un ensemble de parties ajustées... Mais cet ensemble est *harmonique*, et, — pour mon œil qui le saisit, *harmonieux*. Sans aucun doute, c'est, à part moi, un être qui vit, et qui va mourir... Mais cette vie se manifeste par des mouvements, dont le rythme presque musical plaît à mon esprit, en s'accordant avec mon propre rythme vital. Enfin, cet insecte allongé, au corselet vert, aux ailes symétriques, en réseau, je le vois parent, allié plus ou moins proche d'autres insectes, qui forment avec lui ce qu'on appelle un genre, une tribu... Mais cela, c'est un fait dont mon imagination s'empare, avidement, pour jouir, tout à la fois, de l'*unité*, de la *diversité*. Or, vous savez que de ce double élément jaillit la beauté.

La *beauté* !... C'est une variable qui prend, en définitive, toutes les valeurs. Elle pourrait, d'ailleurs, être symbolisée par deux courbes : l'une représentant les degrés de *perfection* extérieure, — et l'autre, les degrés de notre sentiment intérieur. — Voyez plutôt cet *Ephémère* : il est très-menu, d'une délicatesse inquiétante ; c'est une vie que nous savons si courte, si fragile ! On l'aperçoit fixé sur le carreau transparent et infranchissable.... (mystère de la vitre) auquel il s'obstinera, quand même vous lui faciliteriez une issue. Tout-à-l'heure, ce merveilleux petit corps, — sans accident, et par le cours normal de son existence, il tombera, à bout de souffle ; il ne sera plus qu'un cadavre... Et cette idée nous peine ; elle nous le fait apprécier, aimer davantage. A notre admiration se joint la pitié. C'est comme pour les roses, qui, persistantes, seraient belles, tout simplement, et qui, se fanant, jonchant l'allée de leurs pétales, sont touchantes.

Mais la courbe du sentiment peut suivre une autre direction ; son ascension a, quelquefois, comme terme final, l'intérêt. Ainsi la *Phrygane,* modeste Névroptère aux airs de papillon mouillé, captive notre attention par sa larve. C'est une insignifiante et faible chenille, pourtant ; mais voici : son corps est vêtu d'une façon bien originale : l'enfant qui la trouve par hasard sur la paroi de quelque mare stagnante, s'en amuse comme d'un jouet ; et le naturaliste est confondu de voir ce petit corps habillé, strictement, d'un fourreau, dont les menus graviers, les brindilles, ou les coquillages minuscules font tous les frais. Ce spectacle est à la fois *gracieux* et *comique,* car la Nature admet, et mêle, agréablement, tous les genres.

Qu'est-ce, à-présent, que ces petits entonnoirs si réguliers dont cette sablière est creusée par places ?... Approchez avec précaution : une fourmi trouve cela sur son passage ; vous la verrez, un court instant, au bord du précipice, sur la crête de ce cirque aux parois polies mais instables. Une seconde après, elle y tombe, entraînée par l'éboulement qu'elle a provoqué. La voilà prise au piège, — au piège bien tendu par la larve du *fourmilion.* Elle est là, la terrible larve au masque de punaise ; elle occupe le centre de l'entonnoir ; telle l'araignée, gardant le centre de sa toile. Le corps tout entier caché dans le sable, elle ne laisse paraître que l'extrémité de ses mandibules. Alors, c'est vite fait ; et si la proie fait mine de s'échapper, l'astucieuse larve lui lance du sable dans les pattes... Incroyable, mais vrai. L'instinct animal a ses beautés, comme dans la *ruche,* dans le *nid ;* et dans le *piège,* il a ses laideurs nécessaires.

<h2 style="text-align:center">Mouches à miel, fourmis
mouches « de galles », etc. (Hyménoptères)</h2>

Sous la dénomination commune d'*Hymenoptères,* les naturalistes groupent les *Mouches-à-miel* (Abeilles et Guêpes), insectes butineurs vivant de nectar, — et ces insectes chasseurs que sont les *Fourmis,* aussi bien amateurs de déchets animaux que de sucre ; puis les insectes *gallicoles,* et les *entomophages,* autrement dit « mangeurs d'insectes » — Qu'est-ce donc qui réunit ces espèces de mœurs si différentes ?... C'est d'abord la nature des ailes, toujours ce critérium de prédilection qui fait rimer, par leur finale, les *Coléoptères* et les *Orthoptères*, les *Hémiptères* et les *Névroptères*, les *Hymenoptères* et les *Diptères*, etc...

Ici, les deux paires d'ailes sont reliées ensemble par des crochets : elles sont solidaires. En outre, leur limbe est à nervures espacées, ce qui contraste avec les Névroptères, les *Libellules* au réseau serré. D'autre part, en ce nouveau groupe, l'abdomen n'est rattaché au corselet (thorax) que par un isthme fort étroit (la « *taille de guêpe* »). Enfin, l'armature de leur bouche les fait, tout à la fois, *masticateurs* et *lécheurs* ; et, à l'autre extrémité de leur petit corps, ils sont munis, soit d'un *aiguillon* pour piquer, soit d'une *tarière* pour pondre leurs œufs. On verra bientôt ce qu'ils savent faire de cette arme — ou de cet outil.

Les abeilles

Arrêtons-nous, premièrement, sur les abeilles. On peut écrire d'elles que ce sont des animaux célèbres. Un trait véritablement merveilleux, en effet, domine la scène, ici, fait oublier la forme de l'insecte, sa physionomie, son allure, sa petitesse : c'est le groupement permanent, la *vie sociale*. Je ne vais point refaire, une fois de plus, l'histoire de la *ruche*. Qui n'a pas eu l'occasion de voir, au moins une fois en sa vie, un « gâteau » de cire, et même d'en goûter le miel, tel qu'il découle des cellules ? Qui n'a pas eu, son goût une fois satisfait, un mouvement de curiosité, puis d'admiration, pour la perfection géométrique de ces cellules, de ces alvéoles dont la tranche forme un hexagone régulier, et dont l'assemblage offre une harmonieuse mosaïque ? — Les gens du monde, il est vrai, ne connaissent qu'assez vaguement les procédés de construction des ouvrières ; ils savent que celles-ci se répandent sur les fleurs pour butiner ; mais très peu sont instruits de ce fait, — pourtant d'une portée si haute, — qu'en butinant pour leur propre compte, elles remplissent un rôle utile à la flore. L'ouvrage de Sir John Lubbock : « *Insectes et fleurs* », n'a pas, il s'en faut, hélas ! le succès d'un roman policier ou sentimental...

On lira, dans d'autres livres que le mien, tous les détails concernant les mœurs des abeilles, — comment la colonie se forme, prospère ou dépérit ; ce qui cause le départ des essaims, leur agglomération en grappe sur une cime d'arbre, d'où l'homme les « capte » pour les domestiquer, les faire travailler à son propre usage : « *Sic vos, non vobis... mellificatis, apes...* » On s'instruira sur le « *vol nuptial* », où, bien cachés par le lointain des airs, les « faux-bourdons » (autrement dit les mâles) entourent la reine (unique femelle) pour la féconder (1). Enfin, la curiosité scientifique, ou technique, sera contentée pleinement par l'observation d'une ruche à paroi de verre ; on assistera, de la sorte, aux travaux d'architecture et d'aménagement, aux besognes emmagasineuses ou nourricières, même policières, de ce petit peuple. Pour nous, esthéticiens, on sait quel est notre office propre : c'est de donner l'esprit de la Science plutôt que sa lettre, et de mettre les faits en relief, non pour les exploiter, mais pour les *admirer*. Or l'admiration, à mon sens, ne doit pas s'attacher exclusivement aux formes extérieures, aux attitudes expressives ou décoratives. Ce serait, je le redis encore, une Esthétique bien superficielle et matérialiste, celle qui s'arrêterait à ce que voient nos yeux, à ce qu'entendent nos oreilles. Et justement en un cas tel que celui-ci, où les facultés psychiques de l'animal dominent la scène, c'est une belle occasion pour la Science du beau de se spiritualiser, de ne pas faire mentir le langage, qui qualifie de *beau*, — tout aussi bien que le corps de la *Libellule* ou du *Papillon*, l'instinct de l'*Abeille*.

.

Je viens de prononcer le mot d'*instinct*. Certains esprits, je sais, jugent le terme insuffisant. Mûs par un enthousiasme un peu philosophique, ils veulent voir, en cette association d'insectes pour la vie, la manifestation d'une réelle *intelligence*. — « Il est vrai, dit l'un d'eux, « que l'homme, qui se croit seul possesseur de cette fa- « culté, la qualifie d'*instinct* chez les animaux ; mais il « ne montre ainsi que son inguérissable orgueil ». — On

(1) Ce titre pompeux de « *reine* » est tout à fait impropre ; celui de « *mère* » conviendrait mieux. S'imagine-t-on, dans nos sociétés humaines, une souveraine dont la mission serait de mettre au monde tous ses sujets ?...

perçoit, n'est-il pas vrai ? dans ces paroles, je ne sais quel son d'incrédulité, même d'hostilité religieuse... Il se pourrait bien qu'il y eût, chez les penseurs de cette sorte. un autre genre d'orgueil, celui de la Science qui enfle le cœur et grise le cerveau... Fausse et dangereuse humilité, qui n'exalte la bête que pour rabaisser l'homme, et poser, entre les deux, comme un niveau démocratique, amoral.

Nous évoquions, tout-à-l'heure, le tableau de l'essaim qui se ramasse en grappe prodigieuse, grappe animale dont les fruits sont des corps tout effervescents, et les feuilles, des ailes diaphanes et vibrantes. Or, que font les abeilles ainsi pelotonnées ? — Elles attendent le retour des « éclaireuses ». Si l'apiculteur n'était pas là, posté sournoisement pour les prendre, leur escadron s'envolerait au lieu désigné, fonderait une colonie libre, en plein bois... — Mais l'apiculteur veille ; le visage couvert d'un voile et les mains gantées, il *capte* l'essaim. Les prisonnières, au reste, n'auront pas un sort malheureux ; ce ne sont pas, à vrai dire, des prisonnières ; ce sont des sortes de *colons partiaires*, des métayers que l'on surveille, et sur lesquels on prélèvera de force,, mais sans violence, une part de récolte. — Oh ! je sais, la plus belle part... « *Sic vos, non vobis...* » En compensation, l'homme les soignera, les guérira de leurs maladies, leur fournira des reines au besoin ; même, il leur offrira des rayons tout faits, que, peu fières, elles accepteront, n'ayant plus que la peine d'y déposer la cire et le miel. Ainsi nos mœurs artificielles corrompent ces animaux laborieux.

La ruche classique et virgilienne, au toit de chaume, et sise au fond d'une allée de fleurs, a vécu, pour le plus grand dommage des artistes et des rêveurs. Le rucher moderne et perfectionné offre l'aspect assez ridicule d'une agglomération de châlets suisses en miniature. Car (il faut s'y résigner), le progrès banalise, enlaidit, rend insipide ce qu'il touche. — Mais plaçons-nous maintenant au point de vue purement abstrait : la ruche est un exemple de « *finalité détournée* ». Ce que nous avons dit de la flore peut se redire de la faune. L'animal, tout comme la plante, en outre de ses *fins directes, personnelles*, en a d'autres, *réfléchies*, — soit sur le règne végétal (relations entre insectes et fleurs), — soit sur son propre règne, — soit, c'est ici le cas, sur le règne humain. Sans faire de métaphysique, en ne regardant que les faits, on

peut établir que l'abeille est créée pour l'homme, comme
elle est créée pour la plante, et, tout premièrement, pour
elle-même.

Les guêpes

Dans sa préface à l' « *Insecte* », de Michelet, M. Ber-
thelot parle assez longuement des guêpes. Très pittoresquement, il les compare aux tribus de *Peaux-rouges*, tandis que les abeilles, domestiquées, représenteraient plutôt les *fellahs* d'Egypte. Mais, bien que ce soit ici un
savant qui parle, l'assimilation est plus pittoresque que
précise. En réalité, la guêpe est très proche parente de
l'abeille ; mais c'est une parente pauvre, ou plutôt *bo-
hême*. « Tout lui est bon, dit l'auteur précité, — les
« fleurs, les fruits, la chair morte, et même la chair vi-
« vante ». Pendant que l'abeille butine, méthodiquement,
sur les fleurs, et les fleurs seules, la guêpe pille un peu
partout, pénètre, effrontément, en nos maisons, perce nos
chasselas, gâte nos meilleures poires. Et cependant,
comme son illustre et sage cousine, elle est architecte ;
elle connaît le style hexagonal. Mais quel usage restreint
elle en fait ! Vous avez tous vu, pendant à quelque tige
végétale, le nid de la *Poliste gauloise ;* un seul rayon,
avec peu de cellules, le compose tout entier ; il reste
d'ailleurs ouvert à tous vents ; — celui de la *Guêpe des
bois* est bien clos, et formé de plusieurs rayons ; il offre
l'aspect d'une tumeur dont la plante serait affligée ; on
dirait, le voyant du dehors, une *galle.* Ajoutons ceci, que
la couleur, comme la consistance du nid de la Poliste, est
celle du carton, — ce qui lui fit donner le nom de « Guêpe
cartonnière ». Ce carton gris paraît bien pauvre, et bien
artificiel, à-côté de la cire dorée des ruches. Toute la vie
des guêpes, d'ailleurs, n'est qu'un raccourci misérable de
la vie noble et généreuse de celles que Ronsard appelait
« ses *blondes avettes* ». Leur cité, — si le nom peut con-
venir ici, n'est point, comme la ruche, permanente ; elle
se fonde et se détruit tous les ans ; leur reine n'est pas,
non plus, la Majesté bien entourée d'honneurs et de cor-
tèges, et dispensée de tout, qu'on a vue plus haut ; elle
travaille absolument comme une ouvrière, et se constitue
très-humblement nourrice de ses larves. On voit tous les
degrés dans la Nature.

Les fourmis

Entre la *fourmilière* et la *ruche*, le contraste est grand. D'abord, la fourmilière est une cité libre, inutilisable pour l'homme ; on n'y fait point de miel, point de cire ; l'homme n'a rien à tirer du travail des fourmis, dont le fruit leur appartient tout-entier. Puis ce n'est plus la cité de cire et de *propolis*, mais de *terre*, — plus une œuvre d'architecture proprement dite, mais un travail de terrassement. Il y a là quelquechose, en plus fin, du nid que se creuse la taupe. Même dôme sablonneux au dehors ; au-dedans, mêmes galeries souterraines, en dédale. Comme celui de la *taupinière*, le dôme de la fourmilière est à la merci du pied du passant. Mais il faut avoir bien peu de tête — ou de cœur, pour piétiner le toit de cette cité, tout aussi admirable en son genre que celle des abeilles. Le seul miel, il est vrai, qu'on puisse en retirer, est un profit de pure intelligence. Mais n'est-ce rien, que de récolter, ici comme dans la ruche, des documents précis sur la Nature ? Pour moi, je pense que c'est là le plus beau gain qu'on puisse réaliser. Friand du produit de la ruche autant que personne, et comprenant la convoitise qu'excite un gâteau d'où découle le suc parfumé, vivifiant, je donnerais tout le miel du monde pour connaître à fond la vie des abeilles et pénétrer le mystère de leur instinct. Aussi bien, mon admiration va-t-elle, de préférence, aux observateurs de fourmis. Leur étude est toute spéculative et parfaitement désintéressée. S'il existe une *apiculture*, on ne connaît point, jusqu'ici, de « *formiculture* ». Or, en ce temps utilitaire, où l'on dédaigne, il semble, les sciences sans application, c'est merveille que l'on estime encore ceux qui se penchent sur la fourmilière. Malheureusement, il faut le dire, c'est par pure curiosité, passion du nouveau ; le profane, que vous initiez à ces choses, s'en amuse comme les enfants. Il s'étonne plus qu'il n'admire ; il n'en tire guères aucune idée générale. Et les savants professionnels eux-mêmes, s'ils généralisent, c'est bien souvent de travers. Ils philosophent, à perte de vue, sur l'*Evolution*, l'*Adaptation*, la *Sélection sexuelle*, et tous les dogmes de la théologie darwinienne. Le mot de *Providence* n'est jamais prononcé : ce mot-là leur brûlerait la langue... Notez d'autre part ceci : les partisans des causes finales citeront plus volontiers, en exemple, l'abeille, que la fourmi... C'est que l'abeille a sa destination humaine, tandisque la fourmi... L'utilitarisme, vous le constatez, se glisse encore là, dans la pure métaphysique. Et cependant la finalité n'éclate pas moins en la fourmilière qu'en la ruche. Seulement, c'est ici la fin *immédiate*, à l'usage des fourmis elles-mêmes. Ne peut-on penser qu'elle dépasse l'insecte, et retentit sur l'homme ? Et que le bénéfice de l'homme, en pareil cas, est d'en retirer une leçon ? — Oui, je dis bien : une *leçon de choses*, une image de l'universelle Prévoyance, une lueur sur la Sagesse infinie...

Et voilà le miel qu'on peut, et qu'on doit tirer de cette espèce de rucher sableux, souterrain. Comme les fourmis trayent, littéralement, le corps des pucerons, d'où suinte une matière sucrée, — ainsi nous faut-il extraire des fourmis elles-mêmes le suc immatériel de la Science. L'homme ne vit pas que de pain.

Mouches de galles, et insectes « insectophages »

Voici maintenant, pour finir, deux groupes d'Hymenoptères bien différents : ceux-ci ne forment point de sociétés ; ils vivent dans l'indépendance ; mais leur histoire est intéressante à d'autres titres.

En parlant, dans le tome I de cet ouvrage, du *privilège esthétique* de la flore, j'ai cité ces excroissances végétales qu'on nomme des *galles*. Véritables tumeurs, elles ne suggèrent, cependant, aucune idée de maladie ; leur apparence est celle d'un fruit, souvent richement coloré : bizarres, peut-être, à nos yeux, elles ne sont jamais repoussantes.

Mais ces magnifiques tumeurs, d'où proviennent-elles ? — De la piqûre d'un insecte qui en fait le logis de ses larves, et, pour ce motif, est surnommé *gallicole*.

Chacun, à peu de frais, peut répéter une expérience qui, jadis, m'a procuré de grandes distractions. Suivant, certain jour, un sentier tout bordé d'églantiers, ou rosiers naturels, je remarquai qu'ils étaient couverts de galles chevelues, d'un beau rouge vif, appelées par les pharmaciens « *bédéguars* ».

Obligé de quitter la campagne pour Paris, je serrai quelques-uns de ces *bédéguars* dans ma malle. Il était facile de s'assurer, en coupant l'un d'eux comme un fruit, qu'ils renfermaient de petits vers immobiles, les

larves de l'insecte ailé dont la longue tarière avait percé
le tissu végétal, tout exprès pour les introduire. Etrange
procédé, capable de faire rêver un chirurgien !... Je sa-
vais d'avance que, de ces larves, sortiraient, au printemps, des Hymenoptères ailés du genre *Cynips*. Si je
n'eus pas la surprise, par-conséquent, j'eus le plaisir de
la métamorphose. Aux premiers beaux jours, le tube de
verre où mes galles étaient enfermées se remplit d'un
peuple de jolies mouches, au corps fluet, aux ailes fines,
et porteuses d'une longue, très-longue aiguille à l'extrémité de leur abdomen. C'était la *tarière*, grâce auquel
instrument la femelle naissante agirait comme ses de-
vancières, irait piquer à son tour quelque églantier, afin
d'y faire pousser la tumeur à la fois protectrice et nour-
ricière de ses rejetons. — Encore un exemple entre mille
d'aveugle prévoyance animale, et qui ne se peut expliquer que par une *Prévoyance suprême et clairvoyante.*
Autrement, on flotte dans l'absurde, et pour éviter, peu-
reusement, la Théologie, l'on se noie dans une pédante
et confuse métaphysique.

Tout proche parent du *Cynips de l'églantier*, celui du
chêne offre, au surplus, une *alternance de génération* fort
curieuse ; et cette alternance se combine avec un changement de forme des galles. En effet, l'on peut relever, sur
le même arbre, deux tuméfactions d'aspect — et de siège
— très différent. Sur les feuilles, le long des nervures,
ce sont de petites pommes d'un vert glauque, — et dans
les bourgeons, des sortes d'artichauts entr'ouverts. La
seconde espèce de galle est l'œuvre de femelles vierges,
et montre un cas de *parthénogénèse* ; — la première est
produite par des femelles déjà fécondées. Mais il va sans
dire que si la tumeur prend, dans un cas, la forme *sphé-*
rique, et la forme *rayonnante* dans l'autre, c'est la nature
de l'organe piqué qui le détermine, et non la piqûre elle-
même. C'est ce qu'on observe, il semble, en pathologie.

*_**

L'autre groupe d'Hymenoptères qui, comme celui-là,
s'écarte considérablement des Abeilles et des Fourmis,
au moins par ses mœurs, est celui des « *Entomopha-*
ges » ; cela veut dire : « mangeurs d'insectes ».

Ils ne mangent pas les insectes, à vrai dire ; ils les per-
cent de leur aiguillon pour les donner en nourri-

ture à leurs larves. Fait bien touchant — et révoltant tout à la fois, — la femelle de l'*Ichneumon*, par exemple, — évite de tuer la chenille du premier coup ; mais son dard, imprégné d'un suc léthifère, l'engourdit. De sorte que la proie se maintient vivante, est dévorée toute vivante, meurt « à petit feu ».

N'allons pas, ici, nous indigner, — ni tomber, non plus, en admiration. Les animaux n'ont, en effet, de notre moralité, que le fantôme. Et puis, l'Esthétique du Créateur a ses secrets.

Papillons (*Lépidoptères*)

Au moment d'écrire sur les Papillons, j'hésite, et ma plume reste en suspens. En effet, dans une histoire *esthétique* du règne animal, ils repré-sentent, ces papillons, un stade exceptionnellement *esthétique* ; c'est véritablement, un « *moment de beauté* » dans la faune. Beauté, même, tout idéale, faite de grâce, de délicatesse, de sereine et vive harmo-nie. Déjà, l'insecte ailé paraît bien

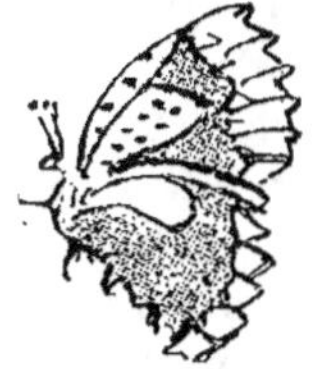

(D'après Grasset).

attrayant ; il a ce privilège dont l'homme lui-même est jaloux, ce pouvoir qu'il aspire à conquérir artificielle-ment, celui de se soutenir et de se diriger dans les airs, de mener une existence aérienne. Ils sont déjà bien déli-cieux à voir, ces organes du *vol*, simples et sans décor, vibrants, translucides, en pleine lumière, et transpor-tant, d'un essor si léger, l'abeille — ou la libellule, de fleur en fleur. Mais les ailes, chez le papillon, offrent quelque chose de plus : c'est le *coloris*.

Si la transparence dans l'incolore est une qualité mer-veilleuse, à vrai dire, — l'opacité parée par la *couleur* semble la surpasser. L'aile peinte du Lépidoptère est à l'aile achromatique et simplement nervée des Mouches, des Névroptères, ce qu'est, au vitrail blanc d'un fenes-trage d'église, serti de plomb, la verrière généreusement polychrôme. Nous avons peine à ne pas voir, en ce revê-tement d'ailes somptueux, comme un instinct de *coquet-terie*, une intention somptuaire de la Nature... Après tout, quand même on saurait le rôle pratique de ces écailles im-briquées en mosaïque idéale, l'idée ne subsisterait-elle pas, que le Créateur les a destinées à l'émerveillement de notre œil, et de notre esprit ? Sans doute, les poëtes ont trop insisté sur l'aspect décoratif et l'*effet de luxe* ; mais les savants, par-contre, insistent trop sur la fonction de vie ; ils s'arrêtent tout court à l'*utilitarisme darwinien*, se butent aux causes prochaines, immédiates, ferment les yeux, obstinément, aux causes lointaines et sublimes. Je le veux bien : ces écailles de l'aile des papillons sont protectrices, et servent aussi, par leur dessin, et leur enluminure, de *signal* (1) ; mais les dessins multicolores qu'elles réalisent pour notre œil, ne s'adressent-ils point, par surcroît, au sens de la beauté ? — *Par surcroît...,* toute la philosophie du beau tient, en définitive, dans ces deux mots ; la Providence n'a pas mis à-part la splendeur, à-part la vérité de vie ; non, son plan se traduit par l'aphorisme de Platon : « *le beau, c'est la splendeur du vrai* ». L'aile du papillon est faite, avant tout, pour le *vol* ; puis, revêtue d'écailles *protectrices*, et, par leur bariolage, « *indicatrices* », elle fait communiquer l'insecte avec ses pareils, signale la femelle au mâle, prévient la confusion, peut-être, des espèces... Enfin, telle qu'elle est, et du même coup, elle nous charme, tout en nous instruisant nous-mêmes de ces espèces. C'est l'histoire, en somme, des *pavillons* qui, flottant à la pointe d'un mât, *particularisent* — et *pavoisent*.

*_**

Je disais que les papillons, dans la faune, représentent un *moment de beauté.* Ce qui est vrai pour la race, ne l'est pas moins, chose remarquable, pour l'individu ; car, ce *ver* plus ou moins repoussant qu'on nomme une *chenille,*

Fig. d'après Girard, *Métamorphoses des Insectes* (Hachette)

précède l'insecte ailé, diapré, l'insecte « *parfait* », — comme, d'ailleurs, il lui succède. C'est un des exemples

(1) Comparez les « couleurs » du *blason,* qui servirent d'abord, aux Croisades, à distinguer entre eux les groupes divers de chevaliers. De même les *drapeaux* et les *pavillons* si variés, dont le but est de signaler les différentes nations, et dont on fait un décor de fête, quand on « *pavoise* ».

les plus frappants du principe naguère formulé par moi : *le laid, préface à la beauté.* Préface, en général, plus longue que le livre, puisque l'obscure chenille peut vivre près d'un an, lorsque le brillant papillon n'apparaît au monde que quelques heures... Que signifie-t-elle, cette curieuse alternance entre la forme ingrate et la séduisante, entre l'allure rampante et l'essor, entre l'état *infime* et le *sublime* ? — Faut-il y voir, avec certaine école, un tableau raccourci de l'évolution ? Et la larve plus ou moins vermiforme qui précède et prépare l'insecte parfait, ne serait-elle qu'un ressouvenir du *Ver*, prédécesseur, dans la suite des siècles, du type supérieur de l'*Insecte* ? — Mais ce point serait-il établi, — notre esprit ne saurait s'en contenter, car ce n'est là qu'une raison *causale,* et le problème de la *finalité* s'impose malgré tout. Que les naturalistes en sourient : pour moi, la fable de *Psyché* n'est pas que poëtique ; c'est une leçon de spiritualisme transcendant. Si ces naturalistes, aujourd'hui, n'étaient pas si « terre-à-terre », ce phénomène du papillon qui s'échappe d'une chrysalide serait, à leurs yeux, l'image de l'*âme,* libérée de son enveloppe pour une destinée supérieure. Nous l'avions dit, d'ailleurs, tout au début de cet ouvrage : le beau, dans la Nature, est à la fois un *stimulant,* et un *avant-goût.* Ces ravissants Lépidoptères, comme la *flore,* dont ils puisent le nectar, et le *ciel* azuré qu'ils explorent de leurs zig-zag élégants, nous sont offerts par Dieu, vraisemblablement, pour que notre vie s'embellisse, et qu'elle profite, aussi, du spectacle. Le Moyen-Age voyait dans la « belle Nature » un reflet, proportionné à nos forces, des merveilles du Paradis... Le Moyen-Age voyait juste.

*
* *

Si la Science a besoin d'Esthétique pour étendre ses horizons, l'Esthétique, réciproquement, a besoin, pour s'ordonner, de Science. Ainsi que tous les animaux, et beaucoup de plantes, les papillons sont *dispersés.* Pour l'artiste — ou l'amateur qui les aperçoit isolément, et comme par hasard, ils ne sont qu'un épisode agréable, un joli groupe de figurants en ce *scenario* qui s'appelle un beau jour d'été. Mais, je le dis encore une fois, le principal élément de beauté, c'est l'*unité dans la variété.* Si, chez tel individu pris à part, ce rapport harmonique se décèle, il se manifeste évidemment avec plus d'ampleur dans l'ensemble. Or, cet ensemble, la Science seule peut le saisir, parce qu'elle rapproche les espèces parentes, forme des groupes d'affinité, qu'elle fonde, en un mot, la *classification*. Mettant ainsi de l'ordre en cette foule, elle épargne un immense labeur à l'esthéticien ; elle lui permet de comparer les formes ; et *comparer*, n'est-ce point juger ? On dirait, même, que l'Histoire naturelle des savants n'est qu'un travail préliminaire à la Science du Beau dans la Nature. Où la Biologie s'arrête, l'Esthétique se met en marche. Celle-là se contentait de constater les faits ; celle-ci fait davantage : elle les *apprécie*. C'est plus, par conséquent, qu'une science de constatation ; c'est une science de jugement, une science « normative ».

Mais, toutefois, si la classification technique aide l'esthéticien à se débrouiller dans le vaste ensemble des formes, et leur infinie variété, ce dernier n'en doit pas être l'esclave. Ici, pour les papillons comme pour le reste de la faune, il y a place, à côté du classement scientifique, pour un classement proprement *esthétique*, et, pour ainsi parler, *pittoresque*. Le but essentiel, à notre point de vue, c'est, en dégageant l'expression des formes, et leur harmonie, de bien faire saisir au lecteur ce premier principe de toute beauté : *l'unité dans la variété*.

*
* *

Les quelque milliers d'espèces qui composent la famille naturelle des *Papillons* sont répandues sans ordre en les prairies, les champs et les bois ; elles s'essaiment, non pas au hasard, mais d'après la loi du milieu (ou de la saison) ; et cette loi de l'*ambiance* est en absolu désaccord avec celle de l'*affinité*. Autre chose est de poursuivre les papillons au filet, — et de les étudier dans les boîtes où le collectionneur les a classés par genres et par espèces. Dans la réalité vivante du plein air, les types les plus différents peuvent se rencontrer, tandis que les plus ressemblants se trouveront séparés, soit par le temps, soit par la distance. Il en est comme d'une armée dont les soldats, partis en permission chacun pour son pays, ne se rassemblent que sur un ordre central, et pour être passés en revue. Alors, une fois donné le signal de ralliement, les *pelotons* se forment, puis les *compagnies*, puis les *bataillons* (je devrais dire ici les « *escadrons* »);

enfin les escadrons se groupent en *corps d'armée* ; de telle façon que la vue se repose sur des groupes d'uniformes homogènes, et prend une idée claire de l'ensemble.

L'immense armée des Lépidoptères, si désinvolte et si pimpante, qu'on ne saurait la comparer qu'à celle des antiques *Amazones*, — inoffensive, d'ailleurs, et sans armes, — se divise d'abord en deux corps : les *Diurnes* et les *Nocturnes*, — auxquels il faut adjoindre les *Crépusculaires* : papillons de jour, papillons de nuit — ou du soir. — Les premiers, *papillons de jour*, comprennent une série de *légions*, lesquelles se subdivisent en *cohortes*. Passons rapidement cette revue, — véritable revue de parade, — qu'on peut se figurer, chez ces troupes ailées, comme un joli carrousel aérien.

Papillons de jour

Voici, pour commencer, la première légion, — celle des « Papillons » proprement dits, ou, si vous préférez, des Papillons « par excellence ». Je vous fais grâce de l'énumération des cohortes. Il suffira de mentionner les « uniformes » les plus remarquables. Dirai-je mon regret d'employer ici le mot d'*uniforme*, si juste qu'il soit, tant ces ailes de papillons, fragiles et coquettes, suggèrent peu

Fig. d'après Girard, *Métamorphoses* (Hachette)

l'habit viril, et font penser, plutôt, aux atours féminins

Voyez plutôt le *Machaon* : quelle élégance dans les lignes, et quel art raffiné dans la combinaison des couleurs ! On ne saurait décrire cela de la plume ; il faut le pinceau (1). Le pinceau lui-même atteint-il la nature vive ? Remarquez tout d'abord l'importance de la *symétrie ;* elle existe en tout papillon ; mais je prends celui-ci comme exemple : c'est un besoin logique d'équilibre, et c'est, en même temps, un élément essentiel de beauté. Car ces ailes jumelles, et divergentes, révèlent un parfait

(1) La plus belle interprétation qu'on puisse rêver, la plus artistique en même temps que la plus fidèle, se trouve réalisée dans l'*Album des papillons* de M. E-A Seguy, auteur aussi de l'album des Insectes coléoptères.

accord, un concert de forces *plastiques,* pour croître, et *dynamiques,* pour agir.. Et cependant, ici, l'excellence de la fonction disparaît aux yeux ; elle s'efface sous la splendeur. Est-ce que notre ambitieuse industrie pourra réaliser jamais un *aéroplane* aussi bien déguisé ?... Etonnante voilure que ces ailes dont le centre, d'un *jaune* gai, s'environne de bandes *noires* ou *bleu* sombre, en créneaux, et qui se prolongent en queues à l'arrière ! Ces appendices sont plus développés chez un congénère, le *Podalirius,* c'est-à-dire aux pieds en forme de lyre. Ils s'affilent curieusement en pointes de poignards. Ce dernier papillon a reçu le nom, bien choisi, de *Flambé.* C'est que le fond jaune clair de ses ailes est traversé de bandes couleur de suie, comme s'il était passé par une flamme.

Ces deux papillons « porte-queues » font exception dans la Nature ; il faut, toutefois, y joindre une espèce assez éloignée, d'ailleurs exotique : le *Charaxes Jasius.* On le nomme, en Turquie, le « *pacha à deux queues* ».

Citons, après ceux-là, le *Parnassius Apollon* (quel nom superbe !). Sa forme générale est pourtant plus simple ; ses ailes, arrondies, sont tachetées d'yeux qui tranchent sur le fond clair, uniforme. Il offre un passage aux *Argus.*

Voici maintenant la deuxième légion, celle des *Piérides.* Elle se compose de papillons blancs, répandus partout, et de quelques espèces teintées, jaune paille ou citron, ou couleur d'aurore. Celui qu'on a surnommé le *Gazé* peut se définir d'un seul trait : c'est un *Parnassius Apollon* lessivé, et comme déteint, dont les jolies taches auraient disparu, ne laissant qu'un réseau précis de nervures.

Faut-il que ces créatures si séduisantes soient honnies du cultivateur, qui tient, légitimement d'ailleurs, à la prospérité de ses choux, de ses navets et de ses raves... Toujours ce conflit douloureux entre le travail et le rêve ; cette incompatibilité radicale, à quoi l'on ne peut rien, de la laideur utile et de la beauté malfaisante !

Voici la troisième légion, dont le nom officiel est *Lycènes.* Ce sont des papillons *polyommates,* ce qui veut dire : portant sur les ailes (en dessous) une quantité d'yeux fort menus. Il faut donc, pour les déterminer, regarder leur envers. Vus de dos, à l'endroit, ils s'offrent d'un joli *marron clair,* ou d'un *bleu violet* idéal.

Voici la quatrième légion — la plus nombreuse, et peut-être la plus magnifique de toutes. J'y reconnais trois cohortes principales : les *Nymphales*, les *Vanesses* et les *Argynnes*.

Parmi les Nymphales brillent au premier rang : le grand et le petit *Sylvains*, aux ailes d'un marron foncé sur le *recto*, d'un marron clair sur le *verso*, le fond plus ou moins sombre étant éclairé de taches blanches très rapprochées ; — puis, le grand et le petit *Mars*, à la livrée sévère, comme les précédents, mais qui se distinguent par des teintes chatoyantes, d'où l'épithète de *changeants* qu'on leur attribue ; enfin, ce *Charaxes Jasius*, dont j'ai parlé et qui porte à son étendard une double queue, comme certains pachas de Turquie.

Passons au groupe des *Vanesses*. Ici, des dénominations pittoresques font présager des formes belles ou curieuses. Ce sont, par exemple, la grande et la petite *Tortues*, où le dessin des ailes est plus ou moins analogue à celui des Reptiles Chéloniens ; — la *Vanesse Io*, ou « *Paon du jour* », à cause des grands yeux dont ses deux paires d'ailes sont décorées ; — (le « *Paon de nuit* », que nous observerons tout-à-l'heure, est un *Bombyx*, et de très forte taille) ; — puis la *Vanesse Morio*, dont la toilette sombre et somptueuse s'égaie parfois d'une bordure blanche ; — celle du chardon, surnommée « *Belle Dame* » ; — la *Vanesse Atalante*, ou *Vulcain*, avec des bandes couleur de feu ; celle que l'irrégularité de ses taches a fait appeler, bizarrement, « *Carte géographique* » ; — enfin, la *Vanesse gamma*, dite, à cause de ses contours tourmentés, « *Robert-le-Diable* ».

La troisième cohorte, celle des *Argynnes*, comprend des types plus menus, à dessins d'ailes plus minutieux. A citer, comme les plus connus, le grand et le petit *Nacrés*, — le *Tabac d'Espagne*. — Ajoutons-y les *Mélitées*, dont le nom populaire de « *Damiers* » désigne assez nettement la figure.

Les deux dernières légions appartenant au corps des Papillons de jour, sont celles des *Satyres* et des *Hespérides*. Quoiqu'on puisse penser de ces vocables mythologiques, il est évident que les noms dont on a baptisé les genres ne concordent guère avec eux... Les naturalistes, influencés par la livrée sombre de ceux qu'on appelle *Satyres*, leur ont donné des noms infernaux : *Clotho*, *Lachesis*, *Proserpine*. Leur nomenclature n'a d'ailleurs aucune cohérence, et prend son bien un peu partout. Ainsi, ce type aux ailes éclaircies par endroits, reçoit le nom de

Demi-deuil ; cet autre, à l'envergure entièrement foncée, est qualifié de *grand Nègre des bois*, etc... Ce sont là de véritables « papillons noirs », à la-lettre. Notons ce fait curieux, que les *Satyres*, — comme les Vanesses, échappent facilement, quand ils se posent, à l'œil du chasseur ; en effet, le dessous marbré de leurs ailes se confond avec la teinte des écorces, des roches tapissées de lichen. C'est un cas de *mimétisme*, encore, où se lit bien nettement le dessein d'une Prévoyance suprême. Mais ces pensées-là, maintenant, on les cache, comme le *Satyre* se dissimule, en présentant à la Divinité qui nous cherche, l'envers de son âme.

Par les *Hespérides*, qui ne dressent pas leurs ailes au repos, mais les conservent étalées, le passage s'établit aux Papillons de nuit, « *Nocturnes* » ou « *Crépusculaires* » (1).

Papillons de nuit

Ce nouveau corps d'armée se compose de quatre légions : les *Sphinx*, — les *Bombyx*, — les *Noctuelles* — et les *Phalènes*.

Ici, plus de ces troncs fluets où se tendait chaque aile, ainsi qu'une voile à sa vergue ; mais thorax, abdomen trapus, volumineux, faisant ressembler, grâce aux ailes rétrécies, ces Lépidoptères à des Bourdons. Les antennes ne sont plus en massue, comme chez les « Diurnes », — mais en fuseau, ou bien en filament ; parfois, chez les mâles, en peigne plumeux ; le corps est toujours plus ou moins velu, ses teintes plus sombres. Toutefois, chez certaines espèces, on reste encore ébloui par la somptuosité des couleurs.

Le Sphinx qui porte le nom de la Parque fatale, *Atropos*, est, avec le *grand Paon de nuit*, un des plus forts Lépidoptères de France. Il épouvante les superstitieux par ce dessin, qu'il a sur le dos, d'une tête de mort ; mais sa figure, par elle-même, est déjà sinistre ; et cela tient peut-être à la combinaison d'ailes opaques avec un corps d'Hymenoptère. Une abeille dont l'envergure ne serait plus diaphane, produirait un effet lugubre.

---

(1) Parmi les Papillons de nuit, ou de crépuscule, les uns gardent les ailes étendues, quand ils sont posés ; d'autres les relèvent, — mais *en toit*, de manière à mettre leur corps à couvert.

Laissons-là le *Sphinx du pin*, celui du *liseron*, ceux du *lilleul* et du *troëne*, et de tant d'arbres, et d'arbustes. Arrêtons nos regards, un instant, sur l'*Ocellé*, ou « *Demi-paon* », qui porte des yeux d'Argus sur la seconde paire d'ailes, seulement, — puis sur le *Vespertilio*, de ton poussiéreux, qui rappelle la chauve-souris. Ces Sphinx que voici, à l'abdomen pointu, et qui s'éclairent de reflets roses, ont un nom assez peu poëtique : on les appelle des « pourceaux »... Mais c'est à cause de leurs larves, dont la bouche se prolonge en groin. De même, le nom de *Sphinx* a pour origine une attitude bizarre de la chenille, qui redresse sa tête à la manière du monstre inquisiteur de Thèbes, et semble proposer une énigme. — Je mentionne encore, à la hâte, le *Macroglosse*, ou « *Moro-Sphinx* », étoffé comme un petit moineau, et qui plonge sa trompe prodigieusement allongée dans le calyce des fleurs, sans se poser ; la vibration des ailes le soutient. Ce papillon, en vérité, rejoint l'Oiseau-mouche... Après lui, qu'on me laisse citer, encore, le *Sphinx* « *gazé* » ; le revêtement d'écaïlles polychrômes, qui caractérise le Lépidoptère, disparaît ici, sur une certaine étendue ; l'aile devient diaphane. C'est une transition aux *Sésies*, qui, perdant tout-à-fait leur opacité d'envergure, finissent par simuler l'abeille ou la guêpe et se font prendre pour des Hymenoptères. — Pour finir, je me plais à mentionner les *Zygènes*. De taille mignonne, avec des ailes où le rouge domine (ce qui est plutôt rare chez les Papillons), ce sont, pour le profane impressioniste, de *jolies mouches peintes.*

La deuxième légion des Papillons nocturnes est celle des *Bombyx*. Jusqu'ici préoccupé surtout de l'insecte ailé, de l'insecte « parfait », j'ai laissé la *chenille* dans l'ombre. Mais je dois en parler cette fois, car son métier de fileuse l'a mise en lumière. On l'appelle le « *Ver à soie* », nom qui formule l'antithèse, assez originale, de la pauvreté laborieuse et du luxe oisif. Le mot de *Ver*, en effet, évoque un être misérable et sordide ; — celui de *soie*, des tissus fins, coquets. — Mais réfléchissez à ceci, que la matière soyeuse du cocon n'est pas, au moins immédiatement, filée pour les besoins de l'homme — ou de la femme. Avant les robes de bal, les écharpes et les rubans, il y a l'emmaillotage de la *chrysalide*. Nous ne venons qu'après et, à vrai dire, ici comme pour le miel et tant d'autres choses de Nature, nous usurpons « *Sic vos, non vobis... sericatis, vermes* ».

Et d'ailleurs, en mal comme en bien, les chenilles, en cette légion des Bombyx, sont célèbres. Je fais allusion aux « *Processionnaires* », dont on ne connaît que trop les ravages. Au fait, à l'exception des fileuses, toutes ces larves de papillons ne sont-elles pas malfaisantes ?... Mais passons la revue des « *insectes parfaits* », innocents et beaux. Leur seul crime est d'aimer, et, par leurs amours, de procréer cette engeance.

Un papillon *vert* clair surprend d'abord notre regard : c'est la *Nyctéole*. Ces ailes vertes, à liseré rouge, ne sont pas communes. Mais la Nature peintre essaie toutes les touches. — Nous retrouvons le *rouge* dans un groupe assez important, celui des *Chélonies*, connues vulgairement sous le nom d'*Ecailles*. Le dessin de leurs ailes, effectivement, évoque une carapace de tortue.

C'est, tout d'abord, la « *Goutte de sang* », puis la « *Bordure ensanglantée* » ; puis l'*Ecaille chinée*, variée de vermillon, de noir et de chamois clair, — l'*Ecaille Martre*, et la « *Marbrée* », dont les ailes antérieures, foncées, sont marquetées de brun clair, et les postérieures, brun clair, semées de taches noires; enfin, pour clore, l'*Ecaille pudique*... — Pourquoi « *pudique* »? — A cause, simplement, d'une teinte blanc rosé des ailes de la deuxième paire, d'un teint, en quelque sorte, rougissant...

Et l'on dira que les savants n'ont pas d'imagination poëtique !...

Voici maintenant les *Cossus*, tout de gris habillés, et sans charme. Leurs chenilles sont — après l'homme, — les plus dangereux ennemis des forêts. Citons spécialement le *Cossus ligniperda*, dit « *Gâte-bois* »... Comme il conviendrait, ce surnom, à certains lotisseurs, ou marchands de biens ! — Reposons un instant nos yeux sur la *Zeuzère* du marronnier, proche parente. Elle n'épargne guères davantage nos arbres ; mais, avec ses ailes bien découpées, diaphanes, et discrètement mouchetées de brun clair, elle plaît par je ne sais quel artifice de simplicité dans sa toilette... Les campagnards l'appellent « la *Coquette* ». Je fais observer que c'est une coquetterie de bon goût, — et si peu consciente, sans doute ! — La cohorte des *Liparis* nous montre moins de beautés que des traits curieux. J'y trouve d'abord les *Orgyes,* papillons foncés de très petite taille, et dont les individus femelles sont aptères. Ainsi, là (comme ailleurs, souvent, dans la faune), le privilège de grâce est interverti : le « *sexe fort* » est, par surérogation, le « beau sexe ». Par bonheur, les mâles des Orgyes n'ont point, à ce sujet, nos idées préconçues ; et ce pauvre corps de puceron, dépourvu des organes du vol, ne laisse pas que de les attirer. Enfermez quelque Orgye femelle dans une boîte recouverte de gaze, vous êtes sûrs de voir accourir la foule des prétendants; orientés par leur odorat, — ou quelque autre sens inconnu de nous, ils viendront voleter à l'entour ; et c'est par ce stratagème qu'on les prend.

Les *Liparis* proprement dits sont d'un blanc mat et pelucheux, qui force l'illustrateur, dans les atlas, à les encadrer d'un fond gris. Chez celui qu'on désigne sous le nom caractéristique de *Zig-zag,* la femelle diffère sensiblement du mâle par sa taille et le ton de sa robe; c'est un exemple du *dimorphisme sexuel,* si fréquemment observé chez les Insectes.

Nous arrivons à ces espèces, insignifiantes en soi, mais dont les chenilles, dites « processionnaires », jouissent d'une si fâcheuse notoriété. Le bois de Boulogne en fut infesté à tel point que l'accès d'ut en être interdit aux promeneurs. Depuis, il en est peu question. Sans doute, cette pullulation d'une espèce donnée provient de ce que l'équilibre de concurrence vitale est rompu ; mais des conditions météorologiques exceptionnelles peuvent la provoquer.

Parmi les *Bombyx* « proprement dits » (ou « par excellence »), je ferai remarquer d'abord les *Livrées,* ainsi désignées à cause des rayures de l'habit, chez la larve ; puis les *Laineuses,* dont l'abdomen (chez le papillon) est « bourru » ; enfin ceux qu'on appelle « *Feuilles mortes* », et qu'on prend aisément pour telles, lorsque, juxtaposant leurs ailes supérieures en toit, ils laissent dépasser, en dessous, les ailes plus larges de la deuxième paire. Alors les nervures des premières ailes, d'un beau ton roux, et rapprochées sur la ligne médiane, simulent une feuille posée sur une autre (Voir la figure page 76). Encore ici, cas de dissimulation protectrice par le milieu, de *mimétisme.*

Avec les *Saturnides,* nous retrouvons noblesse de formes et beauté. Beauté d'un genre sombre, dramatique plutôt qu'idyllique ; par exemple ce magnifique et solennel *Paon de nuit*, qu'on peut comparer, pour l'ampleur, au *Sphinx Atropos*. Mais le roi des Bombyx est, à mon avis, supérieur à celui des Sphinx ; ses larges ailes en éventail nous redonnent le galbe plein d'harmonie des « Diurnes » ; d'un superbe brun velouté, quatre prunelles, qu'on dirait empruntées à la queue de l'Oiseau de Junon, les décorent. Le *Saturnia du poirier* (c'est son nom savant), appartient donc au groupe artistique des *Papillons-paons*, qui comptait déjà le Parnassius Apollo, la Vanesse Io, (*Paon de jour*), et le Sphinx orné seulement de deux yeux (*demi-paon*).

On peut encore admirer, en le *Saturnia pavonia*, comme une miniature du grand Paon. De même, mais en plus clair, dans l'*Aglia Tau*, qu'on a surnommé « *la Hachette* ». Une autre image d'outil classique nous est offerte par le *Platypteryx falcataria*, dont les deux ailes antérieures se recourbent, à leur extrême bout, en faucille. Je passe sur le *Dicranure* (ou « queue fourchue »), sur la *Porcelaine*, le *Bois-veiné*, et d'autres types au nom plus pittoresque que la figure, et j'arrive aux deux légions, d'ordre secondaire (esthétiquement) : les *Noctuelles* et les *Phalènes*.

**

Les *Noctuelles*, comme leur nom l'indique, sont (généralement) des papillons de nuit. Ce qui les caractérise ? — Il est difficile de le dire, — ainsi, d'ailleurs, que pour bien d'autres groupes de Lépidoptères. Ce sont, pour l'ordinaire, des papillons d'assez faible taille, et de teintes neutres, peu voyantes ; leurs ailes antérieures (ou supérieures, si vous voulez) sont étroites ; on y voit, légèrement tracés, comme des caractères hiéroglyphiques ; les ailes postérieures (ou inférieures), généralement ternes, revêtent quelquefois un beau coloris ; alors l'insecte ailé ressemble aux dames du Grand Siècle qui portaient deux robes superposées, chevauchant l'une sur l'autre. Le luxe de la robe de dessous pouvant le trahir, il le dissimule, en cas de danger, sous la simplicité de celle de dessus. C'est ainsi qu'il faut un œil exercé pour distinguer ces *Noctuelles*, les détacher, par le regard, des écorces grises, des palissades, des vieux murs. Elles revêtent, suivant l'expression de Victor Hugo, un manteau « couleur de muraille ». Encore un trait frappant de *mimétisme*.

Collectionnant ici les plus jolis échantillons, je citerai la *Perle*, espèce mignonne et nacrée ; puis celle, très répandue, qu'on appelle, indifféremment, le *Hibou* — ou la *Fiancée* (pourquoi ?) ; puis le *double O*, suggérant, par le dessin des ailes, cette lettre de notre alphabet ; puis la gentille *Arlequinette*, qui vole autour des trèfles, tout l'été ; l'*Acontia luctuosa*, surnommée, pour le triste dessin de ses ailes, « *la Funèbre* » ; puis, encore, le *Lambda*, portant, comme une marque, la lettre grecque. C'est la plus commune du groupe. — Voici, très remarquables par leur grande taille : la *Maure* (ou la *Mauresque*), au teint basané ; puis les *Catocala*, dont une espèce est dite *la Fiancée* ; une autre, très voisine, *la Mariée* (quelle imagination nuptiale !). La « *Fiancée* » porte plutôt la livrée diabolique, rouge et noire, et sur ses ailes inférieures, d'un ton de feu, serpente un éclair obscur en zig-zag. — Je me reprocherais d'omettre, en cette sélection, la *Noctuelle du frêne*. La somptuosité mélancolique de son plumage, écartelé de noir et de violet, offre l'attrait de certaines toilettes demi-deuil ; c'est le charme, vraiment exquis, de l'élégance élégiaque.

**

La dernière légion des Lépidoptères nocturnes est constituée par les *Phalènes*. Ce ne sont pas toujours des papillons de nuit, comme on pourrait se l'imaginer ; un certain nombre d'espèces volent au crépuscule — quelques-unes, même, en plein jour. Il me faut parler, ici, de leurs *chenilles*, dont l'étrange allure excite la curiosité des moins attentifs. En effet, au lieu de ramper d'une façon continue, le corps touchant le sol par tous ses points, elles progressent par élans successifs, rapprochant, à chacun de leurs pas, la queue de la tête, et formant, de la sorte, une anse de panier. Ce rythme « compassé » dans la démarche leur a valu le nom de chenilles « *arpenteuses* », ou « *géomètres* » ; il provient d'une atrophie des pattes centrales, celles des extrémités seules se développant. L'enfant qui marche « à quatre pattes », bombant son dos et ramenant ses pieds au niveau des mains, en donne quelque idée.

Mais c'est là, chez les *Phalènes*, un moyen de détermination assez peu pratique. Qui voit le papillon n'a pas toujours vu la chenille. Ajoutons donc ceci, que dans le groupe qui nous occupe, les ailes ont généralement une certaine ampleur, et leur forme se rapproche de celle des *Diurnes*. De plus, elles sont concolores, c'est-à-dire que les deux paires sont teintées de même, — en jaune pâle chez la *Phalène du sureau* (Phalène « soufrée »), — en vert pomme chez la *Géomètre papillonnaire*, hôte du hêtre, — en brun foncé chez la *Phalène noire*. Cette dernière dresse ses ailes au repos, à la manière des papillons de jour, — ce qui prouve, une fois de plus, que la classification des Lépidoptères est bien imprécise. — Je citerai, en outre, comme intéressants pour l'esthéticien, les types tachetés, tel que l'*Ennomos maculata*, l'*Amphidase du bouleau*, moucheté tout entier, corps et ailes, comme d'un même coup de pinceau, — la *Strenia clathrata*, surnommée « *les Barreaux* », à cause de ses taches disposées en treillis (*clathrum*) ; — la *Phalène mouchetée* ou *Zérène du groseiller* ; enfin le *Tristan*, qu'on peut comparer au « Demi-deuil », à la « *Luctuosa* », à tous les papillons plus ou moins funèbres. — Pourrais-je passer sous silence l'*Acidalia rubiginata*, si charmante en sa petite taille, qu'on l'a surnommée « *la Mignonne* » ? — ou la *Timandre aimée*, aux ailes pointues de chauve-souris, — la *Fidonie du pin*, qui ressemble à un nœud de cravate ; — le *Rocher verdâtre*, veiné, telle une agate ; — le *Mélianthe blanchâtre*, à l'envergure élégamment bordée de brun clair ; puis la *Brocatelle d'or*, d'un aspect marbré ; l'*Eulobie du genêt*, dont les ailes très allongées semblent annoncer les « Microlépidoptères » : enfin l'*Ensanglantée*, qu'on peut mettre en parallèle, grâce au liseré rouge qui la cerne, avec la *Bordure sanglante*, qui est un Bombyx.

Ce groupe des *Phalènes*, si remarquable, déjà, par ses chenilles arpenteuses, offre, au surplus, des cas curieux de ce qu'on appelle, en zoologie, le « *dimorphisme sexuel* ». Chez la *Phigalie velue*, par exemple, ou la *Phalène défeuillée*, la femelle diffère du mâle, — et non plus cette fois par le dessin ou la couleur des ailes, comme chez la *Nemeophila russula* (Bordure sanglante), mais par un trait plus radical : elle a perdu ses ailes ; elle est *aptère*. Quelle est la cause de cette dégradation, — et quel est son but, c'est ce qu'on ignore absolument, jusqu'ici. Toujours est-il que le sexe esthétiquement privilégié, le « beau sexe » est, en cette occasion, le sexe *mâle*. (Voir la figure d'une « *phalène défeuillée* », p. 11.)

Les « Microlépidoptères »

Quelle variété d'uniformes en ces escadrons aériens que je viens de faire défiler devant vous !... *Papillons* proprement dits et *Piérides, Lycènes, Nymphales, Vanesses, Argynnes, Satyres* et *Hespérides,* — puis les *Sphinx,* les *Bombyx,* les *Noctuelles,* les *Phalènes*... La revue de cette armée formidable (en nombre) serait finie si, tout en arrière, un dernier groupe ne venait s'offrir encore à notre examen : ce sont les *Microlépidoptères.* Ainsi dénommés pour leur petite taille, ces papillons, traités de « dégénérés » par les naturalistes, présentent cependant quelqu'intérêt au regard de l'esthéticien. C'est comme une arrière-garde, qui comprend ces quatre pelotons : *Pyrales, Tordeuses, Teignes et Ptérophores.* — Reconnaissons rapidement, au passage, la *Pyrale de la vigne,* peu goûtée des viticulteurs ; — celle *de la cire,* parasite redouté des ruches d'abeilles ; puis la *Tordeuse de la vigne* (encore !) ainsi nommée de ce qu'elle roule les feuilles en cigares (1) (je parle ici de la *chenille*) ; puis la *Teigne des draps,* qui, de concert avec celle des pelleteries, ravage nos garde-robes. Il y a, dans une Histoire naturelle esthétique, des faits qu'il faut citer comme amusants : si vous livrez à la Teigne des draps des étoffes laineuses multicolores, le dégoûtant petit ver s'en fera, très adroitement, un fourreau, rajustant des pièces nouvelles au fur et à mesure de sa croissance ; ainsi, vous aurez une chenille affublée d'un manteau d'Arlequin.

L'*Adèle* dite *de Geer,* en l'honneur d'un entomologiste célèbre, est proche-parente. C'est un joli papillon minuscule, aux ailes allongées transversalement, et remarquable par ses longues, très-longues antennes, pareilles à deux fils d'argent d'une merveilleuse ténuité. Les Adèles sont teintes de couleurs vives ; posées sur les buissons, au printemps, on croirait voir des émeraudes, des améthystes...

Ce sont encore des papillons que les *Ptérophores,* bien que — leur nom grec signifie cela, — les ailes se décom-

(1) Remarquez que le mot « *Cigare* » vient de l'espagnol « *Cigarar* », qui signifie : *tordre, tortiller.* Cette Pyrale devrait donc s'appeler « *Cigarière* ».

posent, chez eux, en rameaux plumeux très-distincts (1).
De vrais diminutifs d'Oiseaux ! Le *Ptérophore pentadac-
tyle* (à 5 doigts plumeux), est tout-entier d'un beau blanc
de lait ; on l'aperçoit, l'été, dans nos jardins. Mais plus
gracieux, je trouve, est l'*Ornéode hexadactyle*, dont les
ailes, à *6* divisions, se déploient comme un éventail de
plumes. Muni d'un verre grossissant, vous pourrez l'admirer, l'automne, à votre aise, car il se pose sur les vitres,
et reste fort longtemps immobile. Mais si peu de gens
ont le loisir — ou le désir — d'observer ce qui se passe
au carreau de leur fenêtre, — *en dedans*...

Les Araignées

Je suis bien sûr que si demain, au lieu d'un parallèle
entre Aristote et Platon, ou quelque pédant exercice de
cette espèce, on donnait à l'examen de philosophie cette
question « *dire ce qui cause notre répugnance à la vue
d'une araignée* », — plus d'un candidat resterait court ;
et bien peu pourraient écrire là-dessus une page entière.

C'est que les études classiques nous égarent dans l'abstraction, et détournent notre esprit des choses familières.
Ces choses familières, cependant, cachent des problèmes
de haute importance, — et de quel puissant intérêt !
Mais leur défaut est d'être trop familières.

Le dégoût — ou l'effroi, presque universel, que suscite l'inoffensive araignée, n'est, en somme, qu'un cas
particulier du principe esthétique de l'*expression*. Les
êtres, comme les choses, ne nous plaisent — ou ne nous
déplaisent, ne nous attirent — ou ne nous repoussent,
que par les *idées* qu'ils expriment. Pourquoi le papillon
se fait-il aimer ? — Parce que sa forme, son coloris, le
rythme de son vol, ont en soi quelquechose qui rassé-
rène notre âme, et la berce de je ne sais quelle espé-
rance... Stendhal a dit que « la beauté, c'était une promesse de bonheur »... Quel est ce bonheur ? demanderez-
vous. Moi, je vous répondrai, pour Stendhal, que c'est la
« pré-vision » de l'universelle et de l'éternelle harmonie
dans le sein de Dieu. Un papillon, sans-doute, est peu de

______

(1) En grec, *pteron* veut dire à la fois *aile* et *plume*, ce qui, créant
une amphibologie, rend le terme de « *ptérophore* » peu significatif.
Je proposerais celui de *papillon plumeux*.

chose ; mais n'a-t-on pas écrit du Créateur : « *Maximus in minimis* »... ? Ainsi la beauté de la *Vanesse paon-du-jour*, ou du *Porte-lyre (Papilio podalirius)*, c'est, suivant la formule que nous avons donnée nous-mêmes au début : un *avant-goût*.

Tout cela vaut pour l'*Araignée* ; il suffit de renverser les termes. Pourquoi l'Araignée se fait-elle haïr ? — Parce que sa forme, sa couleur, et le rythme de sa démarche, — et son immobilité, même, ont en soi quelque chose qui trouble notre âme, et la fait frissonner de je ne sais quelle appréhension... Si le *beau* est une « promesse de bonheur », — le *laid* pourrait bien être une menace de peine... Dieu me garde de vouer au diable l'innocent insecte, qui est, en définitive, tel que Dieu l'a voulu. Je ne veux pas non plus en peupler l'Enfer... Et, cependant, n'est-il pas permis de penser que tous ces traits qui nous inspirent de la répulsion, sont comme des *images de pénitence* ?

Bien entendu, je n'effleure là que les causes éloignées, qu'une finalité lointaine, et suprême. Car, pour les causes plus proches de nous, à notre portée, l'*Adaptation*, d'une part, — et de l'autre, la loi psycho-physiologique de *Suggestion*, nous éclairent suffisamment. En effet, la conformation de l'Araignée la rend apte, à souhait, au rôle que nous lui voyons remplir. Est-ce qu'elle n'offre pas, comme sa toile, une figure rayonnée ? — Si ce rayonnement n'est pas idéal, tel celui de l'*étoile*, ou de la *fleur actinomorphe*, auquel Victor Hugo le compare (1), c'est à-cause de la couleur, qui est triste, — à-cause, aussi, peut-être, d'une contradiction qui s'élève dans notre esprit entre le thème épanoui, sympathique en soi, et l'attitude menaçante... Une étoile de jais ferait, semble-t-il, un bijou quelque peu sinistre ; et verrions-nous sans effroi s'agiter, et marcher sur nous un capitule de marguerite détaché ?... La réflexion peut même, ici, ne jouer aucun rôle ; la suggestion donnée par l'ensemble de formes, de couleurs et de mouvements peut être immédiate, constituer une sorte d'*hypnose*. C'est ainsi que le nouveau-né s'épouvante de figures qu'il aperçoit pour la première fois. Il faut donc chercher la cause directe de notre répugnance à l'égard de l'Araignée dans un défaut parti-

(1) « Et tout ce qui travaille, éclaire, aime ou détruit,
  « A des rayons : la roue au dur moyeu, l'étoile,
  « La fleur, et l'*araignée au centre de sa toile*... »

culier d'harmonie, dans une *dysrythmie* singulière. Et si cette dysrythmie nous affecte si fort, bien qu'elle soit extérieure à nous, et ne gêne pas physiquement notre œil, c'est par la tendance invincible que nous avons à répéter, pour ainsi dire, les formes et les mouvements du dehors en nous-mêmes, à les reproduire par un geste intérieur. L'effort est-il trop grand, — ou contradictoire avec le jeu de nos instruments organiques, il en résulte un trouble pour notre âme.

***

Mais, Dieu merci ! l'homme n'est pas qu'instinct ; il est aussi bien réflexion. Or, si l'instinct l'éloigne, tout d'abord, de l'Araignée, — la réflexion, quelque temps après, l'en rapproche. En effet, cette ouvrière de robe ingrate et de figure inquiétante, elle accomplit une tâche très-remarquable, — et même, peut-on dire, « *esthétique* ». C'est un *piège,* il est vrai, — mais si plein d'ingéniosité, et de figure si satisfaisante ! Il a la beauté du *filet,* comme lui sournois, au fond, et cruel ; c'est une sorte de *filet étoilé.* La finesse de son tissu fait oublier sa teinte grise et terne ; et puis le soleil, ce grand magicien, ne sait-il pas le transfigurer, en irisant sa guipure de perles, don de la rosée ? Parmi les plus jolis spectacles de la Nature, et les plus féériques, il faut compter celui d'une toile d'*Orbitèle* (1) que la brise berce comme un hamac aux mailles de soie multicolores. Hélas, nul farfadet ne vient s'y placer, et le conte de fée tourne au drame noir réaliste. Etoile sinistre à huit branches, l'*Epeire diadème* (c'est un trop beau nom) apparaît, subitement, au centre de son fragile zodiaque. Nous sommes fâcheusement impressionnés, d'abord par la fixité de son attitude, au moment qu'elle guette sa proie, — puis, quand elle l'a saisie du regard, par la promptitude de son élan, et la brusque férocité de l'attaque... *Férocité...;* je me reprends; le mot est injuste. Combien de fois, pris de pitié pour le moucheron qui battait désespérément des ailes pour se dégager, j'ai voulu lui sauver la vie (2)... Oui, sau-

---

(1) « *Orbitèle* » signifie : « dont la toile tourne en rond, décrit une *orbite,* est *orbiculaire.* L'araignée qui tisse ce genre de toile est l'*Epeire-diadème* ».

(2) Je ne résiste pas au désir de citer le passage suivant, d'une délicieuse fantaisie dû à la plume d'un auteur fort peu connu de la

Comment l'Araignée fait sa toile

« Son engin de chasse est une grande nappe verticale dont le
« périmètre... se rattache aux rameaux du voisinage par de mul-
« tiples amarres... Les huit pattes largement étalées, elle se laisse
« choir... appendue au cordon qui lui sort des filières... A deux
« pouces du sol, brusque arrêt ; l'araignée se retourne, agrippe le
« cordon qu'elle vient d'obtenir, et remonte par cette voie...
« Revenue à son point de départ... l'araignée est donc en posses-

« sion d'un fil double, bouclé en anse qui flotte... Sentant son fil
« arrêté, l'*Epeire* le parcourt d'un bout à l'autre à plusieurs repri-
« ses, et l'augmente chaque fois d'un brin. Ainsi s'obtient le *câble*
« *suspenseur*, maîtresse pièce de la charpente... où doivent se
« suspendre les divers réseaux... Ainsi se délimite une aire poly-
« gonale... irrégulière où doit s'ourdir le filet..., ouvrage d'une
« magnifique régularité... D'un point central rayonnent des fils
« rectilignes équidistants. Sur cette charpente court en manière de
« croisillons, un fil spiral continu qui va du centre à la circonfé-
« rence. C'est magnifique d'ampleur et de régularité... »

J.-H. FABRE,
(Souvenirs entomologiques).

ver cette petite existence heureuse et gracieuse, en apparence inoffensive. — Et toujours, au moment d'accomplir cet acte, j'étais retenu par l'idée qu'en libérant la proie, j'affamais le chasseur. — Et puis, défaire si brutalement un si beau travail !... Alors, en m'approchant, mon sentiment se transformait : ne cherchant plus la morale où elle n'était point, je m'abandonnais au sens esthétique ; je ne me révoltais plus, *j'admirais*. Un problème nouveau s'imposait à moi : celui de l'instinct, mystérieuse autant que merveilleuse divination, qui fait accomplir sans effort, et sans apprentissage (au moins apparent), de vrais tours de force — ou d'adresse. Un de ses chefs-d'œuvre, avec la *ruche* et le *nid*, — est la toile géométrique de l'Araignée. De patientes observations, véritablement méritoires, nous ont révélé le secret de sa précision, de son exécution nette et rapide. L'inconsciente — autant qu'infaillible ouvrière s'arrange (on dirait qu'elle s'arrange) pour revenir le moins possible sur ses pas ; elle suit, sans le savoir, le principe du plus court chemin. — Mais, se demande-t-on, comment un si chétif insecte, dont le cerveau n'est qu'un point presque imperceptible, vient-il à bout d'une œuvre aussi complexe, aussi délicate ? D'une œuvre telle qu'un savant ingénieur s'y prendrait à vingt fois, sans doute, et sans réussir ?... — C'est, en définitive, la même question, à peu près, qui nous arrêtait devant l'alvéole hexagonale

seconde moitié du XVIe siècle, le Lyonnais *Du Choul*. Cela a pour titre : ‹ *Dialogue de la fourmi, de la mouche, de l'araignée et du papillon* » (Lyon, 1556).

Le fragment que je donne, traduit par moi-même du latin, pourrait s'intituler : « **Le supplice d'une mouche** ».

« Voici qu'en son vol étourdi, la pauvre mouche est prise dans le filet tendu par l'araignée ; empêtrée dans cette toile visqueuse, elle ne fait que s'empêtrer davantage... ; ses ailes battent bruyamment ; elle cherche, mais en vain, le moyen de fuir... Cependant l'araignée prend peur : elle craint que, dans ces efforts, le réseau si délicat de sa toile — son chef-d'œuvre — qu'elle a tissée avec tant de soin, ne se déchire... Vite, elle se transporte au point menacé ; de ses cruelles mandibules, elle saisit le pauvre corps tout frémissant ; la mouche infortunée tente un dernier effort ; elle agite violemment ses pattes, et, fait entendre un bourdonnement désespéré... Hélas ! rien n'y fait ; toute fuite est impossible. Son bourreau la tient de sa pince serrée, la presse, et la retourne dans tous les sens... Enfin vaincu dans cette lutte inégale, l'insecte ailé exhale son petit souffle, s'immobilise dans la mort, et cesse de souffrir. »

de l'abeille. Pour l'éclaircir un peu, — je ne dis pas « pour la résoudre », il faut à la fois plus de science — et plus de foi qu'on n'a coutume d'en mettre à ces sortes de choses. Il est d'abord indispensable de sortir un peu de nous-mêmes, d'oublier nos propres tours de main, nos procédés techniques, et de remonter jusqu'aux opérations directes de la Nature. Rappelons-nous ici le *rythme* et la *mesure* qui président à l'accroissement des cellules, à leur multiplication, au développement des tissus vivants, à la réalisation prodigieuse des formes animales et végétales les plus compliquées. — Or, la même force harmonique qui, directement et automatiquement, sous nos yeux, conforme une feuille, une fleur, un rameau, — ne peut-on supposer qu'elle agit, à-travers le cerveau de l'abeille, ou de l'araignée, pour produire : là, une mosaïque hexagone, — ici, un réseau délicat à mailles rayonnantes et concentriques ? — On dira, sans doute, que je recule la difficulté. — Non pas : je l'*élève*. En effet, tout rapporter, en fin de compte, à la *Nature*, n'est-ce pas remonter au-delà, vers l'*Auteur* même de cette Nature ? Il y a là comme une transmission de pouvoir à plusieurs degrés : de Dieu, source première, à la Nature, aveugle ouvrière, — et de la Nature à ces ouvriers, inconscients eux-mêmes, que sont les Insectes.

**

Toutes les Araignées ne sont pas des tisseuses de toiles aussi habiles que l'*Epeire-diadème* ; même, un grand nombre ne pratique pas cette industrie, et chasse son gibier comme de simples coléoptères. Dans nos jardins, on voit courir précipitamment les *Faucheux,* qui sont, pour ainsi dire, les « Echassiers » du groupe arachnéen. L'Amérique du Sud est infestée par les *Mygales*, espèces géantes et venimeuses. Enfin, à la surface des étangs, l'*Argyronète* apparaît, à des intervalles réglés, puisant l'air nécessaire à sa respiration ; immergé sous forme de bulles, cet air donne au nid aquatique de l'insecte un aspect argenté, d'où ce nom poëtique d' « Argyronète ».

Les *Scorpions* pourraient être nommés « les parents terribles » de l'Araignée, — et les *Acariens,* ses « parents ignobles ». Chez les premiers, l'abdomen se prolonge en une queue très-redoutable, car elle se termine par un aiguillon chargé de venin. — Les seconds sont des parasites assez répugnants : la *Tique* (ou le *Ricin*), qui s'attaque aux jambes des promeneurs, dans les bois, — le *Sarcopte*, auteur de la *gale*, — le *Démodex*, en forme de ver très menu, produisant sur le nez ces points noirs qu'on appelle des « tannés ». — Le *Trombidien soyeux* est encore à citer, vrai monstre minuscule, dont la larve est l'insupportable *Rouget* (*Leptis automnalis*). Tous ces rebuts de la faune font envisager, par contraste, l'Araignée d'un bien meilleur œil.

Les « mille-pattes » (*Myriapodes*)

Je termine cette revue par les *Myriapodes.* Terribles ou comiques, on ne saurait dire au juste. Car c'est encore un bien curieux problème esthétique, que de savoir si la *multiplication des semblables*, en telle circonstance, doit suggérer un sentiment de terreur — ou de ridicule. Un fait certain, c'est que le rameau d'*acacia*, par son double rang d'appendices, est gracieux — heureux privilège de la flore. — Mais noircissez ces appendices foliaires ; rendez-les étroits et rigides ; donnez-leur un mouvement autonome et bien décidé, une activité chasseresse... Alors le dégoût surviendra.

Ce sont pourtant des animaux tout inoffensifs que ces « *mille-pieds* ». On en connaît deux types : *Iule* — et *Scolopendre*. — La Scolopendre a le corps aplati ; la Iule, au contraire, l'a bombé. La première de ces bestioles ne présente qu'une seule paire de pattes à chaque anneau ; — la seconde offre, à chacun de ses 100 anneaux, deux paires de pattes, ce qui porte le nombre de ces appendices à 400... Toujours est-il que le terme de « *myriapode* » (à 10.000 pieds) est hyperbolique.

Un type voisin de l'Iule des sables est le *Glomeris*, qui se roule en boule à la moindre alerte, et qu'on pourrait confondre avec le Cloporte. Or, ce dernier, comme on sait, n'est pas un insecte, mais un crustacé. Si l'on s'en tient aux formes extérieures, le Glomeris servirait de lien entre les *Myriapodes*, d'une part, — les *Crustacés* et les *Insectes* proprement dits, d'autre part. Mais je trouve

D'après Girard

plus simple d'opposer, au groupe des Crustacés « évi-
dents », celui des Insectes, et de subdiviser ceux-ci,
d'après le nombre de leurs pieds, en : *Hexapodes, Octopodes* et *Polypodes,* — les « Octopodes » répondant aux
Arachnides, et les « Polypodes », à ceux qu'on appelle,
en exagérant, des « *Mille-pattes* ».

Mollusques

Le nom de « *Mollusques* », sous lequel on désigne les animaux dont nous allons maintenant parler, est, à la vérité, fort expressif ; mais, à prendre ces animaux dans leur ensemble, il n'est ni suffisant, ni même très exact. D'une part, en effet, presque tous les groupes précédents renferment des espèces à corps mou (*Polypes et Méduses, Holothuries, Vers*), — et, d'autre part, si l'on tient compte de la *coquille*, la majorité des Mollusques mériteraient plutôt la dénomination d' « *Endurcis* ». Les naturalistes, d'ailleurs, ont séparé ces deux traits contrastants, et pour ainsi dire contradictoires : mollesse du corps — et dureté du test, en divisant ainsi l'étude du groupe : « *Malacologie* » et « *Conchyliologie* ». Disons tout de suite que pour l'esthéticien, c'est cette dernière qui prévaut ; car si la forme du corps est ici, la plupart du temps, assez insignifiante, — celle de la coquille présente un intérêt singulier. Par la variété, la beauté de contour et de coloris, une collection de coquillages peut rivaliser, certainement, avec une Collection de *Lépidoptères*.

Après avoir goûté, chez les Papillons, le genre de beauté souple et fragile, nous admirerons, chez les Mollusques « *testacés* », un autre aspect du beau, le fixe et le solide, ou, pour le dire d'un seul mot, l'aspect minéral.

Mais, dans une Histoire naturelle esthétique qui ne veut pas rester superficielle, il faut bien tenir compte de l'organisme, de l'être vivant qui, lui-même très-humble, revêt d'aussi remarquables armures ; d'autant plus que le *test* qui couvre la nudité de son corps est dérivé directement de ce dernier ; il en est, en somme, une exsudation. Et puis, un nombre assez considérable de Mollusques est, normalement, privé de test, et reste nu. Le corps, qui s'étale, en ce cas, et déroule sa spirale, pour ainsi dire, prend désormais une figure plus nette et plus expressive.

Prenons donc, tout d'abord, un Mollusque *nu,* — ou bien, si vous voulez, un Mollusque détaché de sa coquille. Ce n'est pas, morphologiquement, quelque chose de très-compliqué. Quatre parties seulement se recommandent au regard : la *tête* — au moins quand elle est distincte ; le *tronc,* — le *pied,* — et le *manteau.* — Ce qu'on appelle assez étrangement le « *pied* » est une expansion musculaire dont la situation varie singulièrement, et diamétralement, d'un pôle à l'autre du corps, de telle façon qu'on est amené, par une logique assez ridicule, à ces noms de *Gastéropodes* et de *Céphalopodes,* le premier voulant dire « *qui a son pied sous le ventre* » ; et le second : « *qui l'a sur la tête* » .... Eh ! n'est-ce point là compromettre la gravité d'une science aussi sévère que l'Homologie ?

Nous autres dirons, bien plus simplement, que le *Colimaçon,* par exemple, rampe au moyen d'une *expansion musculaire* de son corps, en forme de semelle ; et que cette expansion, chez le *Pecten,* ou chez la *Moule,* qui sont nageurs, prend la configuration d'un *fer de hache ;* tandis que le *Poulpe,* la *Seiche,* ou le *Calmar,* ne présentant rien de semblable, ont, autour de la bouche, une couronne de *tentacules.* Ces tentacules (les « bras », dramatisés par V. Hugo, de la *pieuvre*) sont en nombre fixe, comme ceux des Polypes, et comme les appendices de la fleur : de *10* chez ceux qu'on appelle, pour cette raison, *Décapodes,* et de *8* seulement chez d'autres qui sont dénommés *Octopodes (Poulpe).*

Quant au *manteau* (en latin « *pallium* »), il représente un repli des téguments qui ménage, entre le corps et lui, un espace appelé « *chambre palléale* ». C'est là que l'appareil respiratoire trouve un abri (1).

(1) Je vois toujours le spirituel professeur de zoologie, de Lacaze-Duthiers, nous donnant, dans son cours, une vive idée du « man-

Tous les auteurs s'accordent pour affirmer que la
coquille est un produit de secrétion du manteau. Cependant, il reste bien difficile de concevoir comment, d'une
simple membrane, en apparence peu plissée, peuvent
naître des reliefs aussi saillants, aussi réguliers, aussi
détaillés... Toujours est-il que la périodicité des motifs,
en cette œuvre de sculpture naturelle (ou plutôt de mou-
lage), est le résultat obligé d'une *périodicité de croissance.*
La volute d'un coquillage, comme celle d'une fumée, se
développe petit-à-petit ; la forme, ici solide et persistante, est la trace d'un mouvement plastique et rythmé.
Et, de même que, suivant l'allure d'impulsion, ou celle
du courant aérien, il y a des fumées droites ou serpen-
tines, à volutes lâches ou serrées, — de même, selon le
degré de lenteur — ou de rapidité — de l'accroissement,
— suivant, aussi, la durée de ses phases, on trouve des
tests à tours de spire stricts ou larges, ou même tout-à-
fait déroulés (1)

La Coquille

La coquille, chez les Mollusques, est tantôt une et
simple (ainsi pour le *Cérithe,* le *Buccin,* le *Colimaçon,*
qu'on nomme « *Univalves* », et tantôt double, en deux
parties symétriques et latérales, qu'on appelle *valves,* et
qui se rabattent l'une sur l'autre (*Bivalves,* dont le type
est l'*Huître, ou la Moule*). Chacune de ces valves est ordinairement symétrique, elle-même ; mais point d'une
façon rigide ; une certaine obliquité de contour lui donne
de la liberté, de la grâce ; cela, d'ailleurs, est un trait
des choses vivantes, ou qui dépendent de la vie ; lorsque
nous voulons rendre l'Art *vivant,* nous imitons ce trait,
et trichons sur la symétrie. — Chez les Mollusques dits
« *Bivalves* », la coquille offre, en général, l'aspect d'un

teau » et de la « *chambre palléale* » (de *pallium*), en montrant l'espace ménagé entre son habit et son gilet.

(1) Sous le nom de « *Serpents de Pharaon* », on vendait jadis
une substance chimique (phosphure d'ammonium) qui jouit de
cette propriété singulière, qu'étant allumée, la fumée qui s'en dégage ne s'évapore pas, mais, au contraire, *se solidifie,* formant un
bloc serpentiforme, comme une cendre friable, mais non pulvéru-
lante, et qui se maintient debout quelque temps. Ce phénomène
peut jeter quelque lumière sur la genèse des formes organiques
vivantes en hélice.

peigne, ou d'un double éventail étalé ; chez les « *Unival-ves* », elle affecte ordinairement la forme d'une toupie. Quelques genres de ce dernier groupe, insuffisamment enroulés, rappellent un cornet, une oublie (*Scaphander*). D'autre part, la coquille bivalve peut être sillonnée de stries concentriques ou rayonnantes ; elle peut être plate ou renflée, simulant un cœur (*Cardium*) ; elle peut encore s'allonger plus ou moins, soit dans un sens, soit dans un autre. — Et quant à la coquille *univalve*, elle s'allonge ou se raccourcit, s'offre tantôt fuselée, tantôt turbinée, présente une surface lisse, ou bien accidentée de reliefs, — ces derniers souvent très décoratifs : côtes ou tubercules, stries, ponctuations, etc., qui varient la ligne de croissance hélicoïdale, et font parfois ressembler un test à quelque pièce d'architecture. Enfin ce test, chez certains genres, au lieu de s'élever en hélice, s'enroule sur un même plan, à plat, en spirale. C'est le cas de ces Univalves fossiles bien connus sous la dénomination d'*Ammonites*.

Quelle est la loi d'une pareille variété ? Quelle en est la cause, la destination ? — La loi peut être découverte ; et c'est, tout simplement, une affaire de Morphologie comparée. Mais quelle obscurité dans l'origine, et surtout dans le but ! Sans doute, chaque forme de coquille est adaptée aux conditions de vie de son habitant, à l'organisme qu'elle abrite, comme au milieu qu'elle doit affronter. Le test du *Solen*, en manche de couteau, lui permet de s'enfouir dans le sable, et celui des *Pholades*, armé de dents de scie sur ses bords, leur sert à se forer des trous dans la falaise. Mais, dans une foule d'autres cas, aucune fonction ne se révèle pour justifier l'orientation spéciale du contour, la présence ou l'absence de symétrie, le choix de tels ou tels ornements de préférence à d'autres. Pourquoi, par exemple, le test de la Turritelle se montre-t-il si lisse et poli de surface, — et celui du *Murex* (ou *Rocher*) si rugueux, si rudement armé d'épines menaçantes ?..... Si c'est un besoin de défense, pourquoi d'autres genres, vivant tout à côté, n'en sont-ils point pourvus ? — Serait-ce un *besoin d'Art* de la Vie, un désir de beauté de la « Nature artiste » ? — L'illustre poète-philosophe, Sully-Prud-homme, ne pouvait se résoudre à voir, en toute beauté, une raison de pure utilité : l'*Adaptation* de Lamarck, même la *Sélection* de Darwin, n'étaient pas suffisantes à ses yeux pour justifier tant de variété, et tant de charme dans les formes. Si l'influence du milieu constituait un facteur de modelage aussi capital, — comment, alors, dans un même milieu, trouverait-on des conformations si diverses ?... Aussi conclut-il : « Cette immense diver- « sité des formes apparaît donc comme une sorte de « luxe, motivé par quelque besoin supérieur à satisfaire, « autre que la faim et l'appétit sexuel. Il semble *que la* « *Nature s'amuse,* qu'elle mêle du caprice et du jeu à ses « créations. En cela, elle se montre artiste, selon la défi- « nition qu'a donnée Schiller de l'œuvre d'Art ».

Le *caprice*, le *jeu,* la *Nature artiste*... Voilà des mots de poète, et qui n'expliquent rien ; des mots dont, certainement, le philosophe précis qu'était Sully Prudhomme, ne devait pas se contenter. Et puis, à moins d'être un panthéiste candide, peut-on imaginer que le monde s'est fait lui-même ? Lorsque nous autres parlons de la *Nature*, avec *N* majuscule, il ne faudrait pas s'y tromper : c'est purement et simplement, sous notre plume, une manière d'écrire. Et, vraiment, nous le confessons, l'habitude de ce détour est mauvaise. Sans doute procède-t-elle d'un stupide respect humain, d'une crainte puérile d'avoir à nommer *Dieu.*

Pourtant l'idée d'un Dieu hors du monde, et Créateur du monde, est aussi féconde que nécessaire. Voyez plutôt : ce *luxe* des formes vivantes, si déconcertant, Sully Prudhomme le voit, un moment, « *motivé par quelque besoin supérieur...* » Et il ne peut pas, il n'essaie pas de déterminer quel est ce besoin... Nous, plus hardis et plus confiants, nous en sommes chargés. C'est peut-être mystique, et ce n'est pas pourtant mystérieux : le *beau,* — dans les coquilles de Mollusques aussi bien que dans les ailes de papillons, — mais c'est, tout simplement, un *stimulant* pour l'humanité, et c'est également, pour elle, un *avant-goût.* Le Créateur n'a point, sans doute, entendez-vous bien, réalisé ces formes *expressément* pour notre seul plaisir ; mais les choses ont été disposées par Lui de telle sorte que, le bonheur des êtres vivants assuré, nous en gagnions, par contre-coup, l'attrait, la jouissance esthétique. Ainsi le constructeur avait, au Moyen Age, jeté sur la rivière un pont résistant, en ogive ; et nous, à l'aspect de ce pont, n'admirons pas tant l'ingénieux ouvrage que *l'œuvre d'art.* Pour l'amateur qui se promène, les murs crénelés, les tours d'angle, les escaliers en colimaçon, les contreforts et les fenestrages, sont faits pour le plaisir des yeux ; les coqs s'appellent et se répondent, les oiseaux gazouillent, les eaux murmurent, aux fontaines, pour l'amusement de son oreille, et de son esprit. Cette transfiguration, que Taine appelait « *une hallucination vraie* », — nous préférons, nous, la nommer « *un bienfait de la Providence* ». L'homme, avec son progrès prétendu, rend la Terre ennuyeuse et laide ; mais Celui qui nous l'a préparée comme habitation s'est montré pour lui plus miséricordieux que lui-même ; il a fait, de ce lieu de passage, un séjour plus que tolérable. Ayant mis en nous ce pouvoir qui transforme les perfections en beautés, il a voulu que le soleil qui nous éclaire et qui nous réchauffe, excite en nous, par surcroît, de l'admiration, que les plantes nourricières soient, par surérogation, *décoratives*, et les plantes salutaires, *balsamiques* ; — enfin, que les animaux, à leur tour, ne se contentent pas de nous servir, et que, par-dessus le marché, ils nous intéressent par leur figure. Si nous comprenions mieux le plan divin, tout ce spectacle naturel se révélerait à la fois comme un encouragement à vivre cette vie, — et une incitation à convoiter une existence au-delà, plus noble et plus belle ; en deux mots, un *stimulant* et un *avant-goût*.

Le voilà donc, ce « *besoin supérieur* » qui, suivant nous, motive un tel luxe de formes. L'Adaptation, la Sélection, ne concourent qu'au but vital, à la finalité propre des êtres. La fin suprême de ceux-ci, c'est de porter à l'homme, dernier terme de la Création, un réconfort, en même temps qu'un enseignement.

Quand on sort de ces pensées-là, que l'*Histoire naturelle*, telle qu'on la conçoit de nos jours, paraît mesquine et misérable ! Ecoutez plutôt cet aveu d'un naturaliste :
— « Les collections de coquilles, écrit-il, étaient fort
« nombreuses au siècle dernier, mais les personnes qui
« les formaient appréciaient bien plus les coquilles au
« point de vue de leur beauté et de leur rareté — qu'au
« point de vue de l'intérêt scientifique qu'elles présen-
« tent. Il n'en est plus de même, et l'on peut dire que
« la collection n'est regardée aujourd'hui par la plu-
« part des naturalistes que comme un instrument indis-
« pensable à celui qui veut se livrer à l'étude de l'histoire
« naturelle..... » !

J'aime encore mieux, dans sa naïveté professionnelle,

la réponse du géologue à qui l'on demandait quelle était l'utilité des *Ammonites*. — A caractériser les terrains secondaires, répondit-il, sans hésitation.

Céphalopodes

Poulpe, Seiche, Calmar, Nautile, Argonaute, Ammonites

Tous les Mollusques ne possèdent pas cette carapace idéale, assez indépendante du corps, au demeurant, pour qu'on y voie plutôt un logis (*maison* de l'escargot). Sans parler de la *limace,* qui nous apparaît comme un colimaçon privé de coquille, le groupe presque entier des Céphalopodes a la peau nue, reste à découvert.

Ce groupe, dont nous critiquions plus haut le nom grec, comprend des animaux d'assez forte taille, et qui, vivant dans la haute mer, n'ont pas besoin, sans doute, pour ces raisons, d'un test protecteur. Ce sont le *poulpe,* ou « pieuvre », la *seiche,* et le *calmar.* — Le premier de ces trois types est d'aspect repoussant, et terrible. Qui ne le connaît pas, depuis

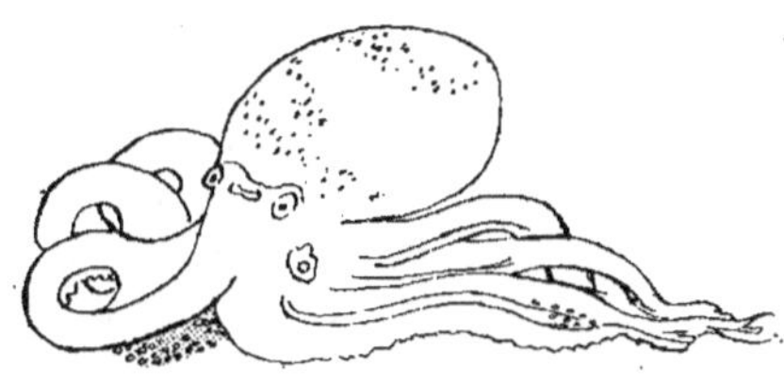

(d'après une estampe japonaise)

les « *Travailleurs de la mer* », de Victor Hugo ? Mais celui-ci l'a trop dramatisé. Pour les naturalistes, au contraire, il est inoffensif, à peu près. Toujours est-il que cette tête sans corps, aux yeux fixes, et tordant ses 8 bras armés de ventouses, est bien faite pour impressionner. C'est l'image, en raccourci, de *Briarée ;* c'est un cauchemar. Et l'évoquant, après tout ce que je viens de dire sur la destination mystique des êtres, voici que je me mets le front dans les mains pour réfléchir... Si tant de gracieux, d'innocents coquillages peuvent conduire notre pensée aux plages du Ciel, est-ce que la pieuvre s'offrirait comme un élément anticipé de l'Enfer ? Au fait, la leçon de choses théologique qu'est l'univers doit, pour être complète, pour être efficace, contenir le *Laid* comme le *Beau,* l'épouvantable aussi bien que le séduisant.

Au lieu de passage où nous sommes, il nous faut espérer, sans doute; il nous faut craindre aussi. Notre sommeil est bercé de doux rêves, et traversé, parfois, de cauchemars. Le remords — ou l'abus — n'en sont-ils pas, bien souvent, la cause ? Quoi qu'il en soit, coupables ou non, la veille ne s'écoule pas tout entière pour nous sous le rayonnement si rassérénant du soleil ; et l'obscurité nous surprend, pleine de tristesse et de fantômes... Nos ancêtres du Moyen-Age voyaient dans l'été la « belle saison », comme un reflet du Paradis, et l'hiver les faisait songer aux appréhensions de leurs fins dernières. En leurs cathédrales, on retrouve ce contraste qu'offre la Nature entre l'horrible et le gracieux ; il devient symbolique du contraste moral entre le *Vice* et la *Vertu*. L'église est pour eux, en même temps que la maison du Seigneur, l'image, en raccourci, du monde ; aussi, vis-à-vis de la *colombe*, ou du *pélican*, trouve-t-on la *chimère*, le *guivre*...

* *

Bien que proches parents de la pieuvre, et gardant avec elle un air de famille, la *Seiche* et le *Calmar* ont une physionomie plus rassurante, et même une expression de bonhomie quelque peu niaise, qui éveillerait plutôt le sens du comique. Ici, le corps se distingue mieux de la tête ; il s'allonge, et se munit d'expansions natatoires ; les tentacules en couronne autour de la bouche se raccourcissent ; par compensation, deux tentacules surnuméraires, qui les font nommer « *Décapodes* », présentent une longueur considérable (1).

Ces Mollusques sans coquille ou *nus*, comme on les appelle, sont très supérieurs en organisation aux *testacés*. Leurs organes des sens sont bien développés ; leurs yeux aussi parfaits que ceux des premiers vertébrés, des Poissons. Le cerveau se trouve protégé par une sorte de crâne cartilagineux. Mais ces choses-là intéressent surtout l'anatomiste.

(1) La *Seiche* (en latin, *Sepia*) produit un liquide coloré brun clair qui, sous ce dernier nom, remplace parfois, pour les dessinateurs, l'encre de Chine ; mais la teinte noire de celle-ci est autrement séduisante. L' « *os de seiche* », qu'on met dans les cages d'oiseaux pour qu'ils aiguisent leur bec, paraît être un embryon de coquille « rentré ».

Assez près de ces formes nues, les naturalistes placent le *Nautile* et l'*Argonaute*, qui, tous deux, sont pourvus d'un test.

L'*Argonaute*, très proche parent des Pieuvres, Seiches et Calmars, en diffère par sa coquille, d'abord, puis par le nombre considérable de ses tentacules, qui sont, aussi, plus déliés, et se partagent des fonctions très diverses. Mais quand je parle ici de *coquille*, il faut entendre qu'il s'agit seulement de la femelle, le mâle s'en trouvant dépourvu.

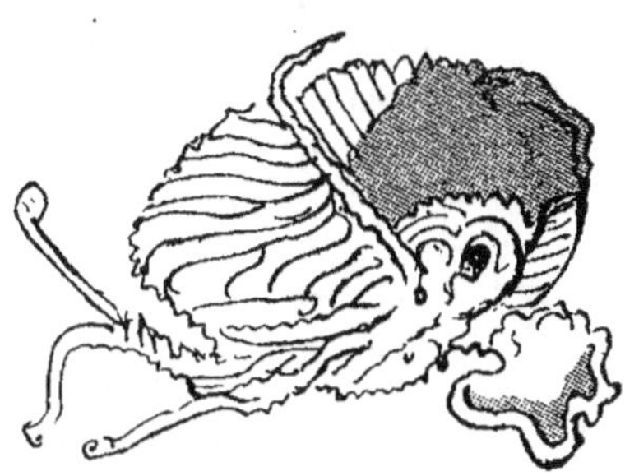

Argonaute

(Encycl. par l'Image, Hachette Ed.)

Et encore cette coquille est-elle fort mince, et sans nulle adhérence au corps ; ne servant là qu'à protéger les œufs, l'animal la retient à deux bras... Sorte de berceau qui serait porté sur le sein maternel. Vous retrouvez ainsi chez les Mollusques ce phénomène de disparité dans les sexes, de « *dimorphisme sexuel* », qui vous avait déjà frappés chez les Insectes.

L'*Argonaute*, idéalisé par son nom, n'est, en somme, aux yeux qui l'aperçoivent au repos, qu'*une petite pieuvre coquillière*. Habitante des mers chaudes, elle peut être, accidentellement, entraînée par les courants jusque sur nos côtes. La plupart d'entre nous ne l'ont vue que dans les livres.

Il en est de même du *Nautile*, qui, lui, ne quitte guère l'Océan Pacifique et la mer des Indes. La coquille de ce Céphalopode est univalve et, comme chez certains genres de Gastéropodes, enroulée sur un même plan, — *spirale*, par conséquent, et non pas hélicoïdale. Mais elle se distingue par un trait de perfection que vous ne retrouverez nulle part ailleurs, parmi les Mollusques : elle est *cloisonnée*. C'est, pour ainsi dire, — et le langage, ici, justifie ma comparaison, — une miniature d'escalier « en colimaçon », dont chaque volée serait close. Tous les compartiments, néanmoins, communiquent entre eux, et avec le dehors, par un long canal. Ce canal spiralé, qu'on nomme le siphon, traverse chacune des cloisons en son centre.

Chez les formes fossiles et disparues, dont le test nous

a été conservé, le siphon n'est plus central, mais périphérique ; rejeté sous la voûte de l'escalier, il se traduit, à son *extrados*, par un cordon saillant plus ou moins orné.

Car, il ne faut pas omettre ce point, le *Nautile* est le dernier survivant d'une longue et belle série de coquillages, aujourd'hui pétrifiés, et peuplant ces catacombes que sont les assises géologiques. Les plus nombreuses et les plus connues de ces coquilles fossiles sont les *Ammonites*. Leur variété de formes est, en vérité, surprenante, et il y aurait à glaner, dans ce vaste champ, pour l'esthéticien.

Plus tard, nous écrirons peut-être une « *Histoire esthétique des Ammonites* » ; mais, pour l'instant, il faut nous borner à noter un fait : fait des plus curieux, d'une portée considérable, à mon sens, et qui devrait retenir davantage l'attention des naturalistes. Je veux parler du *déroulement progressif des coquilles spirales* en fonction du temps.

Que les formes animales varient, soit dans leur structure, soit dans leur contour extérieur, en s'allongeant — ou se raccourcissant, en se compliquant ou se simplifiant, en s'adaptant au vol ou à la natation, — il n'y a rien, là, de quoi nous surprendre, et nous y sommes accoutumés. Mais lorsque, rangeant les tests d'Ammonites suivant leur ordre d'apparition, on voit les tours de spire, d'abord contigus, s'écarter, — puis la coquille se redresser au milieu ; enfin, les crosses terminales s'effaçant à leur tour, la coquille devenir absolument rectiligne, — cette régularité de marche, en un mouvement plastique séculaire, à juste titre nous étonne. Nous trouvons prodigieux, presque paradoxal, que l'immense durée produise un effet qui se trouve couramment, sous nos yeux, réalisé dans un instant très court. Et le langage témoigne bien que nous y voyons un geste démesurément ralenti, puisque la Science positive parle de *déroulement*..... Il semble que la force plastique agisse là comme la force élastique, que ce soit une sorte d'élasticité à long terme...

Les paléontologistes ne font, malheureusement, que de la paléontologie ; pour eux, les tests fossiles ne servent qu'à caractériser des terrains..... Qu'ils alignent, une fois, sur leur table, une *Ammonite*, un *Criocéras*, un *Ancylocéras*, un *Hamites*, un *Baculite*, — puis que, la tête dans les mains, ils méditent un peu...

Tous ces Céphalopodes éteints depuis si longtemps,
ces ancêtres prodigieusement éloignés de nos *Poulpes,*
de nos *Calmars,* de notre *Nautilus,* même, offrent encore
un trait d'évolution bien remarquable. Nous avons parlé

ÉVOLUTION DES FORMES DES CÉPHALOPODES

des cloisons qui divisent la coquille de ce dernier en compartiments successifs. Leur insertion s'accuse en-dedans,
sur les paroi, par un sillon qu'on appelle « *suture* ». Cela
se voit très nettement sur les moules internes. — Or, les
sutures, chez le *Nautile* (fossile ou vivant), tracent une
ligne simple. Dans la série de types qui va des *Goniatites*
aux *Ammonites vraies,* en passant par les *Cératites,* les
lignes suturales se compliquent par degrés ; la complexité
du dessin devient telle, qu'il arrive à figurer des frondes
de fougères. N'est-ce pas merveilleux, ce travail patient
et secret, qui perfectionne ses découpures avec minutie,
et cela pour une simple insertion de cloison sur les parois
spirales de la coquille..... ? — Et ce travail si méticuleux,
et presque artistique, *dans quel but ?...*

Gastéropodes

*Planorbe, Colimaçon, Cérithe, Turritelle, Fusus... Cône, Turbo,
Trochus, Murex..., Haliotide, Patelle, Porcelaine... Buccin, etc.*

Dans la manière de parler savante, le terme de *Gastéropodes* s'oppose à celui de *Céphalopodes* pour désigner
un groupe de Mollusques tantôt nus, tantôt testacés, qui
n'ont pas le pied sur la tête, mais *sous le ventre*. Bien que
cette terminologie nous paraisse un peu ridicule, nous
nous en servons néanmoins, comme on se sert d'un méchant denier consacré par l'usage. Mais ce *pied*, auquel
les naturalistes tiennent si fort, est plutôt, ici, un organe
de reptation, et si le mot n'était pas si désagréable, un
« *rampoir* »... C'est par son secours que la *Limace* et le
Colimaçon se traînent à travers nos jardins, et les coquillages de mer l'utilisent pour gagner, à volonté, les rocs
de marée basse — ou la pleine eau. — La tête, chez tous
ces Mollusques, plus ou moins, est arrondie, et porte deux
sortes d'appendices : une paire *d'yeux pédonculés*, et
une paire de tentacules, plus courts. Ce sont ces yeux que
les enfants appellent, chez le Colimaçon, des « *cornes* »,
et qu'ils s'amusent à faire sortir et rentrer tour à tour.
Beaucoup de grandes personnes, en définitive, n'ont pas
une philosophie plus longue ; et qui, dans le monde, se
prend à réfléchir sur la portée de ces prunelles rétrac-
tiles... ?

Je passe sur la bouche, qui est munie d'une râpe nommée « *radula* », pour diviser les aliments, — puis sur le
manteau, qui, revêtant ici le dos de l'animal, ménage un
espace protecteur à l'appareil respiratoire ; et j'arrive à
la partie pour nous la plus intéressante : à la coquille.

Variétés de Coquilles chez les Gastéropodes

La classification des coquilles à valve unique peut se
baser sur la forme d'ensemble, ou sur tel ou tel détail en
particulier. Si l'on considère, par exemple, l'embouchure,
elle est à bord entier, — ou bien se prolonge en un demi-
canal appelé siphon ; d'où la distinction des *Holostomes*
et des *Siphonostomes*. — D'autre part, cette embouchure
peut — ou non — être munie d'un couvercle ; d'où le
surnom d'*Operculés* à ceux qui possèdent ce privilège. —

Enfin, tout comme les plantes volubiles, les coquilles s'enroulent de droite à gauche — ou de gauche à droite, ce
qui les fait classer en *dextres et senestres*.

Mais c'est la forme générale qui nous importe par-
dessus tout ; et, comme elle offre une très grande diversité, — si l'on ne veut s'y perdre, une synthèse est nécessaire. Or, la multitude des variations peut se réduire à
quelques types caractéristiques, ou *thèmes*, — et ceux-ci,
d'ailleurs, passent de l'un à l'autre. En effet, l'enroulement prend tous les degrés. Et d'abord, il s'opère à plat,
comme chez les coquillages d'eau douce que, pour ce
motif, on baptise *Planorbes* ; — ou bien, s'opérant en
hauteur, il produit un test non plus spiral, mais *en
hélice*. L'essor hélicoïdal est-il long, la coquille prend
une forme svelte, élancée. Quelle élégance, pour ainsi dire
féminine, en ces *Cérithes*, ces *Turritelles*, ces *Fusus* ! De
ces deux derniers noms, l'un signifie *petite tour, tou-
relle*, — et l'autre, *fuseau*. Ne dit-on pas d'un objet fin,
qu'il est « *fuselé* » ? — Quant à la *Turritelle*, aussi bien
nommée, c'est l'image en miniature de nos flèches
d'église ogivales... Dans la *Scalaire*, ou « petit escalier »,
les tours de spire sont ornés de côtes fort délicates, qui
rehaussent, transversalement, la convexité tournante du
test. — L'essor hélicoïdal, au contraire, est-il bref, la
coquille se ramasse, devient vigoureuse et trapue. C'est
le cas des *Littorines*, des *Cassis*, des *Cônes*, des *Turbo*, des
Trochus. Le mot latin « *turbo* » donne le français *turbine*,
qui exprime un mouvement de vis, — et celui de « *Trochus* » signifie *toupie*. On voit que tous ces coquillages,
si voisins, suggèrent des objets de nature très diverse.
C'est que nos Arts, à l'exemple de la Nature, vivent d'un
petit nombre de thèmes fondamentaux très féconds ; les
variations qu'ils engendrent sont innombrables.

Non loin des types précédents se placent les *Murex* ou
« *Rochers* ». Là, l'élégance de l'hélice est compromise
par la rudesse des contours ; ce sont, d'aspect, de vrais
petits rocs pleins d'aspérités — mais des rocs qui pren-
draient une forme géométrique assez nette. Une espèce de
Murex est célèbre dans l'Art somptuaire : il produit la
pourpre (aujourd'hui démodée). Une autre, le *Bigorneau*
perceur, anticipe sur nos gourmets, en faisant, grâce à
sa langue râpeuse (ou *radula*), grande consommation
d'huîtres.

Des formes à spire courte et pour ainsi dire relâchée,

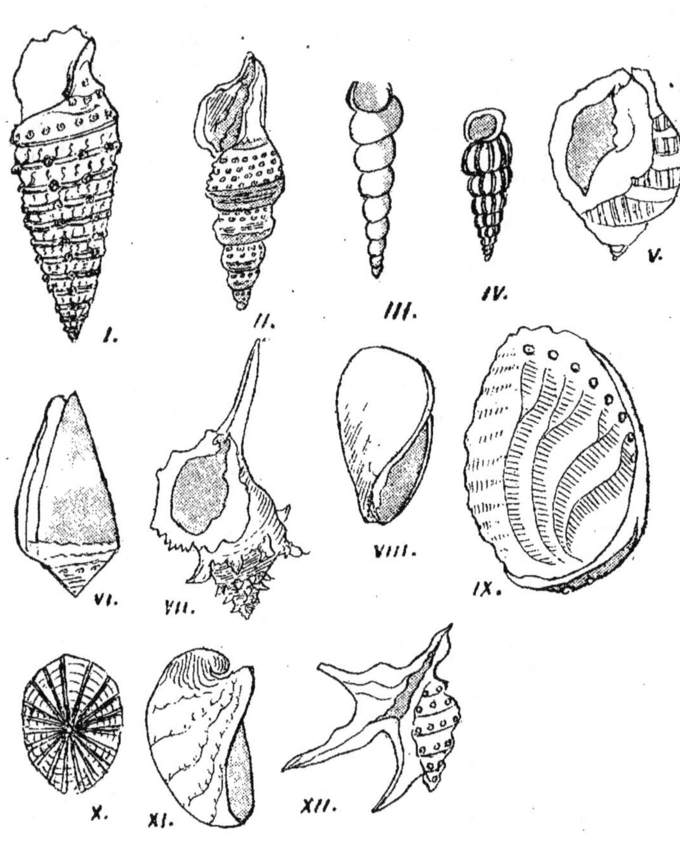

I. Cérithe. — II. Fusus. — III. Turritelle. —
IV. Scalaire. — V. Cassis. — VI. Cône. —
VII. Rocher (Murex). — VIII. Scaphandre. —
IX. Oreille de mer (Haliotide). — X. Patelle. —
XI. Capulus. — XII. Pied de Pélican (Chenopus).

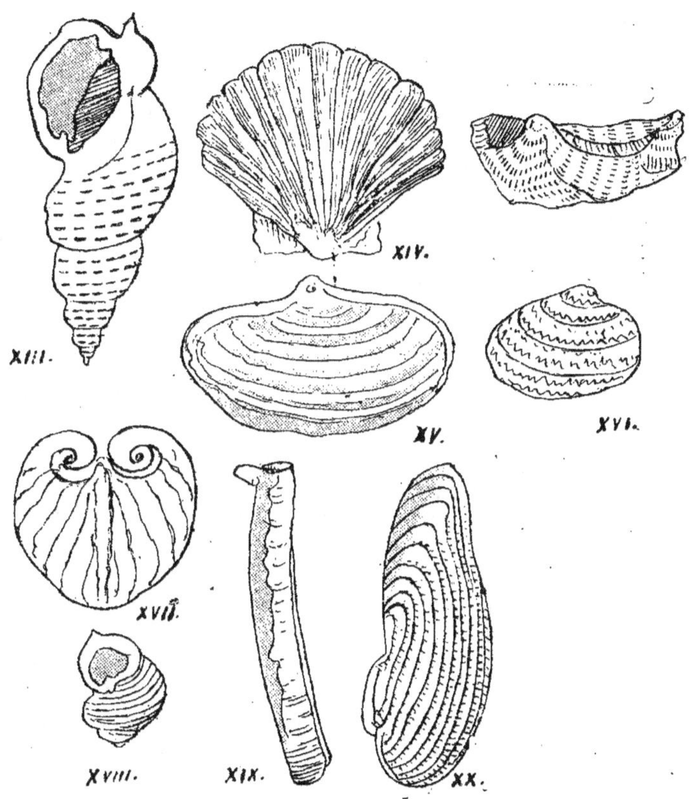

XIII. Buccin. — XIV. Coquille de Saint-Jacques (Pecten). — XV. Vénus. — XVI. Tapes. — XVII. Isocardia Cor. — XVIII. Littorine. - XIX. Solen. — XX. Pholade. — En haut, à droite : Arche de Noé.

comme les *Natices*, l'on passe à d'autres où l'hélice, définitivement, disparaît. Alors, on a sous les yeux quelque chose qui ressemble singulièrement à un de ces cornets comestibles nommés : « *oublies* ». Tel est le *Scaphander*, ou la *Bulle*. Etalez ce cornet, vous aurez l'*Haliotide*, ou « *Oreille de mer* », coquille entièrement déroulée, mais rappelant encore, par ses plis, le geste spiral. Ce qui fait la beauté de cette conque, et son originalité, c'est d'abord le nacre irisé de sa face interne, puis la série très régulière de trous dont sa marge est comme ajourée.

D'autres groupes nous montrent un parti plastique, d'où l'hélice, il semble, est exclue. Je veux parler des *Patelles* et *Fissurelles*, au test conformé en cône plus ou moins obtus. De la pointe du cône partent des lignes ou stries rayonnantes, qui, chez la *Fissurelle réticulée*, donnent assez bien l'impression d'un Oursin fossile. Une espèce, l'*Emarginula rosea*, avec son apex recourbé en crosse, nous amène au *Capulus*, véritable bonnet phrygien en calcaire.

Un autre parti, sans trace d'hélice ni de spirale, nous est offert en ces coquilles très lisses, — j'allais dire *trop* lisses, et bombées uniformément, avec une embouchure tout en longueur, assez semblable au pli d'un pain fendu. Vous avez nommé les *Porcelaines* (en latin, *Cyprées*), — céramiques naturelles et sans grâce, dont on abuse, en vérité, aux étalages de nos ports de mer.

Etrange, mais plus intéressant à mon goût, est le *Chenopus pied-de-pélican* (1), sorte de Fusus à l'hélice très sage, mais qui, près de son embouchure, s'affole, en quelque sorte, et projette, des bords de sa bouche entr'ouverte, d'extravagantes digitations.

Les coquilles de Mollusques *univalves* présentent toutes les tailles, depuis la minuscule et si mignonne *Colombelle* jusqu'au *Buccin* majestueux, au *Triton* gigantesque et superbe. Ici, comme partout, d'ailleurs, au domaine de la vie, la grandeur n'est qu'une variation indépendante du type de structure et ne compte point comme caractère spécifique (2).

(1) *Chenopus*, mot tiré du grec, se traduit exactement par « *patte d'oie* ». On constate, dans l'addition de ce surnom : « *pied de pélican* », l'incohérence de la terminologie.

(2) Je mentionne ici deux types qu'on pourrait me reprocher d'avoir passés sous silence : d'abord, l'*Oscabriou* (ou *Chiton*), dont le test se fragmente, pour ainsi parler, en segments, autant de

Lamellibranches ou Bivalves

*Huître, Moule, Pecten, Vénus, Lucine, Cardium, Pholade,
Solen, Taret, Bénitier*

Voici, maintenant, un troisième groupe de Mollusques,
représenté par ces coquillages bien connus que sont
l'*Huître*, la *Moule*, la *Coquille de Saint-Jacques*, le *Bénitier*. Pour lui donner un nom, à ce nouveau groupe, on
n'a que l'embarras du choix. Que si l'on veut garder la
symétrie de termes, on dira les « *Pélécypodes* », cela veut
dire : « *au pied en fer de hache* », et cela a le mérite de
rimer avec *Céphalopodes* et *Gastéropodes*. Mais cela est
du grec, obscur pour la plupart ; et d'ailleurs les savants
n'ont pas adopté ce vocable ; ils préfèrent le terme de
Lamellibranches, qui, lui, fait allusion à l'appareil respiratoire (Voir les branchies en lames frangées de
l'*Huître*, par exemple). Autre inconvénient, car, pour la
symétrie, il faudrait baptiser les *Gastéropodes*, comme les
Céphalopodes, de noms trop divers. — Je tranche la difficulté en prenant pour critère un caractère extérieur, et
très net : je les appellerai des *Bivalves*, par opposition
aux *Univalves* déjà décrits. Et tout le monde comprendra.

Ce sont, anatomiquement, des Mollusques fort dégradés. L'absence d'une tête distincte les a fait qualifier
d' « *Acéphales* ». C'est à peine si l'*Huître* nous apparaît
comme un corps vivant ; et cependant le consommateur
qui ne craint pas de s'attendrir peut, en y prêtant attention, voir, en ces chairs si vagues, palpiter un *cœur*. Ces
êtres rudimentaires sont, à la vérité, privés d'yeux :
cependant de petits organes en tenant lieu, dit-on, par-
sèment le manteau.

La coquille, ici, ne présente plus la forme spirale, ou
hélicoïde ; elle se compose de deux pièces symétriques,
les *valves*, jouant l'une sur l'autre, et qu'on peut comparer à une paire de castagnettes. Ces deux valves sont

petites coquilles, articulées entre elles, et permettant à ces ani_
maux de se rouler en boule, à l'instar des cloportes ; — puis le
Dentale, au pied conformé en proue de navire (*Scaphopode*), à la
coquille tubulaire.

Enfin, citons le groupe étrange des *Ptéropodes*, petits mollusques ailés. Qu'ils *volent*, au sens strict, ce serait trop dire ; mais
à l'exemple de certains poissons (le *Dactyloptère*), ils peuvent se
soutenir à la surface de l'Océan, grâce à une expansion de leur
pied.

rattachées entre elles par une charnière ; quand l'animal ne contracte pas ses muscles, elles s'écartent, et la coquille « *baîlle* ». Ces valves, d'ailleurs, peuvent être égales en grandeur — ou bien inégales ; et chacune, prise à part, présente le plus souvent cette obliquité qui prête aux ouvrages de la Nature tant de grâce.

L'*Huître* est un bivalve si populaire, — pour son malheur, qu'il est oiseux d'en donner une description. Etant comestible, sa classification courante est, naturellement gastronomique. Les plus estimées sont celles de *Marennes* (Charente-Inférieure) ; puis viennent, par ordre de préséance, celles d'*Arcachon* (Gironde) ; celles de *Cancale* (Ille-et-Vilaine) ; enfin les *Armoricaines* et les *Portugaises*. Ajoutons encore à la liste les huîtres d'*Ostende*.

La coquille de l'Huître ne peut retenir bien longtemps celui qui cherche les belles formes ; elle est fruste, et sans caractère ; on la dirait taillée par un outil très primitif. Cependant, elle mérite, en Esthétique, une mention, car c'est la « mère » de la *perle*. Je ne voudrais point, en philosophant à chaque pas, retarder la marche de cet ouvrage. Mais est-cé ma faute, si tout, dans la Nature, est si suggestif, si profond ? Et puis-je omettre de comparer ces élégantes secrétions morbides aux *galles* somptueuses du rosier, qui sont, comme vous le savez, des tumeurs... ? Il est, d'ailleurs, exceptionnel que le règne animal, à l'exemple du végétal, idéalise ses infirmités (1).

Le test de la *Moule*, bivalve également comestible, contraste fortement avec celui de l'Huître ; la surface en est, généralement, lisse et polie ; les contours ont plus de netteté, d'élégance. Il se fixe aux rochers par ce qu'on appelle un *byssus*, — faisceau de filaments que les anciens comparaient à du lin d'espèce fine, d'où ce nom. Ce « byssus » fut parfois utilisé comme étoffe.

La *Moule marine* a pour proches parentes : l'*Unio*, moule d'eau douce, ou *Mulette*. Une espèce voisine, l'*Anodonte*, habite plutôt les étangs.

Mais voici des coquilles vraiment ornementales : les *Peignes* (en latin, *Pecten*). Ceux qui les ont ainsi bapti-

---

(1) L'huître qui produit spécialement la perle, l'huître appelée « *perlière* », appartient au genre *avicula*; c'est la *pintadine*. Une espèce parente travaille aussi pour les bijoutiers : l'*Unio margaritifer*.

sés avaient dans l'œil, sans doute, l'écaille aux pointes divergentes qui retient le chignon des femmes. Je les trouve plutôt semblables à des éventails étalés. Ces tests, qui renferment une chair assez savoureuse, sont populaires sous ce nom : *Coquilles de Saint-Jacques*. Je n'ai à apprendre à personne que c'étaient là des insignes de pèlerins. De Saint-Jacques de Compostelle ils s'en revenaient, — ces jolies valves fixées sur leur grand manteau de voyage, la tête sous de vastes chapeaux, un long bâton à la main. Dans notre monde moderne et pratique, elles servent, ces pieuses coquilles d'autrefois, d'assiettes pour savourer des hachis !......

Cette figure de conque en secteur de cercle, avec des côtes rayonnantes, et plus ou moins dentelée sur ses marges, vous la retrouvez, à peu près, chez d'autres genres de Bivalves. Les *Chlamys* sont de petits Pectens dont l'éventail est moins largement déployé ; leur coloris parcourt toute la gamme des rouges. — Chez les *Limes*, ainsi nommées pour les fines aspérités de leur test, la coloration rouge-orangée quitte la coquille, qui reste blanche, et teinte le corps même du Mollusque. — La *Pinne* marine offre une conque excessivement allongée, ce qui, joint à son coloris, peut-être, lui a valu le nom populaire de « Jambonneau ». — Avec les *Arca*, nous récupérons l'élégance ; une espèce, l' « *Arche de Noé* », posée sur sa valve convexe, reproduit, effectivement, les « façons » d'une barque à fond plat. Chez ce dernier genre, on constate une intéressante obliquité des deux valves, en même temps que la coquille s'étend, cette fois, en largeur ; ce qui nous amène, par degrés, à ces gracieux coquillages marins qu'on nomme les *Vénus* (« *Clovisses* » des pêcheurs méditerranéens). Assez proches de celles-ci, sont les *Lucines* et les *Tellines*. Les Tellines sont roses comme l'aurore. N'oublions pas les *Tapes*, ou petits tapis de calcaire à dessins capricieux et mignons. — De taille plus considérable sont les *Mactres* et les *Lutraires*. La *Lutraire elliptique* se définit elle-même. — Quant aux *Cardium*, ils se rapprochent davantage des Pectens, ou Coquilles de Saint-Jacques ; ce sont des Pectens obliques et renflés, striés également de côtes divergentes, mais dont les deux valves présentent un bombement caractéristique. La coquille affecte par là l'apparence d'un cœur ; cette apparence est surtout sensible chez l'*Isocardia*, qui prend, pour ce motif, le surnom spécifique de *Cor*. On y voit les deux valves, d'une parfaite égalité, s'enrouler symétriquement, au niveau de la charnière, à la manière des contre-courbes, ou « courbes affrontées » du style de la Régence.

Si, par le bombement de ses valves, le Pecten devient un Cardium, le *Pétoncle* (en latin, « *Pectunculus* »), qui est, en quelque sorte, un Pecten lisse et sans côtes, nous amène, par un allongement transversal au type de la *Pholade*. Cet allongement, chez la *Pholade dactyle*, est assez prononcé pour qu'on ait pu la mettre en parallèle avec un doigt (*dactylos*, en grec). Il s'exagère encore chez cet étrange coquillage en manche de couteau, le *Solen*.

Je termine cette revue des *Bivalves* par une forme qu'on pourrait nommer «excentrique». si ce terme n'était pas irrespectueux, quand il s'agit d'une œuvre du Créateur : j'entends parler de l'*Avicule*, dont la charnière se prolonge, des deux côtés, en corne droite fort étrange. Cette Avicule est aux Bivalves, un peu, ce qu'était aux Univalves le *Chenopus pied-de-pélican*.

Les *Pholades,* dont nous venons d'exprimer la forme extérieure, offrent des mœurs intéressantes. Se servant de leur conque comme d'un outil, elles se forent des trous dans les falaises, et font ainsi l'effet de fossiles contemporains.

Prenez une Pholade, et par l'imagination, étirez son corps en longueur de manière à lui donner l'apparence d'un ver ; puis, réduisez les valves de sa coquille, au point qu'elles deviennent une paire de grattoirs. Vous aurez le *Taret* (*Teredo ; cf. terebra*, tarière). A l'aide de cet instrument, le Mollusque vermiforme creuse le bois, — comme la Pholade, le roc, — et produit les plus grands ravages dans nos ports : il détruit les digues, les pilotis, ronge les coques des navires.

Je finis sur un coquillage bivalve, dont la fortune est assez curieuse, et dont le nom populaire de *Bénitier* indique manifestement l'usage. C'est le *Tridacne géant*, habitant de la mer des Indes. On peut le voir au péristyle de l'église Saint-Sulpice, à Paris, où ses deux valves, séparées, tendent chacune aux visiteurs comme une coupe animale solennisée. Parmi la foule des entrants, qui songe au passé de cette conque ?... au contraste original, presque paradoxal, entre son existence « naturiste » d'autrefois et sa vie claustrale d'aujourd'hui ?..... Car, à présent inerte, emplie d'eau lustrale, et fixée de force à l'escarpement d'un mur consacré, — elle vécut jadis, palpita, tressaillit, collée de son suc même à la paroi d'une falaise, et pleine des viscères pressés, mucilagineux d'un Mollusque..... Arrêtez-vous un peu à la contempler. Voyez : ses bords sont largement ondulés, en festons ; sa volute imite la vague ; c'est comme un morceau de mer pétrifié. Mais cette oreille colossale ne s'entrebaille plus au bruissement du flot, et s'ouvre béante, désormais, aux murmures de foule, les jours d'office ; elle n'entend plus le cri des mouëttes effarées, mais les voix unies, chantant le *Credo*, le *Magnificat* ; plus le son rauque des sirènes, mais l'harmonie douce et majestueuse des grandes orgues (1).

*
* *

Il ne me paraît pas hors de propos, ici, de rappeler les usages divers que l'homme a tirés des Mollusques. D'abord, beaucoup d'espèces sont comestibles; je citerai : l'*escargot*, l'*huître*, la *moule*, le *vignot* (Littorine), la *clovisse* (Vénus), la *patelle*. — Puis certaines produisent la perle, ou le nacre. Un assez grand nombre de coquillages sont employés par les peuples primitifs ou sauvages, tantôt comme *monnaie* (2), tantôt comme *parure*.

On vient de voir que le *Tridacne* avait l'honneur de figurer dans nos églises en qualité de vasque pour l'eau bénite. Enfin, notre art du XVIIIᵉ siècle, séduit à l'excès par l'élégance des coquilles en éventail, en parsema les édifices et les meubles. Ce genre de décor, à figure très limitée, convenait bien au goût du *discontinu* qu'introduisit la Renaissance. C'était un placage facile, autant que monotone et banal.

---

(1) Lire, à ce propos, dans mes « *Histoires d'Art* » (chez Lemerre), la pièce intitulée « *le Bénitier*, sa vie libre et sa vie claustrale ».

(2) C'est ainsi que la *Cyprœa monata* sert aux paiements, sous le nom de *cauris*, en Afrique (voir « les Noirs peints par eux mêmes », de l'Abbé Bouche), — que les Indiens de l'Amérique du Nord emploient au même usage la *Dentalium pretiosum (hai a-qua)* et les insulaires du Pacifique, la *Nerita polita*. Enfin, l'*Achatina monetaria* se découpe, dans le Congo portugais, en rondelles. On en perce le centre, et ces espèces de sequins s'enfilent en chapelets nommés « *quirandas-di-dango* ». Les femmes se les passent au cou comme un ornement.

LES VERTÉBRÉS

Nous voici parvenus au point, dans la faune, où quelque chose de nouveau va se produire. Ce quelque chose de nouveau —, qui est en même temps quelque chose de supérieur, c'est l'apparition d'un *axe vertébral*. Tous les animaux dont nous avons parlé jusqu'à ce moment étaient sans vertèbres. Ceux qui leur succèdent, en l'ordre du temps comme en celui du perfectionnement progressif, en sont tous pourvus ; on les appelle *Vertébrés*.

Qu'est-ce qu'une *vertèbre* ? — C'est, comme l'indique son étymologie, une pièce osseuse de forme arrondie, et comme *faite au tour* (*vertere*, tourner). La *colonne vertébrale*, ainsi qu'on la nomme, pittoresquement, n'est que la réunion de ces anneaux osseux placés bout-à-bout, et comme empilés. Son importance vient de ce fait, qu'elle sert d'étui protecteur à la *moëlle* dite « épinière », de même que le crâne, sa terminaison élargie, sert de réceptacle au cerveau. Les naturalistes, donc, qui l'ont prise pour caractère de classification et trait de supériorité, choisirent le *contenant* pour symboliser le contenu. Dire que le Poisson, par exemple, est un *Vertébré*, c'est sous-entendre que cet animal possède un système nerveux assez important et précieux, pour qu'un tel appareil de protection soit nécessaire.

Mais, en disant un « Vertébré », l'on sous-entend encore bien des choses : d'abord l'existence d'un *squelette intérieur*, qui s'oppose au test visible des Echinodermes et des Mollusques, comme à la carapace superficielle des Insectes, des Crustacés, et grâce auquel la peau, libérée de toute armature, peut désormais s'orner de *pelages* ou de *plumages* ; — puis un système circulatoire plus parfait, et se perfectionnant toujours davantage ; lequel se ramifie, chez les premiers types, en *arcs artériels*, épousant le contour des côtes, et dont un seul subsiste, chez les types supérieurs, sous la dénomination de « *crosse aortique* ; — enfin, toute une série de progrès, qui s'accusent en les divers rouages de la vie, et, faisant celle-ci plus complexe, la rendent à la fois plus délicate et plus puissante.

On concevra facilement que, dans une histoire natu-relle écrite à notre point de vue, tout détail anatomique doit être laissé de côté. D'ailleurs, il ne manque point de livres pour cela. Notre rôle, ici, est d'indiquer les grandes lignes, d'esquisser largement les traits essentiels qui, combinés harmoniquement, composent ce thème supé-rieur du *Vertébré*.

De même qu'en notre *Architecture*, en notre *Art musi-cal*, il comporte, ce thème, une suite très riche de varia-tions ; or, ces variations plastiques, affectant surtout la forme extérieure, qui seule nous importe, c'est l'*Adapta-tion* aux milieux qui, principalement, les commande. Aussi bien pouvons-nous, sans nous écarter du but esthé-tique, adopter la classification des savants. Ils subdivisent le groupe Vertébré en *Poissons* — *Batraciens* — *Reptiles* — *Oiseaux* — et *Mammifères* ; ce qui revient à dire : *Ver-tébrés aquatiques, amphibies, terrestres et rampants, aériens ou volants*, enfin *terrestres et marcheurs*. Chez tous, on retrouve les caractères fondamentaux qui fon-dent le groupe, et le font homogène : symétrie bilatérale du corps ; ceintures *scapulaire* et *pelvienne* auxquelles se rattachent, respectivement, une paire antérieure, une paire postérieure de membres ; tégument formé de deux couches, un derme, un épiderme. Seulement, à cause de la différence de milieux, ces membres prennent la forme de *nageoires*, d'*ailes*, ou de *pattes*, et parfois, pour d'au-tres fins plus obscures, disparaissent par atrophie, comme il arrive chez les *Serpents*. Ceux-ci, qui sont aux Vertébrés ce que les *Vers* étaient aux types sans vertè-bres, prendront naturellement, dans notre terminolo-gie, le nom d'*Apodes*.

Enfin, pour seconder ces adaptations *terrestre, aqua-tique* ou *aérienne*, le tégument commun se recouvre de *poils*, de *plumes* ou d'*écailles*. Episodiquement, chez les Tortues, et certains genres de Poissons, même de Mam-mifères, il se renforce d'une *carapace*, — sans détri-ment, du reste, pour le squelette interne, anatomique et se dissimulant à nos yeux.

Vertébrés aquatiques
(Poissons)

L'adaptation parfaite aux milieux aquatiques, qu'il s'agisse de l'eau salée des mers — ou de l'eau douce, n'est pas un fait exclusif aux Poissons. Vous avez pu voir avec moi, dès l'abord, que les animaux primitifs étaient des habitués de l'Océan. Ceux que nous avons baptisés les *Imperceptibles* composent, par leur multitude incroyable, ces masses rocheuses, actuellement émergées et desséchées, mais qui se sont formées sous l'eau, au profond des mers.

Les êtres à forme rayonnante, les *Etoilés,* vivent encore tous, sans exception, parmi les flots.

Parmi les *Apodes,* autrement dit les *Vers,* un très-grand nombre, pour ne pas dire la majorité, sont enfants des ondes. Les *Crustacés,* appelés par nous *Polypodes,* ne quittent guère que par intervalles le milieu liquide. Même chez les *Insectes,* dont la plus grande partie, cette fois, peuple la terre ferme, ou s'empare du domaine aérien, vous avez surpris des espèces qui peuvent affronter un fluide asphyxiant pour leurs congénères. Enfin, le groupe des *Mollusques* nous a montré, à côté des formes terrestres, d'autres (et ce sont d'ailleurs les plus nombreuses) exclusivement aquatiques.

Je crois même vous avoir fait remarquer que, pour les *Insectes* en particulier, un même thème organique, grâce à de légères modifications, s'accommodait, presqu'indifféremment, aux trois milieux terrestre, aquatique, aérien ; le *carabe*, qui court dans nos jardins, l'*hydrophile*, qui plonge dans nos mares, et la *mouche*, qui vole dans nos appartements, sont, malgré ces différences énormes de vie, construits sur un plan identique. Or, il en est ainsi des *Vertébrés* ; ceux-ci, frères — au moins proches parents par l'organisation, ne sont guère séparés que par le milieu. Sans doute, chez ce groupe très-supérieur, le thème se diversifie bien plus largement ; il n'en est pas moins vrai, — il n'en est pas moins très frappant — qu'à l'imitation des Insectes, ces Vertébrés vont se partager, pour ainsi dire, les trois éléments habitables ; et nous étudierons des Vertébrés *aquatiques*, les Poissons ; des Vertébrés *aériens*, les Oiseaux, et des Vertébrés *terrestres*, Reptiles et Mammifères. Encore ces derniers nous représentent-ils, à leur tour, le tableau de la *triple adaptation*, puisqu'à côté du Chien, du Cheval et du Bœuf, de l'Eléphant ou du Rhinocéros, se placent, d'une part, l'Hippopotame et la Baleine, — et, de l'autre, la Chauve-Souris.

Si les *Poissons*, dont nous abordons l'histoire à-présent, s'offrent déjà des Vertébrés indiscutables, ce sont encore, il faut le reconnaître, des Vertébrés très-inférieurs ; infériorité purement zoologique, toutefois : car, aux yeux de l'esthéticien, appréciateur des formes, des couleurs et des mouvements en eux-mêmes, un *Bar*, un *Eperlan*, une *Ablette*, un *Cyprin doré*, sont dans leur genre, aussi flatteurs pour l'œil, aussi délicieux à voir frétiller dans le flot, qu'une mouëtte à voir tourbillonner dans les airs, ou qu'un jeune faon dont on admire les ébats, en pleine forêt.

C'est que le Poisson représente un être dont tous les organes internes, aussi bien que toutes les parties du corps apparentes, sont merveilleusement adaptées — je ne dis pas seulement au milieu liquide, — ce serait une banalité, — mais aux fonctions diverses qui dominent ce milieu, qui permettent d'y vivre une vie supérieure et libre. Autrement, l'*Anémone de mer*, par exemple, est

parfaitement adaptée... Mais c'est une adaptation molle
et toute passive. Différence de la *bouée* qui flotte avec le
navire qui vogue vers un but, et se dirige.

Tous les détails d'organisation, chez le Poisson, tendent à la *natation*, comme ils tendent, chez l'Oiseau, au
vol : extérieure-
ment, le corps,
en contact per-
pétuel avec l'eau,
montre le revê-
tement qui con-
vient le mieux à
cet habitat : une
cuirasse d'*écail-
les* imbriquées à
la manière des
tuiles de nos
toits, à la fois
imperméable et
souple, laissant
à l'être qu'elle
enveloppe de
bout en bout
toute la liberté
de ses évolu-
tions ; cuirasse
d'ailleurs onc-
tueuse et glis-
sante, grâce à
ce mucus auquel

le poisson doit son nom, qui le fait « *poisseux* ». Aux yeux,
généralement très gros, immobiles et sans expression, et
aux autres instruments des sens, fort rudimentaires, vient
s'ajouter, de chaque côté, sur les flancs, un long appareil
à destination longtemps inconnue, et qu'on pense aujour-
d'hui présider au tact. Cela s'appelle d'un nom qui ne
préjuge rien: la « *ligne latérale* ». « Par elle, écrit de Sède,
le « poisson connaît sa propre vitesse et peut la régler ;
« mobile dans un élément sans cesse agité, il en perçoit
« les moindres déplacements ; vivant autour d'êtres ani-
« més qui l'entourent de tous côtés, il devine leur appro-
« che aux plus petits mouvements de l'eau ». Et il ajoute
« comme conclusion : « la *ligne latérale* est donc le
« résultat d'une adaptation à la vie aquatique ».

Une autre particularité, mais qui n'est pas commune à tous les poissons, c'est la *vessie natatoire*, — ou, pour la mieux nommer, « *vessie aérienne* ». Les idées ont changé sur le rôle de cet organe ; il ne fait point, comme on le croyait, l'effet d'un aérostat qu'on gonfle — ou dégonfle, suivant les besoins d'ascension ou de descente : il est plutôt passif que volontaire ; et, comme le dit excellemment M. C. Raveret-Wattel (dans son *Atlas de poche des poissons d'eau douce*, p. 84...). « Ce n'est point parce qu'il « presse ou dilate sa vessie que le poisson monte ou des- « cend ; c'est plutôt parce qu'il monte ou descend que sa « vessie se trouve dilatée ou pressée ».

En définitive, les recherches du Dr Armand Moreau l'ont bien prouvé, c'est un organe d'équilibre, non de locomotion.

Les véritables organes de locomotion, ici, comme par- tout (ou, si l'on veut, ses agents profonds), ce sont les muscles. Chez le Poisson, ils forment ces deux masses longitudinales et parallèles, parties comestibles de l'ani- mal, et qu'on nomme sa *chair*. Combien de gens s'arrê- tent, ingénûment, à cette fin pratique, ignorant l'usage qu'en fait l'animal vivant ! Combien, même, qui savent l'identité du *muscle* et de la *chair*, et qui, savourant quelque « filet de sole », oublient le vif frétillement dont le secret réside en ces ressorts, d'apparence si peu méca- nique, à vrai dire.

*
* *

Mais ce thème d'adaptation aquatique, tel que je viens de l'esquisser, comporte bien des variations. Il en est des poissons comme des navires. La forme de ceux-ci ne varie-t-elle pas en raison de la nature des eaux, de leur profondeur, comme aussi de l'usage auquel on les des- tine ? La pleine mer exige une quille plongeante, des « façons d'avant » effacées, une étrave tranchante pour fendre le flot. Plus on désire de vitesse, et plus le gabarit doit être allongé ; — tandis qu'aux environs des côtes basses, aux estuaires où l'eau s'ensable, et près des plages où l'on s'échoue, ce sont des bâtiments à « *varangues* » plates, à flancs rebondis, qui conviennent. De là ce con- traste amusant entre la goëlette américaine, svelte, à mar- che rapide — et la péniche hollandaise, lourde d'aspect et lente d'allure.

Il faut tenir compte, aussi, du développement historique, et des perfectionnements de structure. Comparez,
par exemple, au Musée de marine, une frégate du temps
de Jean Bart, avec son haut « *château de poupe* », et son
exubérance de voilure, à l'un de nos croiseurs modernes,
sobre de lignes, à l'étambot très bas, et ne portant que
des mâts à signaux. L'ancien vaisseau de guerre, — ou de
transport, avec toutes ses voiles dehors, évoquait l'oiseau :
c'était un gigantesque oiseau de mer qui, tout en nageant,
s'aidait de ses ailes. — Aujourd'hui, le bateau sous-marin
réalise, artificiellement, le poisson : à son exemple, il
vogue entre deux eaux, descend dans les profondeurs, et
remonte ; transformisme fatal dont la cause est dans une
adaptation plus étroite.

Or, en ces variantes nautiques, l'homme, d'instinct,
suit la Nature. Renversant le sens des analogies, nous
pouvons comparer l'ensemble de la faune ichtyologique
à une flotte ; flotte immense et merveilleusement variée,
où les formes d'eau douce contrastent avec celles d'eau
salée, tourmentée de vagues, — les formes de surface avec
celles de profondeur, — les formes côtières avec celles
du large, — où même, faut-il ajouter, on retrouve, à côté
des formes actuelles, contemporaines de l'humanité,
quelques représentants de l'ancienne mode. Jusqu'aux
espèces électriques, qui, dans cette escadre vivante, représentent nos torpilleurs.

** **

Ainsi que pour tous les êtres de la Création, à très peu
près, nous observons ici double *finalité*. L'organisme du
poisson sert, d'abord, à sa propre vie ; puis, par réper-
cussion, il aide à la nôtre — et cela dans de telles proportions, qu'aux yeux de la plupart des hommes, il n'a
été créé que dans ce but : servir d'aliment. Comme le
Crustacé, le Poisson, paraissant toujours sur nos tables,
sa *dignité* d'être vivant, de créature perspicace et tou-
perd, en quelque sorte, son intérêt, — je dirais presque
chante, pour devenir objet de marché, plat vulgaire de
restaurant. On oublie, en goûtant sa chair, — et, sans
doute, on a quelque raison d'oublier — que cette viande
si savoureuse, et si nutritive, fut, comme je le disais
tout-à-l'heure, le ressort de mouvements souples et gracieux ; — que cette *laitance* et ces *œufs*, appréciés comme

entremets, furent des éléments d'amour, et de sollicitude maternelle ; et qu'enfin c'est un destin, en vérité, bien ignominieux pour un être innocent, fidèle à sa progéniture, ayant joué et combattu sous les flots, ayant aimé, ayant joui et souffert, — que d'obtenir, après son trépas, un éloge gastronomique !...

Après tout, les Poissons se mangent entre eux... Je n'irai pas, d'ailleurs, contre la loi du monde ; je voudrais seulement que l'homme ichthyophage, tout en satisfaisant son appétit, ait quelque regard sur la structure admirable, et la beauté de ces corps si bien adaptés à leur premier but. Mais l'homme est un animal si distrait !

Classification des Poissons

On a dû l'observer jusqu'ici : tant que la classification *scientifique* a pu cadrer avec le groupement esthétique des formes, nous l'avons maintenue, du moins, nous nous en sommes rapprochés le plus possible. Mais, dans ce vaste monde des Poissons, un fait survient, qui nous oblige à changer de méthode : il se trouve, en effet, qu'un même groupe naturel, homogène scientifiquement, contient des formes très dissemblables quant à l'aspect; — réciproquement, des formes analogues d'allure et de physionomie, au point souvent qu'on peut les confondre, appartiennent à des groupes distincts. C'est ainsi que sous le nom de « *Plagiostomes* », les naturalistes ont réuni les *Requins* et les *Raies*. Or les Requins ont le corps cylindrique, avec une tête évidente et des nageoires nettement séparées. Chez les Raies, au contraire, l'énorme extension des nageoires pectorales en largeur réalise une figure aplatie, véritable plateau vivant au contour rhomboïdal, en losange, et dont le manche est constitué par la queue, remarquablement allongée. — Groupant les animaux d'après leur affinité de physionomie, et par un classement « *impressioniste* », si l'on veut, je retire la *Raie* du voisinage du Requin, et je la place auprès du *Turbot*, de la *Limande* et de la *Sole*, sous la dénomination commune de *Poissons plats*, — « *foliacés* », plutôt, pour respecter la différence, dont la valeur ne nous échappe point, entre l'aplatissement *dorso-ventral* — et l'aplatissement *latéral*, ou des flancs.

D'autre part, je prends la *Lamproie*, très écartée, dans l'ordre scientifique, de l'*Anguille*, et je la rapproche de celle-ci, dans le groupe « expressif » que je crée, des Poissons « *vermiformes* ».

Me basant sur des considérations de ce genre, je subdivise les *Poissons* en 6 groupes :

1° Formes de transition.

2° Formes typiques, généralement harmonieuses

3° et 4° Formes aberrantes : Poissons « vermiformes » ou « foliacés ».

5° et 6° Formes gigantesques ou monstrueuses.

1° **Formes de transition**

Ce sont, d'une part, — ce tout petit animal, à peine long de 2 pouces (environ 24 millimètres), et pointu par les deux bouts, que, pour ce motif, les savants qui l'ont découvert dans le sable, le long des côtes, ont baptisé *Amphioxus*. Il a si peu figure de poisson qu'on le classa d'abord, parmi les Mollusques sous le nom de *Limace lancéolée*. Mais les naturalistes vont au fond des choses ; — je veux dire : des *êtres*, et ne se laissent pas tromper longtemps par les apparences. L'Amphioxus est un *poisson*, c'est bien établi : seulement, c'est un poisson fort élémentaire, — et je ne jurerais pas que ce n'est point un poisson *dégradé*... Cependant, l'opinion de la Science moderne, et transformiste, est qu'il représente un chaînon de passage entre les *Invertébrés* et les animaux pourvus de vertèbres. Aussi cet être insignifiant d'aspect a-t-il fait grand bruit, naguère, en les sphères savantes.

D'autre part, un petit groupe auquel on a donné le nom de *Dipneustes*, à cause de son double appareil de respiration, semble, par là, rattacher les Poissons aux *Amphibiens*. Nous en reparlerons plus tard.

2° **Formes typiques**

Les formes que j'appelle « typiques », et qui, généralement, offrent un aspect harmonieux, se subdivisent commodément (sinon naturellement) en *Poissons de mer* et *Poissons d'eau douce*. — Un groupe intermédiaire est constitué par les *Poissons amphibies*, c'est-à-dire qui passent, à chaque retour de saison, de l'eau saline dans l'eau douce, ou réciproquement.

Tout d'abord, les Poissons « *typiques* » *de mer*. Ils se laissent subdiviser en 12 familles naturelles, dont nous ne décrirons que les représentants dignes d'être remarqués.

POISSONS DE MER

Famille des Clupes

La famille des *Clupes* (1) renferme des poissons bien connus de tous, — si connus même, qu'il est presque superflu d'en donner ici description. Ce sont : le *Hareng*, la *Sardine*, et l'*Anchois* ; trois genres aussi semblables entre eux qu'il est possible, et ne différant guère, à l'œil d'un profane, que par la taille. Le corps allongé, sans excès, offre la figure d'un fuseau dont les courbures seraient très douces ; son galbe aux lignes pures, — j'allais dire « *classiques* », n'est interrompu, de la tête à la queue, que par des nageoires au contour très simple, et bien proportionnées. La nageoire caudale, largement bifurquée, forme la queue d'hirondelle, la *queue d'aronde*. La tête est celle de tous les poissons, à peu près ; vue isolément, de profil, avec son mufle en cône et son gros œil tout rond, fixe, sans expression, elle n'est certes pas admirable ; mais peut-on la concevoir autrement ? Observez l'animal vivant, actif en l'élément pour lequel il est fait ; si votre regard ne n'égare point sur un détail, et généreusement, embrasse l'ensemble, toute critique se taira. — D'ailleurs, on peut généraliser cette observation : ce qui nous semble *laid*, dans telle ou telle partie d'un corps animal, est, si l'on y réfléchit, nécessaire au tout. Alors, comment supposer autre chose ? Ici, par exemple, chez le *Poisson*, la corrélation des instruments de vie se montre parfaite ; elle tend, comme je l'ai dit, à la vie aquatique intense ; ce concours des éléments intérieurs et cachés retentit forcément sur les lignes extérieures et visibles. La tête, chez cet habitué du monde liquide, n'est point délimitée du tronc par un cou, parce qu'il faut, pour le libre exercice de l'être, que l'appareil de la respiration soit très haut, et, pour ainsi parler, sous

____

(1) D'un mot latin qui veut dire *alose* : « Alose » est le nom générique de la *Sardine* (Alose de Sardaigne).

la gorge... Et qu'on n'aille pas dire : ce jugement esthétique est de seconde main, étant conditionné par la connaissance, étant savant et réfléchi ; le plus ignorant, à
première vue, quand il s'agit au moins d'un poisson typique, à forme régulière, — l'apprécie fort bien, et sans se
choquer, parce qu'il le prend tel qu'il est, et tel qu'il doit
être.

Pour bien juger, aussi, ces proches parents du Hareng
que sont la *Sardine* et l'*Anchois*, faut-il les voir ailleurs
que sur nos tables ; même faut-il, en les voyant frétiller
dans le flot, faire abstraction de toute pensée cynégétique
ou culinaire... Ne sont-ils pas *exquis*, à l'œil comme à la
bouche, si l'on songe que ce mot d'*exquis* est connexe de
sélection ? N'attendons pas, pour célébrer l'*Anchois*,
qu'une fourchette l'extraie de son cimetière en fer blanc:
ni même qu'un filet le fasse prisonnier de ses mailles ;
et, gourmands du regard avant tout, savourons la sveltesse de cette carène effilée, conduite par un si souple et
joli gouvernail, et « bordée », de la poupe à la proue,
d'une cuirasse aux écailles d'argent.

Famille des Gades

Comme la famille des *Clupes*, celle des *Gades* (1) renferme trois genres de poissons fort connus, grâce à leur
rôle alimentaire : ce sont la *Morue*, le *Merlan*, la *Merluche*. — Toutefois, ainsi que le fait remarquer M. C. Rave-
rét-Wattel, « s'il est peu de personnes qui n'aient eu occa-
« sion de manger de la morue, il n'en est pas beaucoup

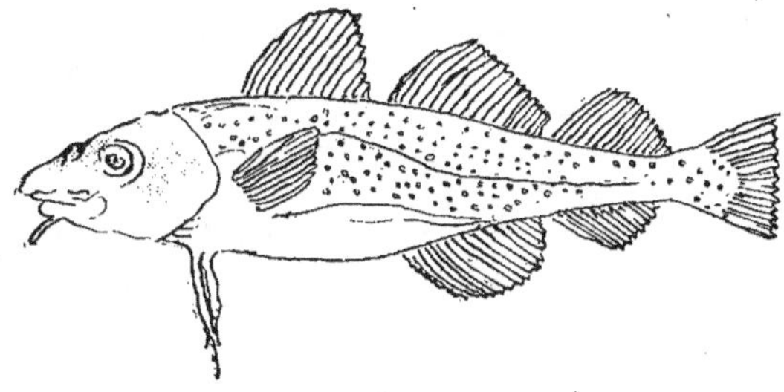

« qui connaissent ce poisson dans sa forme naturelle,
« attendu que... la *Morue* ne paraît guère chez nous

(1) D'un mot latin qui signifie *morue*.

« qu'après avoir subi des préparations pour lesquelles on
« lui a enlevé la tête et fendu le corps dans toute sa lon-
« gueur ».

Prenons-la donc avant son martyre, et sa profanation
— hélas ! indispensables. C'est encore un beau poisson,
mais moins parfait de formes, et plus singulier. D'abord,
son corps, au tronc épais, n'a plus cette armature d'écailles imbriquées si séduisante par son dessin, et par son
reflet. Les écailles existent bien, à la vérité ; mais si menues et si molles, qu'elles ne comptent pas pour la vue.
Ce trait de caractère est d'ailleurs commun à tous les
Gades ; et cet aspect lisse de la peau suffirait à les distinguer. Mais ce qui leur donne encore un faciès spécial,
et assez étrange, est l'ampleur et l'étagement régulier de
leurs nageoires, dorsales et ventrales. Les trois dorsales
notamment, chez la *Morue* comme chez le *Merlan*, se dressent, telles des crêtes à grande envergure, et presque des
ailes. Chez la *Merluche* (1) au corps très allongé, les nageoires, au dos comme au ventre, se fusionnent, et forment deux palissades symétriques à bouts épineux. Seule,
la dorsale antérieure reste indépendante, et prend la forme triangulaire. Ainsi de la voile que les matelots appellent *trinquet*. Ajoutons que chez tous les Gades à peu
près, la queue ne se bifurque pas, mais se termine carrément. En outre, — sauf chez la Merluche, la tête est
volumineuse, et de la bouche pend un *barbillon*. Quant
au coloris, il est, chez la Morue, d'un brun olivâtre (au
moins sur le dos, car le ventre est blanc), avec un semis
de taches jaunâtres, et reste à peu près, chez les autres
genres, dans la même tonalité. La teinte du Merlan est
plutôt pâle.

L'on connaît assez l'importance de la *Morue* pour l'alimentation, et pour la médecine. La grande pêche au banc
de Terre-Neuve, ses fatigues et ses dangers, n'échappent
à personne. Aux yeux des gens du monde, ce beau poisson
des mers du Nord représente le temps du Carême, — ou
la vitrine d'un pharmacien. Mais son histoire naturelle
est moins populaire.

Famille des Labres

Après les Clupes et les Gades, voici les *Labres*, ou,
populairement, « *Vieilles de mer* ». Leur premier nom

(1) A Paris, le poisson qu'on vend sous le nom de *Colin* n'est
autre chose que la Merluche. Ce nom de *Colin* devrait être réservé
au *Merlan noir* (Merlangus carbonarius).

vient d'une particularité de la bouche, qui possède ici des *lèvres* charnues et mobiles comme les nôtres, — plus mobiles même, puisqu'elles peuvent s'avancer en formant un tube, au moyen duquel le poisson saisit facilement sa proie. Quant au surnom donné par les marins, il exprime assez malicieusement la physionomie de ces *Labres*, lorsque leurs lèvres, au repos, étant relevées, découvrent les dents ; car ces poissons en sont largement pourvus (1).

Les Vieilles de mer sont assez peu recherchées, car la chair en est mollasse, et d'un goût fade. Leur forme générale est lourde, et quelque peu singulière, — mais pas assez, cependant, pour que j'aie cru devoir les séparer des Poissons « *classiques* », et familiers. A l'exemple de beaucoup d'animaux, ceux-ci rachètent le peu de grâce de leur figure par la richesse amusante du coloris. Le vert franc, le bleu paon, le rouge écarlate, teignent leurs écailles, — comme, ailleurs, les plumes de certains oiseaux. Aussi les gens de mer, qui ont le sens des analogies, les appellent-ils parfois « *perroquets marins* » : ils saisissent là le contraste bizarre entre un vêtement somptueux et certaine apparence de décrépitude.

Dans le groupe des *Labres*, je distinguerai, notamment, la *Girelle* et le *Crénilabre*, surnommés l'un et l'autre « *paons* », grâce à leur plumage..., je veux dire : à leur carapace versicolore. Le « Crénilabre paon » est certainement, par son coloris, roi des poissons méditerranéens.

Ajoutons que les Labres, en général, recherchent, le long des côtes, les fonds rocheux. Rondelet les cita jadis comme de vrais poissons « saxatiles ». Et ce trait se trouve confirmé par le surnom de « roucaous » sous lequel on les désigne en langue d'oc.

Famille des Mulles

La famille des *Mulles* nous offre deux espèces qui paraissent souvent sur nos tables : ce sont le *Rouget* et le *Surmulet*. Certains ichtyologues trop enthousiastes les déclarent aussi beaux à voir que bons à manger. Certes, leur chair est excellente ; mais leur tête volumineuse et

(1) Si, donc, on les compare à de vieilles femmes, ce n'est pas à de vieilles femmes édentées.

lourde, munie de gros yeux ronds, et leur corps épais, nous empêchent de les placer, comme les Clupes, parmi les poissons « *esthétiques* ». Il est vrai, leur coloris est fort éclatant. Toutefois, cette couleur rouge-orangée qu'on apprécie tant, ne produit pas, au sein des flots, un effet aussi charmant, aussi idéal, que la teinte argentée de la Sardine et de l'Anchois. Les Mulles portent la livrée du soleil ; les Clupes ont une robe « couleur de lune ».

Mulle-Rouget et *Surmulet* ont tous deux des nageoires assez étendues, comme de petites ailes ; ils s'en servent en aviateurs, pourrait-on dire ; et le naturaliste Cunningham compare leurs troupes à des bandes d'oiseaux se jouant dans les airs. La couleur de ces poissons apparaît plus vive près de la surface des eaux, et pâlit lorsqu'ils plongent en profondeur. Pour conserver au Surmulet cette riche couleur orange qu'on estime, les pêcheurs le dépouillent de son armure écailleuse ; il paraît ainsi sur nos tables, comme disent les gourmets, « *avec honneur* »... Ceci me rappelle que les Romains, au temps de la décadence, prenaient un ignoble plaisir à prolonger l'agonie de ces pauvres êtres ; car ceux-ci, à l'exemple du soleil, en mourant, offraient en spectacle aux convives des transformations de teinte admirables.

Il ne faut pas confondre le *Rouget* des Romains avec le *Trigle* ou *Grondin*, auquel on donne, sur les marchés de Paris, le nom de *Rouget ;* et cela, par pure analogie de couleur. De même que son cousin germain le *Surmulet*, le véritable *Rouget*, du groupe des Mulles, porte, à la bouche, un double barbillon, dont il use pour fouiller le sable et la vase. Comme nous le verrons plus loin, le *Trigle* manque de cet appendice et présente, en compensation, à chacune des deux nageoires antérieures, comme un bouquet de 3 palpes effilés ; peut-être remplissent-ils le rôle de barbillons.

Famille des Spares

La famille des *Spares* se compose de poissons qui se rapprochent des Labres par l'indivision de leurs nageoires dorsales, formant sur le dos une crête saillante allongée; mais le corps est trapu, presque globulaire, et se termine par une queue nettement fourchue. En outre, les yeux sont énormes. Leur coloration est très remarquable, et varie suivant les espèces. — Le plus connu des Spares et le plus beau, c'est la *Daurade*, ainsi nommée, — non pour sa teinte générale, mais à cause d'un croissant d'or qui se dessine entre les yeux ; à quoi fait allusion sa dénomination savante de « *Chrysophrys* », ce qui veut dire, en grec, « sourcil doré ».

C'est donc, ici la partie prise pour le tout. — Pourquoi cette tache superbe ? — On n'en sait rien... Cette macule est mystérieuse, — aussi bien, d'ailleurs, que les 10 raies, dorées également, qui marquent, longitudinalement, le corps de la *Saupe,* un genre voisin. Cette dernière, assez commune sur le marché d'Alger, est fort peu estimée pour sa chair. Les Algériens l'appellent « poisson de Juif ». Un autre genre a pris le nom d'*Oblade,* à cause de sa forme rappelant les pains de sacrifice chez les Anciens. Il est amusant de voir la nomenclature savante recourir aux images les plus diverses.

L'*Oblade* « *mélanure* » doit son nom spécifique à la tache noire curieusement placée tout près de la queue. Toujours ce problème de l'ornement, sans destination apparente, ou du signe dont la signification nous échappe.

Famille des Vives

Voici, maintenant, des poissons d'un type assez différent, bien que leurs nageoires, aussi bien ventrales que dorsales, soient encore tout d'une pièce (nageoires en crête) : ce sont les *Vives.* Leur forme est celle d'un cigare, et rappelle la carène d'un torpilleur ; les deux yeux sont situés presque sur la tête ; la queue, comme chez les Gades et les Labres, est taillée carrément. Des bandes parallèles de teinte foncée strient le corps transversalement. Mais ce qui distingue surtout ces poissons, et bien fâcheusement, c'est l'armature d'*aiguillons* qui rend leur piqûre redoutable. Ces sortes de dards suraigüs, et, par surcroît, fort venimeux, arment, d'une part, l'opercule, et de l'autre, le fragment de nageoire dorsale écarté du reste, et faisant saillie en avant. L'habitude qu'ont les Vives de se dissimuler sous le sable les rend dangereuses pour les baigneurs ; aussi bien doivent-ils, sur les plages sablonneuses, protéger leurs pieds, au moins, par des espadrilles. Ainsi, parmi les habitants des mers, il en est de *venimeux* par leurs épines, comme d'autres, par leur chair, sont *vénéneux*. Il faut bien que la Nature se défende.

Familles des Sciènes et des Squammipennes

Je passe rapidement sur la famille des *Sciènes*, qui présentent assez d'analogie avec nos Perches de rivière, et montrent, à l'exemple de celles-ci, des écailles pectinées, c'est-à-dire finement dentelées comme un peigne. L'espèce la plus remarquable est l'*Ombrine*. Je cite également, pour mémoire, la famille des *Squammipennes,* ainsi nommés parce qu'une partie de leurs nageoires est revêtue, comme le corps, de petites écailles. Un de ses représentants est souvent cité par ceux qui recueillent les curiosités de l'instinct, dans la faune. On lui donne le nom d'*Archer*, à cause du jet liquide qu'il sait lancer, adroitement, sur les petits insectes du rivage. — Enfin, j'arrive à un groupe plus important, et qui mérite qu'on s'y arrête davantage. C'est celui des *Scombres.*

Famille des Scombres

La famille des *Scombres* (1), en effet, renferme des poissons d'un intérêt considérable. C'est tout d'abord le *Maquereau,* si populaire sur tous nos marchés ; en dépit de son caractère usuel et même banal, il mérite un regard pour sa robe à deux teintes bien contrastées: bleu sombre sillonné de noir sur le dos, — blanc d'argent vif sur le ventre. Le corps, assez épais, et prolongeant, sans ligne de démarcation aucune, un chef assez volumineux, s'amincit très vite en arrière ; il forme comme un isthme au niveau de la nageoire caudale. Cette dernière est largement fourchue, en queue d'hirondelle. Ajoutons que la peau, comme chez tous les Scombres, d'ailleurs, présente cet aspect lisse et uni qui ferait croire à l'absence d'écailles. Mais les écailles existent ici tout aussi bien que chez les Gades ; seulement, de même que chez les Gades, elles sont très menues, et se perdent, pour ainsi dire, dans le tégument. Enfin, chez le Maquereau, les nageoires d'arrière tendent à se fragmenter, formant ce qu'on appelle des *pinnules :* ce caractère atteindra son plus haut degré chez le *Thon.*

(1) Du latin *Scomber*, qui signifie « maquereau ».

Tout près du Maquereau se place le *Saurel*, ou *Carangue* (« Maquereau bâtard » des pêcheurs, « Makerelle », en Bretagne). Sa coloration est plus claire, son corps plus épais, ses nageoires plus amples ; il porte sur les flancs une ligne d'écailles assez larges, et munies chacune d'une épine très acérée.

Le *Saurel* et le *Maquereau* se pêchent surtout dans les mers septentrionales. Au contraire, le *Thon* est plutôt un produit de la mer Méditerranée. Une espèce, que l'on distingue sous le nom spécial de *Germon*, fréquente les parages du golfe de Gascogne. — Le Thon (en latin: *Thynnus vulgaris*), est un poisson de taille considérable ; sa longueur est souvent de 1 mètre, et peut même atteindre le double. Sa corpulence, d'ailleurs, et la densité de sa chair, assez semblable à celle du veau, permettent d'en tirer une abondance d'aliments. A l'exemple de certains types plus haut cités, tel que la Morue, — le Thon, dépecé pour la table et mis en conserves, n'est guère connu dans sa figure, et sa physionomie d'être vivant. Sa forme générale est assez semblable à celle des Gades : mais la nageoire caudale est fourchue ; les autres, franchement triangulaires, ressemblent à des ailes d'oiseau ; enfin, les nageoires d'arrière se décomposent en petites pennes indépendantes, *pennons* ou *pinnules*. Nous verrons quelque chose d'analogue chez le *Polyptère*.

Les Anciens, bien avant nous, ont pêché le *Thon*, l'ont savouré ; même, plus reconnaissants que nous autres modernes, et plus esthétiques aussi, ils en ont reproduit l'image sur des médailles. Aujourd'hui, notre gourmandise sommaire et sans art s'arrête à la boîte en fer-blanc. Que nous sommes bas ! (1)

Famille des Gobies, des Blennies et des Muges

Je termine la série des Poissons « typiques » franchement marins par trois groupes dont, faute de temps, je ne dirai qu'un mot. Ce sont d'abord les *Gobies*, ou « *Goujons de mer* », de petite taille et de couleur jaunâtre ; ils présentent ce trait particulier, que les nageoires ventrales, se soudant, forment une sorte de ventouse ; celle-ci

---

(1) La *Pélamyde*, aussi dénommée « BONITE », (nom donné a un navire célèbre), n'est en somme qu'un *thon* de plus petite taille.

sert à l'animal à se fixer sur les rochers, afin de résister à la violence de la vague. — Puis, voici les *Blennes* ou *Blennies* (2) déjà si singulières de figure, que je me suis demandé si je ne les placerais pas parmi les *Poissons monstrueux*. Leur nageoire dorsale se dresse en crête continue, comme nous l'avons observé, d'ailleurs, en des genres très différents. Par cette crête, et aussi la coloration, et l'aspect général du corps, la Blenne dite « *gatto-rugine* » offre un peu la physionomie, je trouve, d'un Triton.

Avec le 3ᵉ groupe, celui des *Muges* (3), nous retrouvons la pureté de lignes. Le corps, tout d'une venue, s'amincit doucement, progressivement, vers l'extrémité, que couronne, en quelque sorte, une queue d'aronde bien taillée. Les nageoires sont même, ici, d'un relief plus élégant, et plus original que chez le Hareng ou l'Anchois. Revêtue, de bout en bout, d'une cotte de mailles argentée, la *Muge Céphale* est, assurément, un de nos poissons les plus beaux. — Assez proche parent est l'*Athérine-prêtre*, ainsi surnommé d'une longue bande brillante qui, s'étendant sur ses deux flancs, lui fait une espèce d'étole. Son corps bien élancé, joliment fuselé, comme sa carapace, d'un gris d'argent, lui prêtent quelque ressemblance avec l'Eperlan, poisson de rivière. C'est, si l'on veut, l'*Eperlan marin*.

POISSONS D'EAU DOUCE

Amphibies

Un certain nombre de « *Poissons classiques* » sont *amphibies*, c'est-à-dire intermédiaires, par leur station, entre les espèces marines et celles d'eau douce. Les uns, à l'époque du frai, quittent l'Océan et remontent les fleuves ; les autres font le trajet inverse.

Une espèce isolée se détache des *Clupes*, tous franchement marins, pour prendre place ici : c'est l'*Alose*. Cousine germaine de la Sardine, qui porte son nom générique

---

(2) D'un mot grec qui signifie « *morveux* ».

(3) Les *Muges* sont souvent désignées, sur nos marchés parisiens, sous le nom de « *mulets* ». Ne pas les confondre avec la *Mulle-Surmulet*, qui appartient à une famille très différente.

(*Alausa Sardina*), elle reproduit tous ses traits à plus grande échelle. L'Alose donne une chair estimée, mais bourrée d'arêtes. On la pêche jusque dans l'Yonne et la Haute-Loire, ce qui donne la mesure de sa puissance voyageuse. La rapidité de sa natation est considérable : 3 à 4 kilomètres à l'heure, en luttant contre le courant. Quand les mères ont déposé leurs œufs en lieu sûr, elles redescendent le cours d'eau pour gagner la côte. Elles sont alors très amaigries, épuisées par leur ponte, et se laissent entraîner, passivement presque, au fil de la rivière. Beaucoup, paraît-il, succombent en route, et ne revoient plus le flot salé.

Famille des Saumons

En outre de l'Alose, espèce migratrice isolée, deux groupes tout entiers sont connus pour leurs habitudes amphibies : les *Saumons* et les *Perches*... J'ai tort de dire, d'une façon trop absolue, « *tout entiers* » : car si le *Saumon* proprement dit, avec la *Truite*, le *Lavaret* et l'*Eperlan*, connaissent à la fois les eaux douces et les eaux salées, — l'*Ombre*, la *Gravanche*, et l'*Ombre-Chevalier* n'habitent jamais que les lacs ou les cours d'eau. — De même, tandis que le *Bar*, nommé, du reste, « *Perche de mer* », se cantonne dans l'*Océan*, — la *Perche* proprement dite, la *Gremille* et l'*Apron* sont de purs poissons de rivière. On voit combien il est difficile, en la description, de suivre un ordre régulier, étant donné que l'habitat concorde si mal avec la classification organique. Le milieu sépare les êtres que rapproche l'affinité. Eh! n'est-ce pas l'histoire des familles humaines dont les membres sont dispersés... ?

Quoi qu'il en soit, le *Saumon* et la *Truite de mer* se ressemblent, — c'est le cas de le dire, comme deux gouttes de l'eau qui les baigne. Ce sont des poissons assez corpulents, en fuseau robuste, dont le corps est couvert d'innombrables et fines écailles. La nageoire caudale est à peine bifurquée. La teinte générale est d'un gris d'ardoise, uni chez le Saumon, — tacheté dans la région du dos, chez la Truite marine. Cette dernière a généralement la chair rouge-orangée, ce qui lui vaut son nom de *Truite saumonée*. — Notons un fait curieux, encore inexpliqué: Vers l'époque où le Saumon va frayer, sa mâchoire inférieure, prenant un accroissement insolite, se recourbe, et

forme avec la supérieure ce qu'on appelle un « casse-noi-
sette ». Il en résulte que la bouche devient béante. et le
poisson baille continûment ; on l'appelle, en ce cas, un
« *bécard* ».

La *Truite de rivière* ou *des lacs* a quelquefois reçu
des naturalistes l'épithète officielle de « *variabilis* ».

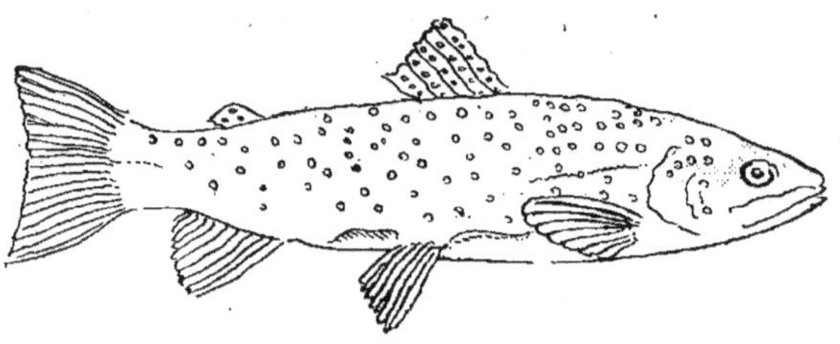

C'est qu'en effet, elle change de taille et de couleur suivant les conditions du milieu liquide qu'elle habite. Très
développée dans les grands lacs de Suisse ou d'Ecosse, où
l'eau, pure et profonde, offre en même temps une abox
aante nourriture, elle reste d'une taille inférieure dans
les ruisseaux des pays montagneux, froids, peu profonds
et pauvres en éléments nutritifs. Mais pêchez-la, sa chair
n'en est pas moins excellente. — Une espèce américaine
importée naguère en Europe, est bien faite pour intéres-
ser l'esthéticien, ne serait-ce que par son nom : c'est la
Truite arc-en-ciel, aux reflets irisés. Elle peuple aujour-
d'hui tous nos ruisseaux de France, concurramment avec
sa compatriote d'origine, le « Brook-Trout », ou, pour
nos pisciculteurs, « *Saumon de fontaine* ».

Le *Corégon*, dit « *Lavaret* », est encore de la famille :
il se plaît au plus profond des lacs. Quand on le tire de
là sans précaution, le changement brusque de pression
dilate sa vessie natatoire, au point qu'il *crève*, littérale·
ment.

Le même accident peut arriver à la *Gravenche* (*Core-
gonus hyemalis*), poisson assez semblable au Lavaret,
mais qui se cantonne dans le lac de Genève, exclusivement. Comme lui, sa robe est tissée d'écailles bien apparentes, contrairement à ce qui a lieu pour le Saumon, la
Truite et l'Ombre-Chevallier. Les Gènevois l'appellent
Féra blanche, pour la distinguer d'autres Corégons, *Féra
noire*, *Féra verte*, *Féra bleue*, qui fréquentent, outre le
lac Léman, ceux de l'Autriche et de la Bavière.

Il ne faut pas confondre l'*Ombre* proprement dite avec
l'*Ombre-Chevalier*. Ce sont deux poissons bien divers,
quoiqu'appartenant à la même famille. L'*Ombre*, qui
porte le nom majestueux de *Thymallus vexillifer*, ce qui
veut dire « porte-étendard », doit ce vocable à la fière
ampleur de sa nageoire dorsale. Il est pareil, pour tout
le reste, au Lavaret et à la Gravenche. L'*Ombre-Chevalier*, lui, se rapproche plutôt de la Truite ; mais il s'en
distingue par un coloris plus ardent. Si le dos est de
teinte plutôt sombre, le ventre et les flancs s'éclairent de
tons orangés magnifiques. C'est, pour la couleur tout au
moins, le plus beau de nos poissons d'eau douce.

*
*

Je n'ai pas encore parlé de l'*Eperlan* et je me hâte
de réparer cet oubli. L'*Eperlan* est de la famille des Saumons ; c'est un *Salmonidé.* Mais il offre l'éclat argenté,

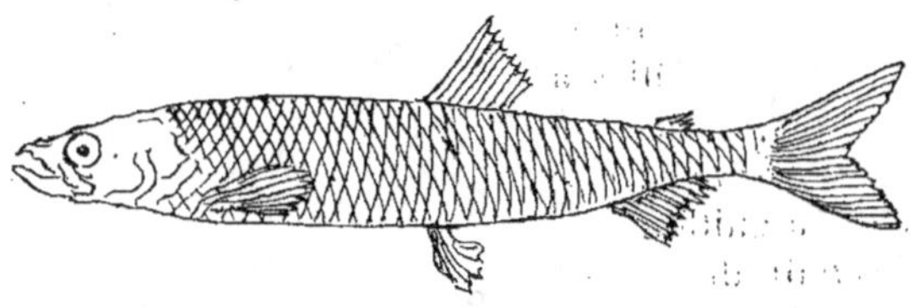

et la joliesse de galbe de l'Anchois. Ne tire-t-il point son
nom de la *perle* ? (1) D'autre part, sa dénomination scientifique, tirée du grec, *Osmerus* (odorant), indique qu'il
émane de son corps un parfum — les uns disent de vio-
lette, les autres de concombre... Je laisse les pêcheurs
élucider ce point délicat. Toujours est-il que ce poisson
si heureusement doué n'est point, comme ses congénères,
un migrateur bien déterminé ; les fleuves ne sont remon-
tés par lui que jusqu'au point où la marée cesse de se
faire sentir ; c'est ainsi qu'on le pêche dans l'estuaire de
la Seine, et principalement aux environs de Caudebec-en-
Caux. Aussi, sur les armoiries de cette ville, 3 éperlans
sont-ils figurés.

(1) « L'*Eperlan* », ainsi nommé, dit Rondelet, pour sa belle et
nette blancheur, semblable à celle de « la perle ».

Famille des Perches

Voici maintenant le groupe des *Perches*, ou « *Perci-dés* ». Nous avons dit plus haut, par anticipation, que le Bar, un de ses représentants, restait obstinément marin. C'est, en réalité, la « *Perche de mer* ». Fort beau poisson, aux flancs argentés, c'est aussi un poisson recherché pour la table. Les anciens Romains, stigmatisant sa voracité, lui donnèrent le sobriquet de *loup*. Et lui, de quel accent les aurait-il, très légitimement, apostrophés, s'il avait eu la parole ?

La *Perche de rivière* est d'un coloris amusant, avec son corps verdâtre, rayé transversalement de bandes foncées, et ses nageoires ventrales rouge-vermillon. La saisit-on avec la main, on éprouve la rudesse de son contact ; la cause en est dans la nature des écailles ; vues au microscope, elles présentent des aspérités sur le plat, et de fines dentelures sur le bord libre. Le grossissement les montre pareilles aux valves ondulées de certains Mollusques. Mais que le pêcheur se méfie de la nageoire en crête sur le dos ; cette sorte d'aile de chauve-souris, armée d'aiguillons, fait des piqûres douloureuses .

La chair de la Perche d'eau douce est fort délicate : seulement, comme celle de l'Alose, elle est trop abon-dante en arêtes. Ajoutons que c'est un des poissons les plus prolifiques que l'on connaisse : une femelle pesant 2 livres pond jusqu'à 150.000 œufs dans une saison. Ces œufs, de la grosseur d'une tête d'épingle, sont réunis, tels ceux des grenouilles, par un mucilage, et forment de longs chapelets, dont la mère prévoyante enlace les herbes aquatiques. Qu'on me laisse encore mentionner deux espèces mignonnes de Percidés : la *Gremille*, et l'*Apron* : et je passe, sans plus tarder, aux familles exclusivement *fluviatiles,* — ou lacustres.

Celles-ci sont au nombre de 5 : les *Esox*, les *Cyprins*, les *Cobites*, les *Silures*, et celle qui porte un nom bien pédant : les « *Gastérostéides* ».

Famille des Esox

La famille des Esox (ou *Esocides*) est représentée sur-tout par le *Brochet*. On peut dire de lui que c'est un poisson de proie. Lacépède l'appelait « *le requin des eaux douces* ». On ne sait si les avantages de sa pêche compensent les pertes qu'il nous fait subir ; car le Brochet fait, littéralement, le vide autour de lui. Regardez le : son corps très-allongé, en forme de cigare, est cons-

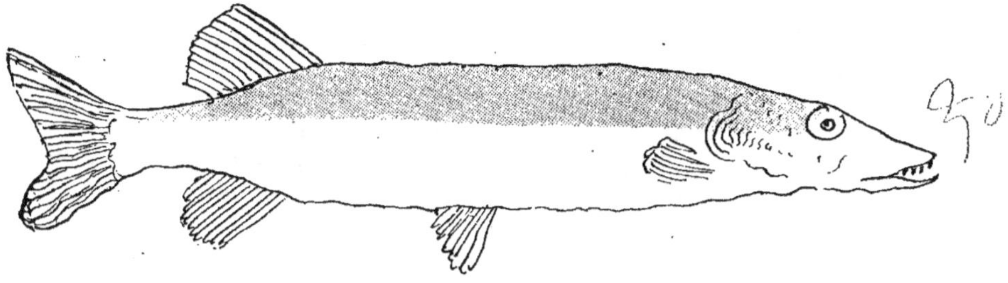

truit, comme nos torpilleurs, pour la course ; la plus longue partie de son corps reste libre, et la nageoire dorsale est rejetée tout à l'arrière, au voisinage presque immédiat de la queue. Les lignes du corps n'ont guères d'élégance, et même, on y trouve je ne sais quoi de rude et de négligé. Pour couronner ce type de pirate, une tête plate et robuste ; une bouche énorme, fendue jusqu'aux yeux, et qu'arme une dentition formidable ; dents sur les mâchoires, au palais, à l'isthme du gosier, même sur la langue. Armé par la Nature de telle façon, et doué de mouvements rapides, le Brochet fond sur toute proie, et dévore tout sans choisir. Tout lui est bon : poissons petits et gros, — seraient-ils de sa propre espèce, grenouilles, musaraignes, rats, poules d'eau, canetons, jusqu'aux jeunes chiens noyés. Aussi peut-il atteindre la taille de 90 centimètres environ, et le poids de 10 kilogrammes (20 livres).

Un autre poisson, non moins vorace, et qui dépeuple les eaux douces, est la *Lotte*. Je la place ici comme entre parenthèses, et ne sachant la placer autre part, car c'est le seul représentant du groupe des « Gades » qui ne soit pas marin. Tandis que la Morue, le Merlan, et d'autres encore, habitent exclusivement l'Océan, ce membre de la famille fait, pour ainsi dire, *bande à part ;* on le trouve aux lacs suisses, et aussi dans nos lacs français du Bourget, d'Annecy. Son corps très-allongé, mais sans grâce, est d'un ton jaunâtre, marbré de noir. La nageoire caudale, taillée rondement, présente un peu la forme d'une molette d'éperon, — ou, pour mieux dire, de la bouterolle d'un fourreau de sabre.

J'arrive à la famille des *Cyprins*. Très-homogène, et cependant assez variée de formes, elle renferme ces poissons bien connus de tous qui sont : la *Carpe*, — le *Cyprin doré*, — la *Tanche*, — le *Barbeau*, — le *Goujon*, — la *Brême*, — l'*Ablette*, — et le *Gardon*, pour ne citer ici que les plus importants.

A l'exemple de·la Perche, la *Carpe* offre la figure d'un fuseau, — ou, si l'on veut, d'une navette à forte épaisseur. Elle se distingue par son armure de grandes écailles, sa teinte brune homogène, et l'absence d'aiguillons à sa nageoire dorsale. Toutes les nageoires, également foncées, tranchent ici, harmonieusement, sur la coloration plus claire du corps : effet chromatique aussi rationnel que satisfaisant au regard, puisqu'en toute espèce d'objet, les parties encadrantes, formant les *extrêmes*, doivent se renforcer, pour dominer les parties encadrées (1).

Lorsque la Carpe veut frayer, elle cherche, en amont, des lieux écartés et tranquilles. Dans ce voyage d'exploration, elle sait, comme le Saumon, franchir les obstacles : trouve-t-elle, par exemple, un barrage, vous la voyez remonter à fleur d'eau, puis se tourner, rapide, sur le flanc ; rapprochant alors sa tête de sa queue, en arc de cercle, elle se débande, vrai ressort vivant, et fait ce fameux *saut-de-carpe*...

A la Nature, déjà si fertile en variétés, il faut que l'homme ajoute ses innovations. C'est ainsi que les éleveurs ont, — non pas *créé,* comme certains le disent, mais *obtenu* des formes plus parfaites, au moins plus

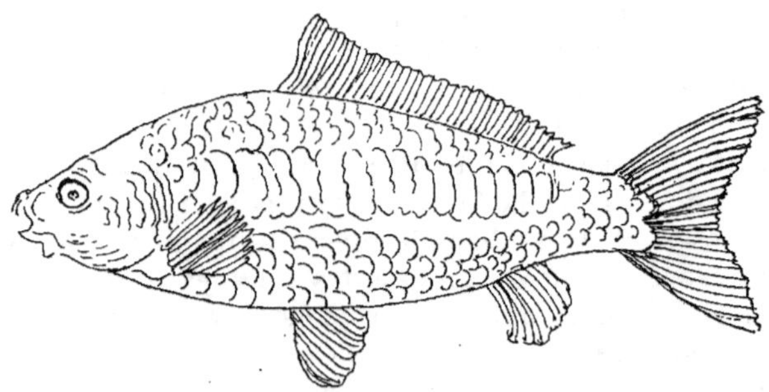

(Voir mes « *Éléments du beau* » (Alcan), p. 406,

avantageuses. Je me dois de citer, au point de vue pittoresque et décoratif, la *Carpe* dite « *à miroir* » (Cypri-
nus carpio-specularis). Par quel procédé vital et profond,
les écailles multiples et relativement menues chez l'espèce commune, se sont-elles ici, chez cette variété « spé-
culaire », augmentées de volume, et réduites en nombre ? Elles ne composent plus, ces écailles, une carapace
intégrale, mais de longues bandes cuirassées, parallèles
à l'axe du corps ; pour emprunter une comparaison à la
technique du harnais de guerre, ce n'est plus la « *cotte
de mailles* », — mais l' « *armure de plates* » (1).

Très voisin de la Carpe est le *Carassin*. Il en existe
deux espèces : l'une, indigène (européenne), qui vit en
Allemagne, en Suède, au Sud de la Russie ; — l'autre,
acclimatée en Europe, mais originaire de la Chine : c'est
le *Carassin* ou *Cyprin doré*, très-connu dans les aqua-
riums sous la dénomination plus parlante aux yeux de
« *poisson rouge* ». Introduit au 17ᵉ siècle dans nos pays,
il eut bien vite une grande vogue. La marquise de Pom-
padour fit leur succès ; et maintenant, les « poissons
rouges » en bocal, à la fenêtre d'un salon bourgeois, sont
devenus quelque chose de terriblement banal. Les Chinois, ces déformateurs obstinés, sont parvenus, grâce à
ce qu'on nomme, sans sourire, la *sélection*, à réaliser des
variétés monstrueuses ; une d'elles a la queue divisée en
3 lobes ; une autre est veuve de sa nageoire dorsale :
chez une troisième, hélas ! très-recherchée, les yeux sont
reportés au bout d'un pédoncule très-saillant : c'est le
fameux « poisson-télescope ».

Devant de pareils artifices, on éprouve l'envie de
s'écrier, avec *Chantecler* :

> ... « Oh ! Voir enfin paraître
> « Un être véritable, un être simple... »

Et l'on retrouve avec plaisir la ligne pure chez le *Barbeau*, chez le *Gardon*, chez la *Chevaine*, et bien d'autres.
Le nom du « Barbeau » lui vient de ses barbillons bien
développés autour de la bouche ; il a la tête longue, et
la nageoire caudale très large, en faucille. C'est un poisson qui semble rechercher les ouvrages de l'homme ; on
le trouve au voisinage des berges, des ponts, des écluses.

---

(1) Les écailles disparaissent tout à fait, et la peau prend un
aspect coriacé dans la *Carpe-cuir*.

sous les chutes d'eau des moulins. Bien qu'il se plaise à l'onde pure et vive, on surprend en lui un appêtit affreux de chair morte, voire putréfiée. L'histoire — ou la légende — nous montre les eaux du Danube envahies par des légions de barbeaux, qu'avait attirés une bataille sanglante entre les Turcs et les Autrichiens.

Ce triste, mais utile office de voirie, s'accomplit également par les soïns du *Goujon*. Nous avons vu qu'il y avait des *Goujons de mer*. Ceux de rivière ressemblent aux jeunes Barbeaux, mais ils n'ont que 2 barbillons au lieu de 4. Voyageant en troupes nombreuses, et en très-bon ordre, ils pêchent pour leur propre compte, en attendant qu'ils soient pêchés. Se trouve-t-il quelque charogne en un cours d'eau, les Goujons ne tardent pas d'accourir. A l'exemple des *Nécrophores,* que vous avez vus opérer en terre ferme, ce sont des agents très précieux de salubrité fluviale.

Les *Gardons,* tout comme les Carpes, ont une armature d'écailles très apparentes, et formant, par leur imbrication, une harmonieuse mosaïque. On en connaît 3 types : le blanc, le vert-pomme, et le rouge. Ce dernier, surnommé *Rotengle,* oppose au ton verdâtre de son corps, le vermillon de ses appendices natatoires ; et le grand Peintre qui l'a colorié semble avoir pris, pour cerner dignement son œil, un peu de rouge qui restait sur sa palette (1).

La *Tanche* et la *Brême* sont encore des poissons d'eau douce très-remarquables. La *Tanche,* tout en gardant avec la Carpe un certain air de famille (nous sommes toujours dans les *Cyprins*), tranche fortement sur elle par la nature de ses écailles, et son coloris. Les écailles, en effet, composent ici une mosaïque assez minutieuse ; l'aspect est celui du grain de certaines reliures. Quant au coloris, il varie du vert-bronze au vert-olive, et présente de beaux reflets métalliques. La Tanche est un poisson d'étang plutôt que d'eau courante ; elle ne craint pas la vase, où, tout l'hiver, elle s'enfonce et s'engourdit : aussi sa chair en prend souvent l'odeur. Ses téguments sont imprégnés d'un abondant mucus et par là mérite-t-elle, au plus haut degré, son titre de *poisson,* c'est-à-dire, comme on sait, d'animal *gluant,* et *poisseux.*

____

(1) « *Rotangle* » est une corruption de l'allemand « *roth augen* » (yeux rouges).

La *Sélection*, Dieu merci, ne sert pas toujours à créer des monstres ; elle a produit cette variété somptueuse qui s'appelle la *Tanche dorée*. C'est véritablement un poisson admirable, — admirable, tout au moins, pour la richesse de son coloris. Poisson d'amateur plutôt que de consommateur, et plutôt décor d'aquarium que réserve alimentaire de nos viviers.

La *Brême* se rapproche de la Tanche par la brièveté de sa nageoire dorsale, qui ne forme pas crête continue comme chez la Carpe ; mais le volume de ses écailles l'apparenterait plutôt à cette dernière. Le corps est comprimé sur les flancs, avec un dos presque bossu ; la nageoire caudale fait une queue d'aronde très-allongée. Ainsi que beaucoup de types similaires, la Brême a la chair blanche, molle et fade, et par surcroît bourrée de fines arêtes.

Il n'est pas inutile, ici, de noter que ces *arêtes*, qui nous causent tant d'ennui, sont caractéristiques des *Téléostéens*, c'est-à-dire des Poissons à squelette perfectionné ; elles sont nées de l'ossification, pour ainsi dire, « aciculaire » des aponévroses. Les aponévroses ne sont autre chose que les gaînes des muscles, autrement dit, pour le profane, les fines cloisons membraneuses qui séparent la chair en compartiments.

L'*Ablette* est aux Cyprins ce que l'Eperlan était aux Saumons (1). Joli poisson aux lignes harmonieuses, à l'éclatante cuirasse d'argent. Vous vous rappelez l'origine du nom d'*éperlan*. Or, ici, chez l'Ablette, la perle est plus

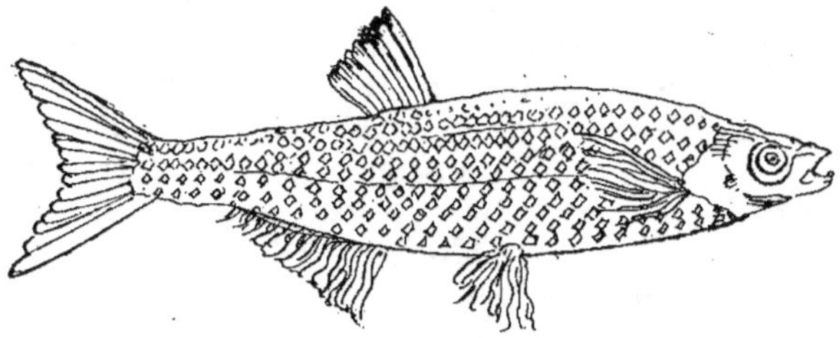

qu'une simple métaphore. En effet, l'industrie française tire parti de la matière brillante dont sont enduites les écailles, elle en fabrique des perles fausses. Sait-on

(1) Une espèce d'Ablette est désignée par les pêcheurs sous le nom populaire d'*éperlan*.

qu'il faut 5.000 de ces poissons pour obtenir 25 à 30 grammes de cette poussière d'écailles, appelée, — je ne sais pourquoi, — « *essence d'Orient* » ?

On voit que, sous tous les rapports, l'Ablette est digne de figurer dans une *Ichtyologie esthétique*. Nous n'en devons exclure, non plus, ces deux mignons représentants des Cyprins qu'on nomme : le *Vairon* et la *Bouvière*. A titre de curiosité, je signale, chez celle-ci, la présence, à l'époque du frai, d'un long tube, à l'aide duquel les œufs sont déposés... dans la vase, où les touffes de jonc, peut-être ? — Non pas, mais dans les branchies des Moules d'eau douce (Anodonte, Mulette perlière). Le nom latin de la Bouvière (*Rhodeus amarus*), fait allusion à l'amertume de sa chair. Mais on échappe à ce désagrément en évitant de rompre la vésicule du fiel, très volumineuse dans cette espèce. — Tant de fiel entre-t-il... en un corps si gracieux !

Familles des Cobites, des Silures et des Gaster osteides

Trois types assez curieux me restent à décrire pour épuiser la série des *Poissons classiques d'eau douce*. Ce sont : la *Loche*, le *Silure*, et l'*Epinoche*.

On connaît trois espèces de Loches : la *Loche franche*, — la *Loche de rivière*, et la *Loche d'étang*. Ces trois formes offrent une transition graduelle du type normal ou « pisciforme » au type aberrant, « vermiforme ». Déjà la Loche de rivière porte le nom « *spécifique* » de *Tœnia* ; celle d'étang (ou *Misgurne*) a tout-à-fait l'aspect d'une anguille. Chez ce genre de poisson (en latin *Cobitis*), les écailles sont également très petites, et disparaissent à la vue. La bouche est garnie de barbillons qui, au nombre de 10 chez la Loche d'étang, donne à cette dernière espèce une expression étrange et quelque peu terrible. Les nageoires ne sont pas extrêmement développées, et la queue non seulement n'est pas bifurquée, mais tend même à s'arrondir de contour.

La Loche d'étang, la plus excentrique de forme des trois, est aussi la plus remarquable pour le coloris ; son corps est traversé, dans toute sa longueur, par deux bandes noires qui tranchent sur la teinte orangée du ventre ; — contraste par ailleurs signalé par nous du ton le plus triste avec le plus voyant, le plus gai. — Son habitude de se terrer dans la vase, lorsque les étangs sont à sec, lui fit donner l'épithète (linnéenne) de « fossilis ».

Les Loches sont assez grassouillettes pour ne pas faire mentir le proverbe, et leur chair est plus ou moins déli· cate. — Un trait de leur histoire est curieux : c'est la faculté qu'elles possèdent de respirer, par intervalles, au moyen du tube digestif. On les voit, quand l'eau qui les abrite est mal aérée, venir à la surface, et déglutir l'air par la bouche ; l'oxygène est, sans doute, absorbé par les tissus, car de l'anus sortent des bulles d'acide carbonique... Si la Nature est souvent artiste, la *Vie*, par contre, ne se montre pas toujours aussi délicate.

. Le type *Silure* comprend deux espèces : une *américaine*, une d'Europe. Le *Silure d'Europe,* qu'on appelle *Glanis*, est, après l'Esturgeon, le plus grand poisson d'eau douce de nos pays. De teinte olivâtre foncée, il a le corps comprimé latéralement, comme les *Lottes*, et comme ces dernières, aussi, la bouche bien garnie de barbillons ; en outre, la nageoire candale est arrondie. Mais ici, les écailles ont totalement disparu ; la peau est nue, molle et visqueuse. La tête, fort aplatie de haut en bas, garde autant de largeur que le tronc ; la bouche est fendue transversalement, à la manière, un peu des squales. — Le *Silure nain,* ou d'*Amérique,* y est appelé « poisson-chat » (Catfish), à cause de ses barbillons qui font, autour de son museau, des sortes de moustaches. Ce poisson, im· porté sur le continent, est précieux par sa force de résistance ; elle lui permet de vivre dans des eaux souillées par les déchets d'usines, et où nulle autre espèce ne se maintiendrait.

Nous terminons par un troisième type, qui nous ramène aux formes familières : c'est l'*Epinoche.* Si le Glanis est le plus grand de nos poissons d'eau douce, l'*Epinoche* en est, certes, le plus petit. C'est, aussi, un poisson de forme gracieuse, et de coloris agréable. A l'époque du frai, les mâles prennent de jolis tons roses. Son nom fait allusion aux épines dont le dos, en avant de la nageoire dorsale, est armé ; deux épines semblables, en dessous, remplaçent la nageoire ventrale. Ajoutez à cela que l'*Epinoche.* en guise d'écailles, porte sur ses flancs des plaques osseuses, — caractère qui va reparaître chez les *Ganoïdes.*.

Mais ce qui rend surtout célèbre ce poisson, c'est son nid. Dissimulé dans la vase chez l'*Epinoche,* il revêt, chez sa cousine l'*Epinochette,* la forme intégrale d'un nid d'oiseau, posé librement comme il est à l'entrecroisement de plantes aquatiques, et bien arrondi, — tel un test d'Oursin troué.

Famille des Ganoïdes

Avant d'en finir avec les formes de poissons que j'appelle « *normales* » ou « *régulières,* il me faut mentionner un groupe jadis très important, aux premières époques géologiques : je veux parler des *Ganoïdes.* De nos jours, il est assez pauvre en espèces.

Le grand naturaliste Agassiz avait fondé toute une classification sur les seules écailles : suivant que leur bord libre était indivis, simplement arrondi, — ou dentelé, en peigne, — il reconnaissait des *Cycloïdes* et des *Cténoïdes.* — Les *Placoïdes* tiraient leur nom d'un revêtement de plaques osseuses; enfin, étaient baptisés *Ganoïdes,* d'un mot grec qui veut dire « luisant », tous ceux dont le corps était revêtu d'écailles émaillées, présentant l'éclat de la porcelaine.

Or, ce dernier terme a seul survécu ; de même que, parmi les nombreux Poissons qu'il désigne, à peine 10 genres sont parvenus jusqu'à nous à travers les âges. Le plus populaire de ceux-ci est l'*Esturgeon.* (Acipenser sturio). Véritable géant de la faune icthyologique d'eau douce, il peut atteindre 4 mètres de longueur, et peser jusqu'à 500 kilogrammes. Mais les individus de cette taille et de ce poids se pêchent loin d'ici, dans les grands fleuves russes. Sur nos marchés, les plus beaux exemplaires ne dépassent guère 1 m. 50. Ils proviennent de la Seine, de la Loire, du Doubs, de la Garonne, de l'Adour ; ils y sont d'ailleurs assez rares.

Bien que gardant les lignes générales et la physionomie du poisson « classique », l'*Esturgeon* ne saurait être confondu avec aucun autre.

Son corps, plus allongé que celui des *Gades,* a la forme d'un prisme, ou, si l'on veut, d'une pyramide à 5 faces.

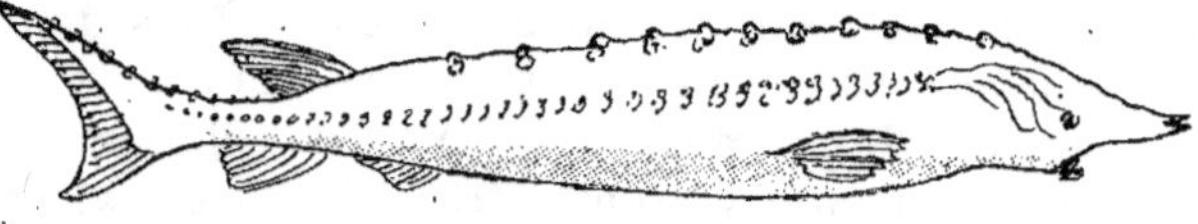

Il n'est pas revêtu d'écailles, comme ses congénères, mais d'écussons osseux disposés par séries longitudinales. C'est là comme un ressouvenir des *Poissons cuirassés,* si

-communs dans les couches dévoniennes et carbonifères. La tête se termine par un museau pointu ; les nageoires dorsales et ventrales sont rejetées très en arrière. Enfin, c'est un de ces poissons qu'on qualifie d' « *hétérocerques* », c'est-à-dire dont la nageoire candale est asymétrique (par opposition aux « *homocerques* », où les deux lobes sont égaux). Si je mentionne ce détail, c'est qu'il en est très souvent question dans les ouvrages scientifiques. Mais la distinction d'Agassiz, — on le reconnaît aujourd'hui, n'a pas l'importance qu'on lui attribuait autrefois, et d'ailleurs, si l'extrémité de la colonne vertébrale se prolonge ici dans l'un des deux lobes, exclusivement (le lobe supérieur), la queue ne laisse pas de former le fer de faucille.

La fécondité de l'Esturgeon est citée comme prodigieuse. Chez une femelle pesant 80 kilogrammes, on a compté jusqu'à 1.500.000 œufs. On sait que l'excédent n'en est pas perdu, puisqu'il fournit aux Russes le fameux *caviar*. — D'un autre côté, la vessie natatoire sert à fabriquer la « *colle de poisson* ». Etrange destin d'un organe originairement créé pour un but bien différent ! Mais c'est là la « *finalité détournée* » dont j'ai parlé tant de fois dans ce livre.

Au même groupe que l'*Esturgeon* appartiennent deux types assez curieux : le *Polyptère* et le *Lépidostée*. — Ce dernier, par certains traits de son anatomie (forme des vertèbres) paraît être l'anneau qui joint les Poissons aux Batraciens. Il ressemble, extérieurement, au Brochet, et habite les fleuves de l'Amérique du Nord.

Quant au *Polyptère*, il tire son nom de la multiplicité de ses nageoires dorsales. Au nombre de 8 à 16, elles forment sur l'échine de ce poisson une série. — je serais tenté d'écrire une kyrielle — de petits peignes épineux, qui semblent plutôt adaptés à la défense qu'à la natation. La principale espèce, le *Polyptère* « *bichir* », est l'hôte des torrents, au Sénégal. On le trouve aussi dans le Nil.

3° et 4° **Formes aberrantes**

L'artiste — ou l'amateur de pittoresque — qui visite le *Museum*, trouve confondus, dans les cadres de la classification scientifique, le beau et le laid, le caractéristique et l'harmonieux ; et cela n'est point surprenant, en défi-

nitive, puisque la classification scientifique n'est autre
chose qu'une classification naturelle, c'est-à-dire l'essai
consciencieux de grouper les animaux dans l'ordre même
où la Nature les a fait naître. Qr cet ordre, — on l'a pu
constater jusqu'ici, — c'est essentiellement celui des
ressemblances anatomiques, — et ces conformités tout
en profondeur se concilient parfaitement avec des dissemblances très accentuées en surface. Ici comme en bien
d'autres choses, le fond se trouve masqué par la forme,
et l'extérieur trompe sur l'intérieur.

Mais, — notez-le bien, c'est l'extérieur exclusivement,
qui fonde, pour notre esprit, ce qu'on appelle *laideur* ou
beauté, — *caractère expressif* ou *vertu d'harmonie*. Nous
autres esthéticiens, sommes donc obligés de classer les
êtres par le dehors. Aussi bien notre *museum* diffère de
celui des savants : c'est un museum esthétique, un musée
d'art, en quelque sorte. — Pour ce qui est des Poissons,
en particulier, les premiers compartiments du nouvel
aquarium ont été, pour ainsi parler, comme des galeries
d'Art *classique*. Vous avez pu y admirer la pureté presque
constante des contours, et l'unité de plan toujours visible
à travers la diversité de détail. A présent, d'autres galeries s'ouvrent à vos pas, où s'expose ce que j'appellerai :
l'Art vivant *romantique*, — en attendant l'Art *impres-
sionniste*, outrancier. Il semble que la Nature ait anticipé sur nos écoles.

Les Poissons naturellement *anormaux* (qui peuvent
encore, bien souvent, avoir leur « genre de beauté »), se
laissent classer en deux groupes : les *Vermiformes* et les
Foliacés.

Poissons vermiformes

Pour composer le premier groupe, esthétiquement
homogène, j'ai dû puiser en des familles très diverses :
c'est ainsi que je prends aux « *Cyclostomes* » la *Lamproie*, — que je retire des « *Téléostéens physosomes* »,
l'*Anguille*, la *Murène*, et qu'enfin je distrais de l'ordre
des « *Anacanthiens* » l'*Equille* et le *Lançon*. A voir tous
ces poissons rassemblés dans une même auge, on les
croirait, en vérité, très proches parents.

La *Lamproie* tient, tout à la fois, du Ver et du Serpent,
c'est dire qu'elle cause une certaine répulsion. L'espèce
marine, en particulier, a le dos marbré, telle une cou-

leuvre. On la désigne dans le peuple sous le sobriquet de
« *Sept-œil* », de « *bête à sept trous* », à cause des orifices
en forme de boutonnières qui font communiquer les
branchies avec le dehors. Quant au nom de *Lamproie* (du
latin *lampetra* (qui suce les pierres), il vient
de l'habitude qu'ont ces animaux de se repo-
ser, dans leur course, en se fixant au roc par
leur ventouse. Comme chez les Sangsues, en
effet, la bouche, tronquée circulairement, est
munis d'un puissant appareil de succion, et
ce dernier s'arme, à son tour, d'une dentition
complète en couronne. On imagine aisément
que la *Lamproie*, si bien pourvue pour le
« *struggle for life* », ne se contente point de
lécher le règne minéral ; ainsi que tous ses
congénères, elle est chasseresse et vorace. Mais,
détail amusant, lorsqu'elle remonte les cours
d'eau, l'insuffisance de ses nageoires la force
à se servir de sa ventouse ; et, se collant au
dos d'un poisson migrateur, le *Saumon*, par exemple, elle se fait véhicu-
ler sans fatigue.

L'*Ammocet*, longtemps pris pour
une espèce à part, n'est que la larve
d'une Lamproie. — Quant à la
Myxine, classée jadis parmi les *Vers*,
c'est une sorte de *Lamproie*. minus-
cule, qui vit en parasite chez certains poissons. L'exemple, en cette classe de vertébrés, est d'ailleurs unique.

L'*Anguille* a presque tout, dans sa physionomie, du
Serpent. A l'inverse des autres poissons « amphibies »,
elle ne remonte pas les fleuves pour frayer, mais les descend, et regagne la mer en automne. L'épaisse couche de
mucus dont tout son corps est recouvert la rend glissante,
comme on sait ; et c'est un moyen, pour elle, d'échapper
à ses ennemis, l'homme en tête. On connaît aussi la faculté que possède cet animal de faire d'assez longs trajets
à sec, hors de l'eau. Cela, grâce à l'occlusion des
branchies, lesquelles ne communiquent avec le dehors
que par une fente.

Proche de l'*Anguille de rivière* est le *Congre*, qu'on
appelle « *Anguille de mer* ». Il atteint souvent une taille
considérable, et peut peser jusqu'à 100 livres. On le pêche
en quantité sur nos côtes normandes. — La *Murène*, au

contraire, est un poisson méditerranéen. Les Romains de la décadence l'élevaient en vivier, et certains poussaient la démence jusqu'à la charger de bijoux !... Leur goût sensuel de sybarites, et de sybarites féroces, était séduit par le spectacle d'un serpent aquatique très-gras, aux flancs rebondis, goulu comme les convives qui le contemplaient, escomptant la succulence de sa chair... Nous autres modernes du Nord, et chrétiens, ne trouvons-nous pas une jouissance plus

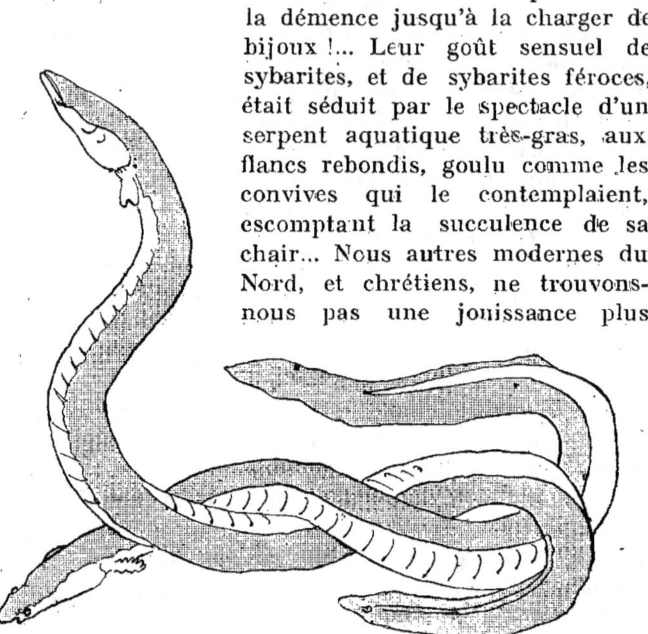

idéale à contempler l'*Ablette* ou le *Goujon* qui, de son joli corps argenté, frétille gentiment sous les ondes ?

Je dois citer ici ce poisson électrique qu'est la *Gymnote*. La Gymnote est au groupe des « Vermiformes » ce qu'est la *Torpille* au groupe dont l'étude va suivre, des « Foliacés ». On pourrait la nommer « l'*Anguille torpilleuse* ». Elle habite les fleuves et les marécages de l'Amérique septentrionale, où elle traite sa proie par l'électrocution. Encore ici, l'homme n'a fait qu'imiter la Nature, avec ses machines.

Deux petits poissons fort gracieux se rattachent encore au type anguilliforme : ce sont : le *Lançon* et l'*Equille*.

Les Anglais les appellent « Anguilles de sable » (*Sandeels*). Leur nom scientifique d'*Ammodytes* exprime à peu près la même chose, ajoutant toutefois cette idée qu'ils pénètrent, très prestement, dans la couche sablonneuse, en vrillant leur corps, long et flexible ; ils peuvent ainsi, pour échapper à la main qui veut les saisir, s'enfouir à la profondeur d'un demi-mètre. Ils sont ingénieux, autant que charmants ; et c'est dommage que leur chair soit si savoureuse en friture...

Poissons plats ou « *foliacés* »

Le second groupe que j'inaugure est celui des *Poissons plats*, ou « *foliacés* ». Mais, comme je l'indiquais au début, ils le sont de deux manières très-différentes : les uns sont aplatis *de haut en bas*, et les autres, *sur les côtés*. Les premiers (la *Raie*, la *Torpille*), sont, par leur organisation, voisins des Squales, c'est-à-dire des Requins ; mais combien ils en diffèrent par la figure ! — Et quant aux seconds, classés parmi les Téléostéens, avec la plupart des formes « classiques », on les distingue sous le vocable de « *Pleuronectes* ». Cela veut dire, en grec, « *qui nage sur le flanc* ». Effectivement, si vous examinez un Turbot, une Sole, une Limande, vous verrez qu'un des côtés du corps, — où les deux yeux se trouvent réunis, est plus ou moins fortement coloré, tandisque l'autre, aveugle, et sur lequel le poisson se couche, reste blanchâtre. A première vue, vous êtes tenté de croire, naturellement, que le côté de dessus est le *dos*, et que celui de dessous est le *ventre*. Mais ceci n'est qu'une apparence, et provient à la fois d'une déviation de croissance et d'une attitude. A son premier âge, Turbot, Sole, ou Limande est parfaitement symétrique ; nageant comme une feuille en équilibre sur sa tranche, il offre deux côtés également incolores, et ses yeux sont normalement opposés, droit et gauche, ainsi qu'on le voit partout. C'est plus tard qu'il se produit un mouvement de torsion très curieux, dont le résultat est de détourner l'œil (c'est tantôt le droit, et tantôt le gauche) de sa vraie place, pour le reporter tout à côté de l'autre, et sur la même face du corps. En même temps, l'animal change ses habitudes ; il se couche à plat sur un des côtés, — celui, naturellement, qui s'oppose aux yeux. Or, ce côté, soustrait ainsi à l'influence de la lumière, échappe à la pigmentation et reste incolore.

On retrouve là, en définitive, un fait d'adaptation assez analogue à celui des feuilles végétales, où la face « ventrale », tournée vers le sol, offre un aspect plus pâle que la « dorsale », illuminée de plein soleil ; rappelez-vous aussi la *paume* des mains et la *plante* des pids, chez le nègre. Et puis, si vous voulez, d'une façon « vécue », vous rendre compte de l'attitude du *pleuronecte*, — à votre premier bain, renversez-vous sur le côté, et nagez ainsi, tout en tournant vos regards vers le ciel.

Les Poissons plats du premier type, et que j'appellerai, pour préciser, les « *horizontaux* », se réduisent à ces deux genres : la *Raie*, la *Torpille*.

Si cette question m'était posée : « la Raie est-elle un beau poisson ? » je resterais assez perplexe... La couleur de son dos est neutre, et le semis de taches qui la ponctue, assez peu distinct. Quant à sa forme générale, si différente du type ichtyologique familier à tous, elle est étrange, en vérité, pour un animal ; mais sa géométrie, justement, retient l'attention ; elle donne le plaisir des formes fondamentales, essentielles. Comme, en quête d'une définition esthétique, j'en traçais le *schéma* sur mon cahier, je m'avisai soudain que ce grand losange de chair, dépassé par son appendice caudal, évoquait la figure d'un *cerf-volant*. Les amples nageoires pectorales, qui donnent tant d'envergure à la Raie, sont comme des ailes aquatiques, et l'animal, avec leur aide, *vole* — plutôt qu'il ne nage, à travers les ondes.

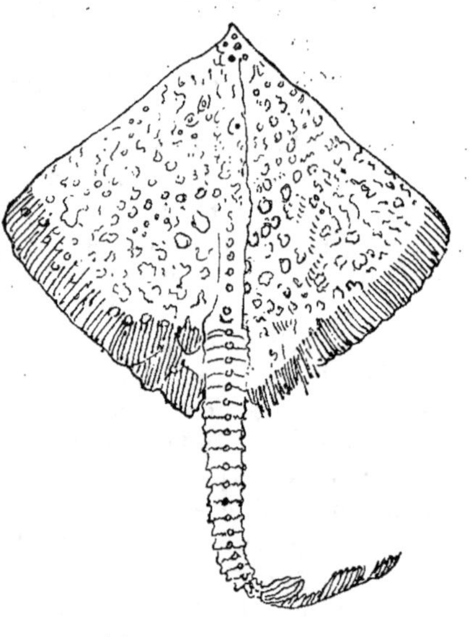

La *Torpille* n'a point ces grâces. Le contour presque circulaire de son avant-corps, et les trois boutons trop

précis disposés sur son dos épais, en triangle, en font
une sorte de machine vivante. C'est une *Raie discoïdale*,
en somme, et bien adaptée aux fonctions électriques,
chez elle très puissantes. — Comme on devait s'y attendre, la chair de ce poisson, qui porte la foudre, n'est pas
mangeable.

****

Passons maintenant aux Poissons plats du second type
ou « *verticaux* », — idéalement tout au moins, puisque
— vous venez de le voir, ceux-ci nagent, et se tiennent à
plat sur le fond.

Ce sont : le *Turbot*, la *Barbue*, la *Plie*, la *Limande*, la
Sole, et le *Flet*. Tous sont marins, et la plupart, gastro-
nomiquement, très-estimés.

Le *Turbot* porte, en latin, le nom de *Rhombus*, par
allusion à sa forme rhomboïdale, ou, pour parler plus
simplement, en losange. Mais c'est un losange très
arrondi, bien moins géométrique que celui des Raies.
Du reste, nous savons qu'il est ici formé par les côtés, et
non plus par le dos et le ventre. Les nageoires dorsale et
ventrale l'entourent d'un cadre ininterrompu. Aux deux
pôles de ce sphéroïde aplati sont la tête et la queue ; la
tête, avec sa face tordue et ses yeux de travers, est
vilaine, mais la queue se déploie en bel éventail. — Le
Turbot présente parfois cette anomalie, d'être également
coloré sur ses deux flancs droit et gauche ; on l'appelle,
en ce cas, *Turbot « double »*. Mais habituellement il est,
comme tous les « Pleuronectes », asymétrique quant à la
teinte ; et chez lui, c'est le flanc *gauche* qui se pigmente,
qui se hâle, le droit demeurant incolore, comme étant
celui sur lequel s'étend l'animal. Ainsi le Turbot, par
son attitude, est *droitier*. On le pêche dans la Manche, la
mer du Nord, l'Océan, et même dans la Méditerranée.
Mais il est principalement abondant sur deux bancs de
sable appelés le *Varne* et le *Ridge*, en plein Pas-de-Calais,
sur le trajet des paquebots qui vont de Boulogne à Folk-
stone.

Ce qu'on appelle la *Barbue*, sur les barques de pêche
ou dans les restaurants. n'est, en réalité, qu'une espèce
de Turbot, très voisine : c'est un Turbot un peu plus
petit, aux contours plus ronds, mais autant estimé que
l'autre pour la table.

Les autres poissons plats se couchent sur le côté gauche ; ils sont *senestres* ou *gauchers*, — du moins par l'attitude, car leur regard, inversement, se dirige à droite.

La *Sole*, tout d'abord, en latin *Solea* (« semelle de Jupiter »). — Son corps, non plus rhomboïdal, mais tendant à l'*ellipse*, est complètement encadré des nageoires dorsale et ventrale, qui forment deux longues crêtes ininterrompues. Sa peau est rugueuse au toucher ; la teinte en est olivâtre, et quelquefois blonde. Bon poisson à manger plutôt que beau à regarder.

Déjà rugueuse chez la Sole, la peau devient, chez la *Limande*, râpeuse. D'où le nom qu'elle porte, et qui vient de *lime*. C'est un poisson qui, par sa forme, est intermédiaire entre la Sole et le Turbot. Sa « *ligne latérale* » dessine, en avant, un sinus assez caractéristique ; c'est comme la signature de l'animal, son document d'identité.

La *Plie* ne diffère que fort peu de la Limande ; celle qu'on nomme *microcéphale* a la tête, en effet, très-petite ; sa teinte est acajou clair ; on la connaît sur les marchés sous la dénomination de *Limande-Sole*. L'autre, *Plie*

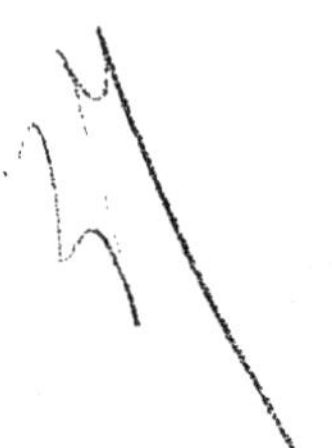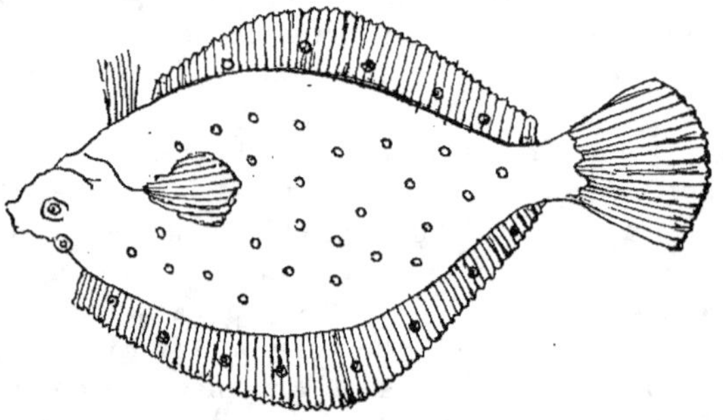

franche ou *Carrelet*, offre un peu le galbe en losange du Turbot. La teinte acajou de ses téguments est relevée de taches orange. Cette espèce de ponctuation s'étend même sur les nageoires. Posée à plat sur le fond sablonneux, elle imprime à ces dernières, — écrit Raveret-Wattel, « des mouvements ondulatoires d'une telle vitesse, que celles-ci semblent vibrer ; le léger nuage de sable que le poisson soulève par ces mouvements lui recouvre instantanément le corps, ne laissant plus d'apparent qu'une très petite portion de la tête avec les yeux, relevés et saillants, à iris d'un joli vert émeraude ».

Enfin, le *Flet*, sorte de Plie non ponctuée, ne présente rien de bien remarquable, si ce n'est le peu de fixité de son attitude, comme de sa couleur. Certains individus de l'espèce, en effet, se couchent sur le côté droit ; d'autre part, on en trouve qui sont pigmentés sur les deux flancs droit et gauche ; et d'autres, au contraire, également pâles sur l'une et l'autre face du corps. C'est une sorte d'*albinisme*.

5º et 6º Formes gigantesques ou monstrueuses

Les genres de poissons qui viennent d'être passés en revue, *serpentiformes* ou *foliacés*, offrent une figure aberrante, mais non singulière. Ce n'est pas quelque chose d'inférieur, esthétiquement, c'est *autre chose*. Ceux qu'il nous reste maintenant à décrire composent une catégorie tout à fait à part : ce sont des formes *monstrueuses*.

Il faut s'entendre, cependant, sur cette épithète de « *monstrueux* ». Si nous remontons à l'origine du mot de *monstre*, — nous voyons qu'il n'a point, au début, le sens rigoureusement péjoratif qu'on lui prête ; il signifie, tout simplement, « *ce qui est à montrer* », ce qu'on expose comme extraordinaire et curieux à voir. Seulement il arrive, nécessairement, que l'objet ou l'être « curieux à voir » est, dans la majorité des cas, de forme excentrique, bizarre. Or, mis en parallèle avec ses congénères bien conformés (ou, du moins, *conformes au type*), il frappe par l'écart de ses lignes, de ses couleurs, ou de ses dimensions ; il nous apparaît *déformé* ; or, du *déformé* au *difforme*, il n'y a qu'un pas. D'après ce que nous venons de dire, en ajoutant le terme de *dimension*, on conçoit que, parmi les Poissons « monstrueux », nous placions aussi ceux qui sont simplement gigantesques. Et le langage usuel nous donne raison, lui qui parle de « *monstres marins* » pour désigner le Requin ou le Cachalot, par exemple.

Aussi bien devons-nous ici, provisoirement tout au moins, écarter le mot de *laideur*. Non pas, — qu'on m'entende bien, par ce lâche libéralisme, cet éclectisme dissolvant, qui trouve tout également beau, — mais parce que nous saisissons la différence qui sépare le *difforme* du *fantastique*. Ainsi les guivres et les chimères de nos cathédrales, comme les *grotesques* qui jouent un si grand rôle en l'Art décoratif de tous les temps, ne peuvent passer pour du *laid*. En invoquer le témoignage, — ainsi font les réalistes, afin de réhabiliter la laideur, est un abus de raisonnement, un paralogisme. Si la beauté consiste essentiellement dans l'harmonie des lignes et des proportions, tel diable cornu, grimaçant, ou tel dragon terrible et composite est aussi beau qu'un des anges de N. D. de Reims, ou que la « Vierge dorée » d'Amiens. Seulement, c'est une autre espèce de beau, — ou, pour mieux dire, l'autre pôle de la beauté. Il y a donc, pour qui sait discerner les choses délicatement, une beauté *pure, idéale* ou *de sélection* — et une autre *d'adaptation*, infime ou suspecte, que j'appellerais « *beauté dans l'étrange* ».

C'est celle-ci que je vais décrire, à présent ; son tour est venu. Fermant l'exposition des formes de poissons régulières, j'ouvre immédiatement un *musée de monstres,* — et dans l'acception où je prends ce terme. Mais auparavant, une précaution, encore, est à prendre. Il me faut faire observer qu'on est ici, non sur le terrain de l'Art, mais sur celui de la *Nature* et de la *Vie.* D'où la restriction qui s'impose de considérer cette fois, non plus l'harmonie résultant d'un type expressément *stylisé,* c'est-à-dire, en un mot, l'*eurythmie,* mais celle qui ressort des lois de *corrélation organique.* Il ne faut jamais perdre de vue ce principe, que la Nature travaille d'abord pour la vie ; c'est par le perfectionnement (simplifié) des rouages vitaux, et l'adaptation (pacifiée) des instruments manifestant cette vie au dehors que, sans intention esthétique expresse, elle atteint le beau. Par conséquent, les « monstres marins » que je vais décrire ne devront pas être examinés comme on examine les monstres de pierre, architecturaux. Sont-ils beaux ? Sont-ils laids ? — C'est une question trop tranchante, et qui, pour moi, ne doit pas se poser. Qu'il suffise de dire : « ils sont *surprenants* ». Et puis, d'ailleurs, beaucoup d'entre eux, schématisés par une main d'artiste, ne feraient pas mauvaise figure dans un décor.

Pour mettre un peu d'ordre en ma galerie, je distinguerai des « *Poissons géants* » et des « *Poissons-outils* », — puis des « *Poissons de rêve* », ou *fantastiques* », enfin des « *Poissons féeriques* ». Vous saurez bientôt le secret de ces expressions.

A. — **Poissons géants**

Les *Poissons géants* sont principalement représentés par la famille des *Squales* ou *Requins*. Disons de suite que ces Vertébrés, inférieurs par l'état cartilagineux du squelette, se rattrapent sur le terrain du système nerveux et des organes sensoriels. Leur instinct est très éveillé. Je citerai le *Requin* proprement dit ; puis la *Roussette*, le *Pélerin*, l'*Ange*, l'*Aiguillat*, l'*Emissole*. — Le seul nom de *requin* évoque des tableaux peut-être aussi terribles que ceux d'un naufrage. Et en effet, sur certaines eaux du globe, grâce à leurs dents, à la promptitude de leurs allures, un « homme à la mer » est presque toujours un homme perdu. L'aspect de ce poisson, d'ailleurs, est bien celui d'un animal de proie : tête plate, à bec pointu, proéminent ; gueule béante, laissant voir une dentition formidable ; carène allongée de vaisseau-pirate ; énormes nageoires pectorales ; large nageoire caudale, en faucille ; tout, chez le *Requin*, est calculé pour la « *course* ».

La *Roussette*, ou « *Chien de mer* », est de taille beaucoup plus faible, et n'est guère à craindre que pour les Harengs, auxquels elle fait une chasse obstinée. Son long corps, qui s'amincit bien en-deça du point où commence la queue, est tout entier ponctué de taches grises, tranchant sur le fond roussâtre des téguments. C'est, en quelque sorte, un requin flasque et dégénéré. L'*Aiguillat*, qui doit son nom aux piquants de ses nageoires dorsales, est très redouté, et haï des pêcheurs, parce qu'il déchire leurs filets, et dévore le poisson qu'ils ont capturé. L'*Ange* est ainsi nommé pour ses nageoires en forme d'ailes ; il est, du reste, fort peu angélique d'aspect, — encore moins de mœurs. Sa peau, très rugueuse, sert au polissage. Quant au *Pélerin* (*Selache maximus*), c'est un géant parmi les géants. On en a vus qui mesuraient jusqu'à 14 mètres de long. En dépit de cette taille extraordinaire, le Pélerin, dont les dents sont menues et non dentelées, n'est pas dangereux pour notre espèce.

Chez l'*Emissole* (*Mustelus vulgaris*), la mâchoire est comme pavée de dents plates, en mosaïque. C'est le plus inoffensif de tous les squales.

B. — **Poissons-outils**

Les « *Poissons-Outils* » sont le *Marteau*, la *Scie*, l'*Espadon* (plutôt poisson armé), puis le *Rémora* et l'*Orphie*. Celui qu'on appelle *Marteau*, n'a, d'ailleurs, de l'instrument connu, que l'apparence ; en effet, sa tête se prolonge, symétriquement, en deux expansions latérales, qui portent les yeux. Mais la *Scie*, sa proche parente — en la Nature comme en nos ateliers, mérite exactement son surnom. Elle inspire l'effroi par sa seule vue, grâce au long bec rigide qui prolonge la bouche en avant, et dont les bords sont dentés (ou dentelés) avec une régularité vraiment mécanique. Et cela même a suggéré l'image d'une *scie*. Que l'on fasse attention, toutefois, qu'adopter cette métaphore, c'est renverser l'ordre logique, puisqu'ici la Nature a devancé nos Arts, qu'elle nous a proposé son modèle. Comme je l'écrivais, jadis, en ma brochure sur l'*Histoire naturelle des Arts*, « presque tous « nos engins, artificiels et sortis de nos doigts, remontant à quelqu'organe naturel, inorganique ou « vivant » ; et je citais, en particulier, « l'*oiseau*, qui, « par sa carène, dicte le gabarit des navires, — le *poisson*, dont les nageoires suggèrent l'aviron — ou l'hélice, « — le *cétacé* dont même, directement, les fanons, sous « la dénomination de *baleines*, passent dans l'industrie, « pour quel usage différent, il est vrai ! » ».

Vous verrez tout à l'heure que les habitants des profondeurs obscures de la mer ont été pourvus d'un éclairage perfectionné, bien avant notre invention des lampes électriques.

L'*Espadon* ne rappelle plus un outil, mais une arme. C'est moins un ouvrier-soldat qu'une espèce de chevalier ; confiant dans ce glaive formidable qu'il ne porte pas librement au poing, et qui fait partie de son corps, ce « *spadassin* » des Océans ose se mesurer avec la Baleine. Parent du Maquereau, mais parent bien armé, ses combats avec l'*Eléphant de la mer*, inerme, mais invulnérable, ne finissent pas toujours à son avantage. L'*armure* défensive, ici, triomphe de l'*armement* offensif. C'est la victoire d'un cuirassé, supposé passif, sur un croiseur éperonné.

Détail amusant : l'Espadon s'attaque aux navires, qu'il prend, probablement, pour des Cétacés de très grande taille. On pourrait traiter cela de *métaphore vécue.*

Passons au *Rémora* qu'on appelle aussi le *Sucet.* C'est, comme la Lamproie, un poisson pour ainsi dire « *chirurgical* » — un *poisson-ventouse.* L'appareil qui sert à l'animal à se fixer, à adhérer fortement aux corps étrangers, est assez complexe, et d'une structure admirable. Il recouvre la tête et même le début de l'échine d'une sorte de coiffe aplatie, tel un béret. C'est ainsi que le Rémora doit se coller, non pas au-dessus de son hôte, mais *au-dessous.* La disposition de cet appareil fixateur (plutôt que suceur) est telle, que si l'on veut faire lâcher prise au poisson, il ne faut pas, comme on serait tenté de le faire, le tirer en arrière, mais, tout au contraire, le pousser en avant ; de cette façon, on permet aux valves de la ventouse de se rabattre, ce qui, dès lors, détruit la force d'adhérence.

Assez régulier, d'ailleurs, de contour, le Rémora, sans ce singulier appendice, n'arrêterait guère l'attention. Mais cet appendice l'a rendu célèbre. Même, par amour du merveilleux, on lui a longtemps attribué une puissance qu'il est bien loin de posséder. Pline le Naturaliste, qui mériterait souvent cet autre nom : Pline « *le Romancier* », raconte sérieusement qu'un Rémora put décider du sort, au combat d'Actium, en arrêtant le navire d'Antoine dans sa course... Et l'on trouve dans un poème — assez médiocre, au reste, de Du Bartas, ces vers qui font sourire :

> Le *Rémore,* fichant son débile museau
> Contre le moite bord du tempête vaisseau,
> L'arrête tout d'un coup au milieu d'une flotte...

Dans ce grand atelier naturel où figurent la *Scie,* le *Marteau,* l'*Espadon,* et jusqu'à la *Ventouse* vivante, l'*alène* est représentée par l'*Orphie.* Ce dernier genre de poisson ne paraît pas fréquemment sur nos tables ; et lorsque par hasard on le sert, la teinte *vert-de-gris* de ses arêtes étonne et met en défiance. Disons tout de suite que cette coloration est absolument naturelle, en dépit de son apparence suspecte ; elle ne communique à la chair aucune propriété vénéneuse : c'est seulement une rareté, une curiosité organique, dont il reste à trouver la cause, et la raison d'être.

L'Orphie, outre son bec aigu, a le corps extraordinairement effilé ; mais ses nageoire, au lieu de former deux longues crêtes continues, tout le long du corps, comme chez l'Equille, le Lançon, sont brèves et très espacées. Il

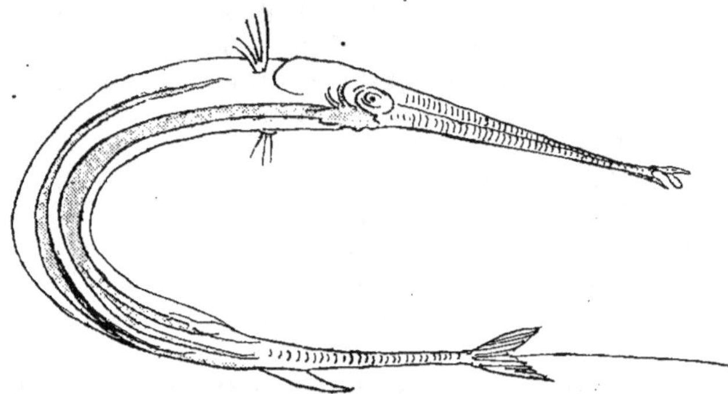

nage volontiers à la surface des eaux marines, et souvent on le voit bondir, verticalement, hors des flots, pour s'y replonger, mais à reculons, la queue la première.

Déjà l'*Ange,* par ses nageoires aliformes, — l'*Espadon* et la *Scie,* par leur bec étrangement armé, — le *Rémora* par sa coiffe-ventouse, — et le *Marteau,* par sa conformation en T majuscule, auraient pu figurer parmi les *Poissons de rêve,* — même de cauchemar... Mais ils rappellent encore trop des instruments ou des objets de la vie réelle. Ceux que je vais décrire à présent semblent plutôt appartenir au monde irréel, ou des songes. Ce sont d'abord les « *fantastiques* », puis les « *féériques* ». Vous toucherez bientôt du doigt la valeur de cette distinction.

3° **Poissons de rêve : les fantastiques**

Parmi les Poissons « fantastiques », je citerai tout d'abord les *Trigles,* ou, comme les nommait un grand

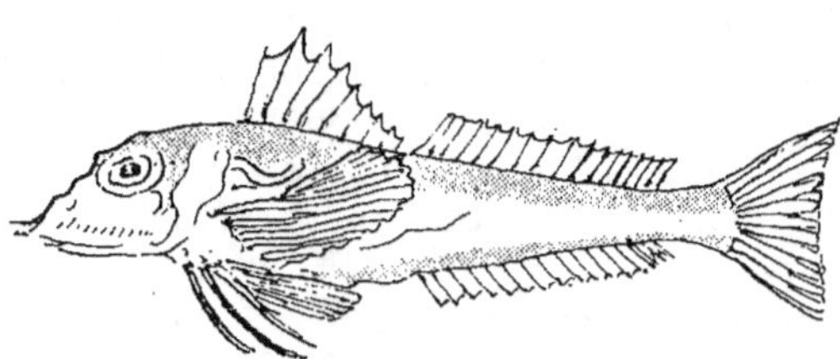

naturaliste, les « *Joues cuirassées* ». — Leur corps est tout entier d'un beau rouge Saturne, à l'instar des Mulles.

ou *Rougets* ; mais il se rétrécit de la tête à la queue
d'un mouvement de lignes désagréable. La tête est menaçante, avec ses yeux ronds dilatés ; les nageoires pectorales, en ailes diaboliques, se renforcent d'une sorte de
trident dont les branches, molles et comme faussées, simulent les barbillons de la Loche. L'escarpement terrible de la nageoire dorsale s'ajoute à cela pour donner à
ces êtres, fort inoffensifs d'ailleurs, — l'allure du *dragon*
de la Fable. — On en connaît, sur nos propres côtes, trois
espèces : le *Trigle-Lyre*, le *Trigle-Hirondelle* (aux nageoires pectorales d'un violet sombre), et celui qu'on appelle,
ignominieusement, l' « *Imbriago* », ce qui veut dire, en
langue d'oc, ivrogne.

Mais le prince du groupe, sans contredit, est le *Malarmat*, nommé de ce vocable bien à tort, — ou, sans doute,
par antiphrase, car son corps, dont la forme est exactement celle d'une pyramide à 8 pans, est protégé de bout
en bout par une cuirasse. Aussi son nom latin est-il plus
vrai, plus expressif. « Nous l'avons appelé *Kataphrac-*
« *tum*, dit le bon Rondelet, parce qu'il est tout armé é
« garni d'os ». Sur ce corps pyramidal et bien cuirassé
s'emmanche une tête rigide, en forme de morion, que
prolonge un rostre fourchu ; la lèvre inférieure laisse
pendre des barbillons découpés en feuilles de chicorée.
C'est comme une espèce d'insigne.

Le *Chabot de mer,* ou *Cotte-Scorpion,* est voisin des
Trigles ; mais, bien que de couleur plus foncée, n'offre
pas un aspect aussi impressionnant que ces derniers On

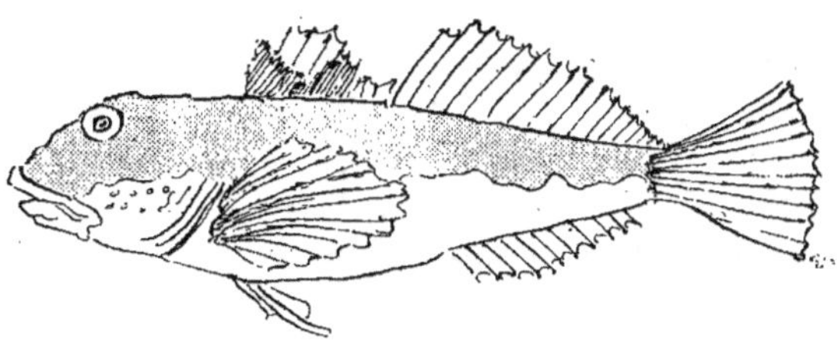

ne peut en dire autant de son congénère d'eau douce, le
Chabot de rivière ; celui-là, c'est un véritable monstre,
en dépit de sa configuration symétrique. Sa tête évoque
un gaufrier dont le reste du corps serait le manche, —
mais un gaufrier de contour ovale. On peut le comparer,
d'ailleurs, grâce à ses faibles dimensions, au têtard de

grenouille. C'est un « *têtard* », en somme, terrible plutôt que comique.

Les *Scorpènes,* comme les Chabots, sont assez proches
parents des Trigles ; mais leur corps est plus ramassé,
plus trapu. Ce sont des bêtes aux lignes tourmentées, aux
colorations heurtées, et qui présentent l'image du désordre. On dirait qu'un artiste en colère a jeté brusquement, pour tracer leur figure, les traits de crayon, les
coups de pinceau. Et cette figure, en outre, est répugnante, à cause des téguments mous et spongieux, même
verruqueux et déchiquetés autour de la tête. Par surcroît, les nageoires, en crêtes prolongées, sont armées
d'aiguillons venimeux. Une espèce de nos pays, dite la
Rascasse — nom bien expressif par sa seule sonorité, —
est, à cause de ces dards, très redoutée. C'est, pour les
matelots, le *Scorpion de mer,* — « non pas, dit Ronde-
« let, par la ressemblance qu'il ha avec le Scorpion de
« terre, mais à cause qu'il picque à point, é en picquant,
« il jette son venin ». Les matelots se vengent en le mettant dans la bouillabaisse.

En parcourant l'œuvre de Cuvier, je trouve ce passage
« Dans cette famille des *Joues cuirassées* (c'est-à-dire des
« *Trigles*), si abondante en poissons de figure singulière,
« et parmi ces genres voisins des Scorpènes, qui se font
« presque tous remarquer par leur laideur, il en existe
« un plus difforme, et, on peut le dire, plus monstrueux
« que tous les autres, et que nous avons cru devoir dési-
« gner par un nom qui rappelât sa difformité : c'est le
« genre des « *pélors* »...

J'admire, en passant, la solennité de ce mauvais certi-
ficat : Cuvier, tout comme Buffon, lorsqu'il condamne au
nom de l'Art un être vivant, sait y mettre les formes. Il
est incontestable que le « *Pélors* » est l'inverse absolu de
toute harmonie, de toute beauté. Des yeux démesurés, en
forme de roue d'engrenage, enchassés dans une tête qui
semble à moitié dépouillée, tombant en lambeaux ; des
nageoires envahies de végétations, une peau mollasse,
ayant la consistance d'une éponge ; un corps d'où pendent, de toutes parts, des filaments charnus, comme si
ce poisson sortait de je ne sais quel fourré sous-marin,
encore tout empêtré d'algues et de détritus, — telle est
cette créature improbable dont la patrie, cependant, est
l'enchanteresse *Ile-de-France.*

Il est bon de faire observer, toutefois, que le choix de

son nom n'est pas très heureux, pour un savant qui doit se piquer de rigueur. En effet, le terme de *pélorie* sert, dans la Science, à désigner une *anomalie*, — c'est-à-dire un cas de monstruosité exceptionnel, *anormal* ; et même, au règne végétal, on l'a vu, cette monstruosité n'implique pas forcément la laideur. Or, le *Pélors* est un genre naturel, qui naît régulièrement sous la figure qu'on lui voit, et reproduit des descendants semblables à lui-même. C'est un monstre, si l'on veut, mais au sens esthétique seulement ; c'est, ainsi que nous l'avons établi par ailleurs, un monstre *normal*.

Vous n'avez pas oublié, je l'espère, le groupe des « *Vives* ». Si j'ai laissé ces poissons dans la catégorie des formes « *harmoniques* », c'est à-cause d'une certaine régularité de contours. Autrement, la petite aile de dragon endeuillée de noir, qui se dresse en avant de la longue nageoire dorsale, a déjà mine menaçante. On la retrouve chez une espèce de Vive méditerranéenne, qui porte un nom bien beau : l'*Uranoscope*. « *Uranoscope* », en grec, signifie : « *qui regarde le ciel* ». On se rappelle alors le vers fameux d'Ovide :

« *Et erectos ad sidera tollere vultus* »...

Mais ce regard, ici, n'a rien de sublime ; ce n'est pas, du reste, un *regard* ; c'est une orientation fatale et mécanique des deux yeux. Ces yeux sont en effet placés tout près l'un de l'autre, et juste au-dessus de la tête. De profil, on dirait presque d'un Cyclope. — Quant à la bouche, aux lèvres hideusement retroussées, elle est munie d'un tentacule qui sert à l'animal d'amorce. Enfoui de tous son corps dans la vase, il sort cet appendice imitant à ravir un ver, et le menu fretin mord bénévolement à l'appât.

On appelait *Chimère*, chez les Anciens, un être fabuleux qui combinait la tête et le poitrail du lion, le corps de la chèvre, et la queue du dragon.

Cette espèce de tarasque hellénique répandait la terreur dans les campagnes, lorsqu'un héros, *Bellérophon*, prédécesseur lointain de Sainte Marthe, en vint à bout, grâce au secours que lui fournit Pégase, le cheval ailé. La Chimère lançait des flammes par la bouche. Bellérophon utilisa ce privilège pour la perdre ; il n'eut qu'à mettre à l'extrémité de sa lance, un manchon de plomb ; enfoncée dans la gueule du monstre, elle l'étouffa d'un ruisseau de métal fondu.

La *Chimère* moderne est réelle, et bien vivante. Elle ne court pas les campagnes, mais la plaine liquide ; sa bouche ne lance aucun feu ; ce sont les harengs qu'elle poursuit, non les hommes. Elle n'a rien du lion, ni de

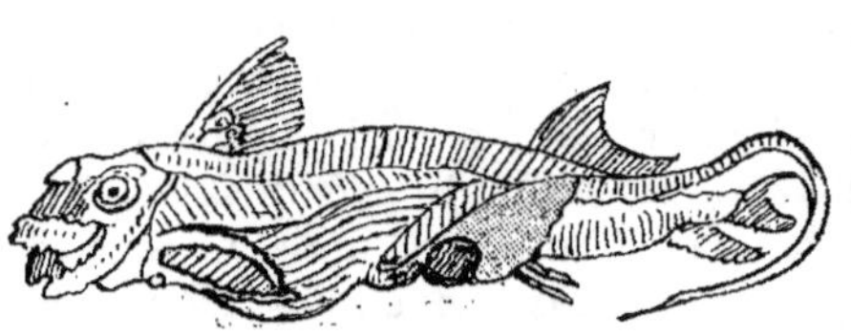

la chèvre, ni même du dragon fabuleux, car ses nageoires, taillées en ailes sont plutôt souples, et dépourvues de rayons épineux. Et cependant, sa queue, quelque peu « *draconienne* », à terminaison filiforme, son corps serré dans un tégument nu, comme « corseté , sa tête enfin, qui fait songer à celle d'un perroquet au bec atrophié, lui donnent, évidemment, quelque chose de « *chimérique* ». C'est la cousine, assez fantasque, des squales géants et sérieux.

Qualifiant de « *masquées* » les formes précédentes, je dénommerai « *travesties* » celles qu'on va décrire, à cause que, chez elles, ce n'est pas la tête seule, ou à peu près, qui s'offre difforme ; le corps tout entier, s'écartant du type *poisson,* prend un aspect étranger. — un aspect « étrange ».

On peut subdiviser cette nouvelle catégorie de telle façon : les *Orbiculaires* ou *Sphériques,* — et les *Prismatiques.* Dans le premier groupe se rangent : le *Poisson de St-Pierre,* qui est un Scombre, — puis la *Baudroie,* le *Coffre,* et le *Poisson-lune,* Plectognathes d'état-civil. — enfin le *Monocentre du Japon,* un Acanthoptère. — Dans le second prendront place le *Syngnathe* et l'*Hippocampe* (Téléostéens Lophobranches).

Ainsi que beaucoup d'autres, d'ailleurs, le *Poisson de Saint-Pierre* possède une riche synonymie, — beaucoup trop riche, en vérité, car elle prête à confusion. Outre son nom savant de *Zeus faber,* qui se traduit ainsi : « Jupiter forgeron », le peuple, suivant les localités, l'appelle : *Dorée, Jean doré, Poule de mer, Poisson Saint-Christophe, Rose. Gal, Pois de Nostre Segue, Crésus,* etc. Vous verrez à l'instant d'où lui vient son nom principal.

Par son aspect bizarre, il se fait très aisément distinguer de tous les Scombres, ses congénères. D'abord,

son corps, extraordinairement raccourci, forme un ovale
dont les pôles finissent en pointe ; il est d'ailleurs fort
comprimé sur les flancs, ce qui lui donne, dans l'espace,
une figure plutôt discoïdale que sphérique ; c'est un

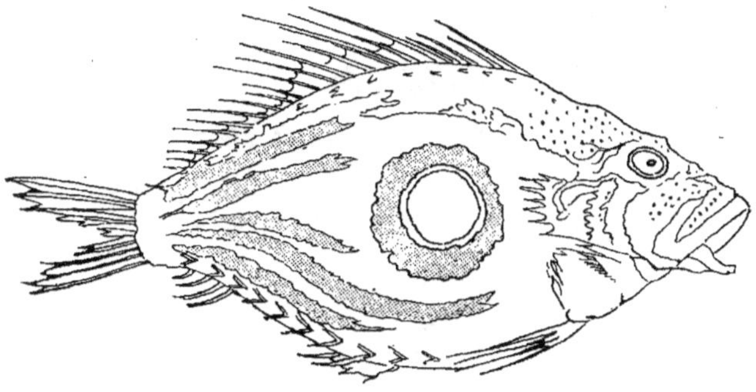

poisson, en somme, *orbiculaire*. La tête, renfermée dans
les limites du grand ovale, à l'air d'un masque étroitement appliqué, masque plus hébété que féroce. Mais ce
qui le rend formidable au regard, c'est la nageoire que
son dos supporte. Dix rayons épineux en forment l'ossature, comme ailleurs ; seulement, ici, la membrane tendue sur ces espèces de baleines les dépasse, pour se diviser elle-même en autant de longues lanières, lesquelles
se rebroussent en arrière. Cela fait un panache à la fois
grêle et menaçant. Ajoutons que le corps est rayé, dans
toute sa longueur, de bandes parallèles, alternativement
grises et jaunâtres, avec la régularité qu'on voit dans les
papiers peints. Bien au-milieu, sur l'une et l'autre face,
une tache noire se fait remarquer. C'est cette tache qui
vaut au poisson son vocable. Voici la légende : Un jour
que Saint-Pierre pêchait (il n'était pas encore « pêcheur
d'hommes »), une *Dorée* tomba dans ses filets. Comme il
arrive pour cette espèce, elle jeta, captive, son cri plain-
tif. Touché de compassion, l'apôtre la saisit par les flancs
et lui rendit la liberté des ondes... Mais, depuis ce moment, la Dorée porte la trace de ses doigts, et c'est « *le
Poisson de Saint-Pierre* ».

Ce trait n'est-il pas ravissant, et ne méritait-il point
de figurer dans une *Histoire esthétique de la Nature* ?

La Nature..., elle sait varier l'horrible autant que le
beau ; avec elle, aucune monotonie n'est à craindre.

Ainsi, dans ce musée de monstres, la *Baudroie* va nous
révéler du nouveau. Je dirai qu'elle est aux « Orbiculaires » ce que la Raie fut aux « Pleuronectes » : en effet,
son corps s'aplatit, non pas sur les flancs, comme le Pois-

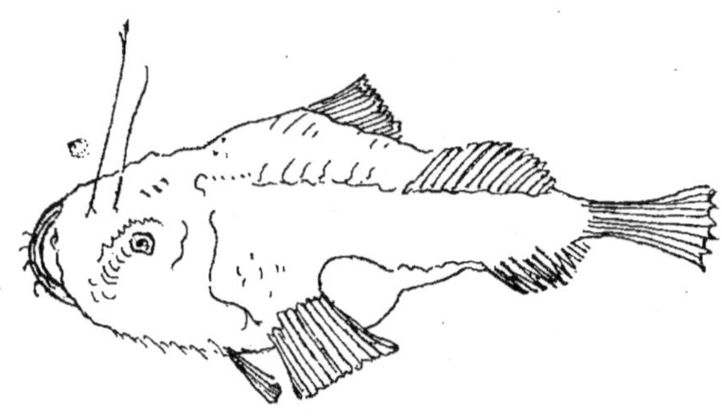

son de Saint-Pierre, — mais de haut en bas, sur le dos
et le ventre. La tête, en proportion du corps, est énorme.
et ce dernier se rétrécit très tôt, de sorte que « ce pois-
« son, écrit Rondelet, semble n'estre autre chose que
« *teste è queue* ».

Sa gueule, d'une amplitude phénoménale, est munie
d'une denture à renversement (1). L'estomac est en proportion, car, au musée de Dublin, on montre une Baudroie qui avait englouti tout entière une morue. Le comble, c'est que dans le corps de cette morue, l'on trouva
deux harengs tout récemment ingurgités ; et, dans celui
de ces harengs eux-mêmes, un certain nombre de *Sprats*,
qui sont de petites espèces du même genre. C'est l'emboî-
tement, ici, — non des germes, mais des *proies*.

Ce qui frappe chez la Baudroie, dès l'abord, c'est son
tégument : de couleur neutre, et de consistance assez
molle, il revêt l'échine de l'animal comme d'un manteau
jeté sur les épaules. Les manches de ce pardessus sont
figurées par des sortes de bras qui portent les nageoires
pectorales ; à l'aide de ces bras, le poisson peut ramper.
Enfin, pour ajouter à la bizarrerie de cette figure, la
ligne du dos se hérisse, en guise d'arête, d'une série de
grands poils rigides. Un de ces poils se termine par un

---

(1) Les dents, qui sont crochues, peuvent se rabattre en dedans
pour laisser passage aux proies volumineuses ; elles se redressent
aussitôt après, afin de s'opposer à leur sortie. C'est comme un jeu
de valvules.

lambeau charnu. La Baudroie, dit-on, s'en sert comme
d'amorce : traîtreusement dissimulée dans le sable, à
l'exemple de l'Uranoscope, elle agiterait cet appendice
au-dessus d'elle, et les passants de l'onde, le prenant
pour un ver, s'y laisseraient prendre. C'est pour cela,
sans doute, que la Baudroie porte, en latin, le surnom
de « pêcheuse » (*Lophius piscatorius*).

Quelques mots seulement sur trois autres « Orbiculaires » encore plus étranges, si c'est possible : ce sont :
le *Coffre*, le *Monocentre* du Japon, et le *Poisson-lune*.

Le premier (Ostracion triqueter, en latin, ce qui signifie « coquillage trièdre »), a vraiment l'aspect d'un cof-
fret revêtu d'une mosaïque. Cette mosaïque, assez décorative, mais de rôle essentiellement protecteur, est constituée par de grosses écailles dites « placoïdes », à contour hexagonal ; elle enferme le corps dans une cuirasse
rigide, qui ne laisse passer que les yeux, les nageoires
et la queue. — Il en est de même du *Monocentre*. De
tels poissons semblent invulnérables, — à moins qu'on
ne leur trouve, comme chez les chevaliers du Moyen-Age,
le défaut de la cuirasse. — Au contraire, le *Poisson-lune*
ou *Mole* (*Orthagoriscus mola*), n'est ni globuleux, ni cuirassé, mais son corps est lisse, et latéralement aplati.
Comme il apparaît argenté dans le jour, et phosphores-
cent à la nuit, on l'a comparé, poëtiquement, au disque
de notre satellite. Mais sa beauté n'est que celle de la
lumière ; et, quant à la *forme*, c'est toujours un *monstre*.

**
* *

Les *Prismatiques*, opposés dans ma classification, aux
« Orbiculaires », sont représentés par le *Syngnathe* et

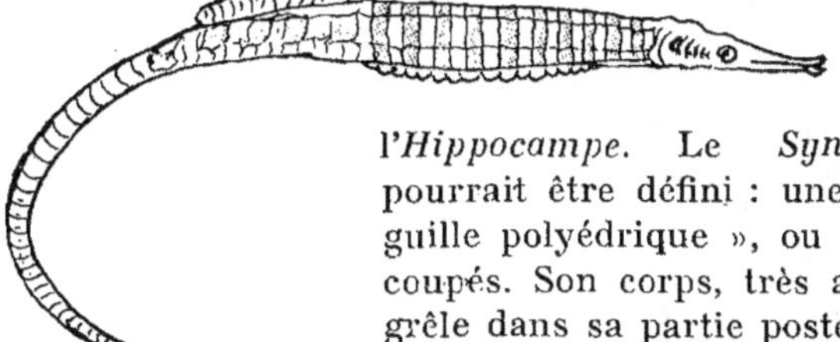

l'*Hippocampe*. Le *Syngnathe*
pourrait être défini : une « anguille polyédrique », ou à pans
coupés. Son corps, très allongé,
grêle dans sa partie postérieure,
figure assez exactement un prisme à 7 pans. Il se termine, en
avant, par une tête fort menue,

que prolonge un bec en spatule, en arrière par une queue mignonne en éventail. Détail à la fois curieux et touchant : les mâles portent, sous le ventre, une poche où la femelle introduit et pond, littéralement, ses œufs. Ainsi le père est chargé, dans cette espèce, de l'incubation, — et, fait bien rare, d'une incubation *intérieure*.

L'*Hippocampe*, bien que très proche parent du Syngnathe, est construit sur un plan assez différent. Son

corps est bien à coupe heptagonale, toujours ; mais plus « étoffé » ; surtout au milieu ; la cuirasse qui le protège, et lui prête sa forme géométrique, est relevée de côtes plus saillantes ; elle offre la plus grande ressemblance avec la coquille d'une Ammonite. D'ailleurs, contourné comme il est à chaque extrémité de son individu, l'Hippocampe évoque, d'une façon très frappante, l'image de cette Ammonite à demi déroulée, l'*Ancyloceras*. Par son aspect rude, épineux, il est, aussi, comparable au *Murex*. Les deux parties les plus étranges, chez ce poisson, et les plus étrangères au type ichtyologique général, sont : la *tête* — et la *queue*. L'analogie bizarre, et bien inattendue, de cette tête avec le noble chef du cheval, — dont elle est, du reste, la caricature, n'échappe pas plus à l'enfant, à l'homme du peuple, qu'au naturaliste. Ce dernier, en le baptisant *Hippocampe*, fait allusion directe à sa cambrure chevaline ; et les simples traduisent ce sentiment à leur manière, lorsqu'ils donnent à cet animal la naïve dénomination de *cheval marin*. Cheval monstrueux et de cauchemar, mais de taille si mignonne, en vérité, qu'on n'est pas épouvanté de sa vue, qu'on peut même, à la rigueur, lui découvrir un certain attrait..... Et puis, chez tout être vivant, le *mouvement*, — ou l'*attitude*, corrige, en l'expliquant, mainte excentricité de forme extérieure. C'est ainsi que chez l'Hippocampe mort et desséché, tel qu'on le ramasse au long de nos plages, l'appendice caudal « en trompette » peut sembler étrange, et même ridicule..... Mais on change de sentiment en face de l'Hippocampe bien en vie, et plongé dans son élément naturel; au travers du voile glauque des eaux marines, vous l'entreverrez enroulant cette queue, strictement, autour d'une tige d'algue, à la façon des *plantes volubiles ;* et dans ce tableau, qui rappelle aussi le caducée d'Hermès, vous trouverez, quand même, de l'harmonie. Parfois, on surprend deux Hippocampes qui, ne trouvant pas d'autre support, s'enroulent autour l'un de l'autre ; et c'est un spectacle à la fois comique et tou-chant.....

Tout comme le Syngnathe, son cousin à queue non prenante, le « *Cheval de mer* » possède une poche où les jeunes attendent, en sûreté, leur éclosion. Ces poissons annoncent de très loin la Sarigue.

Poissons « féériques »

Si je distingue les Poissons « *féeriques* » des « fantas-tiques », c'est qu'ils ne sont pas étranges de la même manière ; ils n'effraient point, mais *émerveillent* plutôt ; ce ne sont plus des monstres, ce sont des êtres merveil-leux ; — ou bien, comme on verra pour les poissons des grandes profondeurs, la difformité de leur corps est bien rachetée par le privilège qu'ils ont d'être lumineux.

D'abord, je parlerai des *Poissons volants.* Bien des personnes, encore à l'heure qu'il est, en parlent comme d'animaux fabuleux. Ils existent pourtant, en chair et en os, — je veux dire en *arêtes*, et sont classés par les natu-ralistes. Ce sont : l'*Exocet*, le *Pégase*, le *Trigle-milan*, le *Dactyloptère*. Presque tous appartiennent à des familles différentes.

Celui qu'on appelle *Exocet* (1) est parent, — croirait-on ? — des Pleuronectes et de l'Orphie. Mais les natu-ralistes, comme on sait, ne classent que sur les traits intérieurs. Son corps, très régulier et de coupe classique, nous repose de tant de monstres. Il passerait, en somme, pour un poisson très ordinaire, n'était la superbe enver-gure de ses nageoires pectorales. Ce sont des *ailes*, si l'on veut, — mais des ailes assez peu puissantes, et dont le jeu n'est pas continu. L'animal ne s'en sert pas précisé-ment pour voler, à la manière des Oiseaux ; par leur secours, il peut se soulever du sein des flots, et se sou-tenir quelques instants dans l'air. Il n'en est pas moins vrai que, par vitesse acquise, il arrive à franchir ainsi

(1) C'est-à-dire : « *poisson qui sort de son élément* ».

quelques centaines de mètres ; et c'est déjà beau, pour quelqu'un « qui n'est pas du métier », comme on dit. Son vol est comparé, chez certains auteurs, au lancement de cailloux *par ricochet*. Ainsi l'eau lui sert de tremplin pour s'élever dans l'atmosphère. L'Exocet est un habitant des mers chaudes.

Le *Dactyloptère* est, lui, de la famille des Trigles. En Méditerranée les marins lui donnent les noms de *Galina*, de *Ratapenada* (Chauve-Souris), d'*Arondella* (Hirondelle de mer). Sa tête est obtuse, avec des yeux énormes, mais son parti de coloration est aussi varié que splendide. Le dos est d'un rouge foncé, le ventre rose ; la tête, d'un beau violet ; les nageoires sont, les unes vertes, les autres bleu d'azur. Pourquoi ce luxe de coloris ? Est-il donc profitable à l'individu ? — Mais nous voyons, tout au contraire, qu'il attire fâcheusement sur lui l'attention de nombreux ennemis, dont il devient aisément la proie. Infortuné poisson-volant, que l'on croyait un privilégié de la faune ! « Il n'échappe aux périls de la mer, écrit « Lacépède, que pour être exposé à ceux de l'atmos- « phère; il n'évite la dent des habitants des eaux que « pour être saisi par le redoutable bec des oiseaux ma- « rins ». Car, — ainsi que le formule excellemment M. Armand Landrin, « il ne sait ni voler assez bien pour fuir l'oiseau, ni nager assez vite pour lutter avec le pois· son ».

Passons à présent d'un pôle à l'autre, pour ainsi dire, et des poissons presqu'*aériens* à ceux qui vivent dans les abîmes.

La faune abyssale

La faune des abîmes marins, la faune « *abyssale* », comme on l'appelle aujourd'hui, demeura très long- temps ignorée. C'est une découverte d'avant-hier. Long- temps, les savants affirmèrent, *a priori*, que les grands fonds étaient inhabitables ; — et cela, à cause de l'énorme pression des couches liquides accumulées (100 atmosphères environ pour une profondeur de 1.000 mè- tres !) Sous un tel poids, tout être vivant serait écrasé, disait-on. Même l'on croyait que, grâce à l'extrême den- sité des eaux, les animaux marins flottaient dans la zone inférieure, sans pouvoir atteindre le fond, le « sous-sol ». C'est ainsi qu'on voyait, en imagination, les cadavres de naufragés errant sous les flots, ne reposant jamais sur le lit de sable. Et d'ailleurs, les gaz respirables, à de tels niveaux, devaient, par compression, acquérir une densité funeste à la vie, et devenir irrespirables.

Mais de grandes expéditions scientifiques, conduites en ces derniers temps, ont dû modifier les idées régnantes. Le vrai peut, quelquefois, n'être pas vraisemblable... Ces expéditions n'ont pas eu pour seul résultat de révéler la vie dans les profondeurs ; elles nous ont livré, par surcroit, le secret d'ingénieuses — de *merveilleuses* dispositions prises par la Providence, afin d'assurer cette vie tout exceptionnelle.

Je regrette, en vérité, d'être à peu près le seul à faire cette observation.

Le *Challenger*, d'abord, — puis le *Travailleur* et le *Talisman*, — enfin, plus récemment, la *Princesse Alice*, sous la conduite du prince de Monaco, — se sont livrés à de belles pêches pélagiques, dont les résultats ont eu grand retentissement. Disons tout de suite que les impossibilités créées par la sagesse humaine n'ont pas du tout embarrassé l'auteur de la Nature, le grand Créateur. Fait bien inattendu, la respiration, chez les habitants de l'abîme, s'accomplit aussi sûrement que chez ceux des couches superficielles; et nos savants, devant le fait brutal, se voient obligés de donner plus d'élasticité à la loi physique ; il leur faut admettre que l'oxygène, dissous dans l'eau, demeure à la pression atmosphérique ordinaire. — D'autre part, pour expliquer la tenue de ces corps vivants sous des compressions formidables, on a dû faire intervenir l'*osmose*, c'est-à-dire cet échange de liquides qui, là, rétablit l'équilibre entre l'animal et son milieu.

Mais, autre surprise : s'il existait des créatures dans les abîmes de l'Océan, — comme ces abîmes sont obscurs, ces créatures, à toute force, devaient être privées d'yeux, être *aveugles ;* et cela, pour satisfaire à la loi célèbre, aussi rigoureuse qu'un dogme, qui veut que tout organe hors d'usage s'atrophie. L'on invoquait l'exemple de certains animaux des cavernes. Or, circonstance assez piquante : les premiers produits des sondages semblèrent donner raison aux théoriciens ; en effet, la drague ramena d'abord, des hauts-fonds, des poissons aveugles. Mais ce n'était là qu'un hasard; et tous les coups de filet qui suivirent mirent au jour des espèces munies de leurs deux globes oculaires ; même ces yeux, généralement, étonnèrent par leur grosseur. Il y a plus, chez certains genres inédits, ils faisaient saillie au bout d'un tube assez long ; de sorte que, pour me servir de l'expression de M. Joubin (1), ces poissons paraissaient porter sur le nez une jumelle de spectacle... Ces sortes d'yeux sont dits *télescopiques*. Qu'on ne crie pas à l'excentricité ; cette disposition, qui nous semble bizarre, est certainement nécessaire. A des conditions anormales, il faut des accommodements ou l'esthétique est forcément sacrifiée. D'ailleurs, est-ce qu'une jolie femme, au théâtre, a peur de s'enlaidir en aidant ses regards d'une lorgnette ?

Mais alors, à quoi bon des yeux, si le paysage est obscur ?... C'est ici qu'on arrive à la merveille suprême, merveille de logique, — et, cette fois, merveille de *beauté*.

Non, le paysage abyssal est loin d'être obscur partout ; il est même brillamment éclairé par places ; il est illuminé magiquement. Des *polypiers*, représentant ici les arbres, les arbustes, étendent leurs rameaux lumineux. Ce sont les *Isis*, les *Gorgones*, les *Alcyonnaires*, qui forment, en ces oasis sous-marins, des sortes de taillis radieux, de vrais buissons ardents. La lueur orangée qu'ils répandent tout à l'entour est comparée par M. Joubin à quelque beau couchant d'automne. Les *Siphonophores* y font flotter gracieusement leur guirlandes animées, luisantes comme des girandoles. Une multitude d'animaux étoilés s'y promènent, tels des fanaux mouvants : *Astéries* à cinq rayons, et qui rayonnent à la fois par la forme et par la clarté ; *Béroés* ou « Ceintures de Vénus », étincelantes de pierreries tout immatérielles ; *Méduses*, dont l'ombrelle semble avoir fixé les ardeurs solaires; et puis tant d'*Annélides* phosphorescentes : même des *Crustacés*, des *Mollusques* qui, jaloux, on dirait, se mettent à l'unisson lumineux.

Aussi bien les *Poissons*, ces grands personnages de l'abîme, trouvent-ils le chemin plus que suffisamment clair devant eux, — on peut dire, sans hyperbole, glorieusement illuminé. Eux mêmes, au surplus, contribuent à l'illumination générale ; éclairés, ils sont à leur tour éclairants. Ce ne fut pas une des moindres surprises réservées à l'équipage de l'*Albatros*, comme à celui de la *Valdivia*, que la découverte de ces appareils semblables à des yeux, — mais des yeux « à fonction retournée », si

____

(1) Dr L. Joubin, La Vie dans les Océans (Flammarion).

l'on peut s'exprimer ainsi. L'espèce de rétine, en effet, qui en fait le fond, au lieu de recevoir les rayons lumineux, les émet. Je ne puis, on le comprendra, m'appesantir sur leur anatomie.

Qu'il me suffise d'appeler l'attention — la *méditation*, même, des lecteurs, sur cette prévoyance admirable. Car je ne suis pas avec ces savants qui, pour éviter le Dieu Créateur (et pourquoi donc, au fait ?) imaginent le roman scientifique d'un organe progressivement acquis, grâce aux efforts séculaires de l'*Adaptation*. Et quand même cela serait, en définitive, ne faut-il pas remonter de cette cause seconde à la primitive, — et cela, sous peine d'être accusé de *mythologie* ?

***

Ces derniers genres de Poissons, que je classai comme *féériques*, ne méritent ce nom, faut-il ajouter, que pour leurs propriétés lumineuses. Autrement, par leur forme et leur aspect général, en plein jour, ils appartiendraient plus justement à la catégorie des Poissons « fantastiques », des *monstres*. Tel cet *Eurypharynx*, retiré par la sonde d'une profondeur de 2.000 mètres, et dont la gueule phénoménale offre un contraste presqu'effarant avec le corps, et la queue si grêle ; — tel encore ce *Macrurus loricatus* au museau pointu, avec des yeux énormes dans une tête courte, — ou ce *Cœlophrys*, ainsi dénommé pour ses orbites concaves, évidés en coupes, et dont le corps est comme bourré de glandes à mucus, — ou ce *Macrostomias longibarbatus*, sorte de serpent de mer écailleux, à tête vipérine, bien munie de crocs recourbés, et laissant pendre de la bouche un tentacule très ténu, dont la longueur atteint la moitié du corps tout entier. — Parmi les espèces *aveugles*, qui vivent dans les cantons obscurs de la mer, exilés, pour ainsi dire, de ces paradis lumineux dont nous avons décrit l'enchantement, il faut citer le *Bathypterois* ; il supplée, d'ailleurs, à sa cécité, par des tentacules explorateurs. Ainsi des aveugles humains, chez lesquels, comme on sait, le tact tient lieu de vision. L'*Ipnops* (de Murray) est également privé de la vue ; toutefois, sa tête est garnie de plaques lumineuses ; il n'y voit pas lui-même, et cependant il éclaire autrui. Quelle abnégation !

Quant aux porteurs de prunelles « télescopiques », si

l'on désire leurs noms, je citerai : l'*Argyropelecus affinis*, au corps trapu, tel celui d'une Brême ou d'une Daurade, — mais d'une Brême qui serait phosphorescente, d'une Daurade devenue radieuse ; puis, d'un aspect tout différent, le *Stylophtalmus paradoxus*, à forme d'anguille. On pourrait l'appeler « Anguille illuminée », car son corps en tube est ponctué de feux comme une rampe à gaz ; — enfin, l'*Opistoproctus soleatus*, horriblement tronqué par derrière, à peu près informe, et qui porte sur le nez ces « jumelles » dont nous parlions.

D'autres formes appartenant à la faune abyssale représentent là des groupes plus connus. C'est ainsi que l'abîme offre ses *Squales*, ses *Torpilles*, ses *Salmonidés*, ses *Baudroies*. Mais toutes revêtent la livrée très sombre, et presqu'endeuillée, du milieu. Faune funèbre, autant que difforme, aux lueurs du Soleil, — si le Soleil, du moins, l'éclairait, et qui, dans la nuit des grands fonds, se fait, au moins en partie, resplendissante.

Conclusion

L'ordre adopté par nous pour décrire les différentes espèces de Poissons n'est, — on l'a vu, ni celui des *affinités*, ni celui des *milieux*. Nous n'avons pas voulu — ou plutôt, nous n'avons pas pu les classer, ces Vertébrés aquatiques ,en observant — soit les liens du sang. soit la communauté de mœurs ou d'habitat. C'est qu'en effet, notre point de vue, plus exclusivement *esthétique*, exigeait qu'on groupât ensemble les formes d'après les seuls traits extérieurs et sans tenir compte des caractères anatomiques, lesquels échappent naturellement au regard. Or, je l'ai dit déjà, c'est justement sur ces derniers, à l'exclusion des traits extérieurs, que les savants fondent leur classification naturelle. Elle est réellement naturelle, cette classification des savants, par ce fait que les espèces animales se décèlent parentes dans leur organisation profonde, viscérale, qui demeure constante et presqu'immuable, alors que les lignes et les couleurs, au dehors, varient dans une mesure souvent incroyable. — C'est là ce qui nous a contraint à déranger, quelque regret que nous en ayons, les cadres logiques, mais peu démonstratifs de la Science, à rapprocher, ici, des types qu'elle éloigne, — à placer, au contraire, assez loin l'un

de l'autre, des types qu'elle avait mis côte-à-côte. De ce
désaccord bien tranché entre l'ordre *esthétique,* ou de
beauté, d'expressivité — et l'ordre *scientifique,* que ce
dernier se fonde sur la filiation dans le temps — ou la
distribution dans l'espace, — une conclusion assez déses-
pérante se tire : c'est que ni le degré de parenté (en
dehors de l'espèce, et encore !), ni la communauté
d'habitat n'ont le privilège d'unifier les formes vivantes,
au moins dans leur figure extérieure. Vous avez constaté, surabondamment, cette curieuse indépendance de
la vie, de la plastique vivante et superficielle, cette liberté qu'elle se donne dans le modelage et l'enluminure,
ce peu de scrupule qu'on lui voit à *maquiller,* pour ainsi
dire, son modèle, à revêtir son anatomie, constante et très
simple, d'une sorte de travesti tantôt somptueux, attrayant, et tantôt repoussant autant que sévère.

Vous le savez, je ne crois pas à la « *Nature artiste* »,
— au moins de première intention ; et, d'autre part,
je ne suis pas très prompt à me contenter des explica-
tions darwiniennes. Assurément, des nuances insaisis-
sables du milieu *côtier, pélagique, abyssal,* ou bien des
habitudes physiologiques héréditaires, ou bien encore
telles exigences accessoires, en rapport avec la fonction
de perpétuation de l'espèce (sélection sexuelle de Darwin) peuvent nous donner la raison de certains détails,
soit de contour, soit de coloris. Beaucoup d'appendices
curieux se justifient d'eux-mêmes, d'ailleurs, par des
besoins de chasse ou de pêche (car les poissons, à leur
tour sont pêcheurs), — ou par des nécessités de défense.
Mais pourquoi, parmi les Poissons, les uns sont-ils
armés « *jusqu'aux dents* », peut-on dire, alors que
d'autres, souvent voisins, sont inermes ? Quelle est la
cause originelle et finale de ces nageoires tantôt séparées, et tantôt réunies en crêtes, — de ces queues bien
fourchues ou taillées carrément, — de ces écailles
« cténoïdes », « cycloïdes » ou « placoïdes », — de ces
carnations éteintes ou vives, ternes ou richement colorées ?... Oui, quelle est la cause de tout cela, et quel en
est le but, en définitive ?

A cette question, si la Science est de bonne foi, sa
réponse sera: « *je n'en sais rien* ». Adaptation au milieu,
concurrence vitale, élimination, progrès, sélection, —
voilà pour une Science qui se pique d'être positive, de
bien idéales et flottantes affirmations. On pressent que

dans l'évolution et la genèse des formes vivantes, expressives, il subsiste un facteur inconnu, problématique encore et mystérieux. Et ce facteur, — qu'on ne se récrie point, — est vraisemblablement d'ordre *théologique*.

L'explication du tout n'est pas, en somme, dans les détails ; elle a plus d'ampleur ; et sa base, il est à prévoir, est l'idée d'une *harmonie* totale équilibrant des éléments si nombreux, si divers, et conçue par une *Prévoyance infinie*.

Batraciens

Les *Amphibiens* ou « *Batraciens* », qui vont nous occuper à présent, n'ont pas toujours formé un groupe indépendant, autonome. Le grand *Linné* les avait rattachés
aux *Reptiles*. Ainsi, tandis que *Serpents*, *Tortues et Lézards* étaient classés comme « *Reptiles écailleux* ». —
Grenouilles et *Crapauds* se présentaient comme « *Reptiles nus* ».

L'absence d'écailles protectrices ou de carapace, chez
la plupart de ceux qu'on appelle *Batraciens*, est en effet
leur trait de physionomie le plus apparent. Ce sont à peu
près les seuls animaux *nus* de la Création. Si nous remontons en deçà, laissant de côté les *Méduses* et quelques autres types à téguments mous, et non protégés, les *Polypiers*, (tel le Corail) offrent un épiderme pierreux ; les
Echinodermes, leur test incrusté de calcaire ; à part les
espèces de Vers sans étui (Lombric), *Crustacés* et *Insectes* se montrent admirablement cuirassés ; jusqu'aux
Mollusques, comble de flaccidité, d'inconsistance, et que
la Nature gratifie de cet écrin à demi-adhérent, ornement
et défense à la fois, le *coquillage*. Enfin, vous venez de
voir les *Poissons* strictement vêtus d'une espèce de cotte
de mailles à fines plaques imbriquées, d'une sorte de *lorica*

imperméable et qui rend le corps presqu'invulnérable. —
Avancez maintenant dans la faune au-delà : ce sont
Oiseaux de tout plumage, *Mammifères* de tout pelage...

Alors, les *Batraciens*, ces « *Reptiles nus* » de Linné,
seraient de pauvres deshérités, des disgraciés de la Nature ? La Providence, qui pourvoit à tout, les aurait
oubliés, livrés sans défense au froid, à la dent des races
ennemies ?

N'ayons pas, même *a priori*, ces appréhensions presque
sacrilèges. Peu de science éloigne du *finalisme* ; beaucoup de science y ramène. En méditant sur la nudité du
Batracien, on arrive à se convaincre qu'elle n'est pas
nuisible à l'existence de cet animal ; bien plus, qu'elle
est utile, et même nécessaire. Effectivement, ici, la respiration *pulmonaire* entre en scène, et pour la première
fois ; c'est, pour ainsi parler, une débutante ; elle succède à la respiration *branchiale*, et ses débuts sont timides, sont hésitants. Vous savez bien que la Nature procède avec une sage lenteur ; elle ménage les transitions.
Les *poumons* de la Grenouille étant encore très réduits
et insuffisants, — il a fallu qu'un autre appareil y sup-
pléât ; or, cet appareil, c'est *la peau*. La Grenouille res-
pire autant. — et même davantage, par la peau, que par
le poumon. Supprimez ce poumon, l'animal peut survivre;
empêchez, au contraire, la peau de fonctionner, c'est la
mort à brève échéance. Voilà ce qu'il faut avoir dans
l'esprit quand on regarde un Batracien sortir de l'onde
comme un baigneur sans vêtements qui se risque à l'air.

Ce Batracien, d'ailleurs, — cet *Amphibien*, comme on
l'appelle également, avant de tâter de la terre-ferme, a
pratiqué le milieu liquide. Tout le monde sait que la
Grenouille a commencé par être *têtard*. Ce nom bien
expressif évoque un petit être *à forme de poisson*, respi-
rant par des branchies l'air dissous dans l'eau, et qui
semble composé, tout unîment, d'une *tête* à laquelle est
attaché, sans intermédiaire, un appendice caudal assez
long. Ce que les naturalistes décorent du nom pompeux
de « *métamorphoses* » consiste en ceci : le têtard perd
sa queue ; ses branchies s'atrophient, et des poumons
se développent à leur place ; en même temps, il lui
pousse deux paires de pattes ; il grossit ; c'est alors un
animal terrestre, qui, d'herbivore qu'il était, devient
carnivore ; c'est la *Grenouille*, — ou le *Crapaud*, la *Salamandre* ou le *Triton*. — Mais, notez-le bien, suivant

qu'il s'agit de l'un ou de l'autre de ces quatre types, la *transformation* que j'ai dite est plus ou moins longue, et surtout plus ou moins complète. C'est ainsi que chez les *Sirènes,* les *Protées,* et le *Cryptobranche* ou *Grande Salamandre du Japon,* les branchies du têtard persistent chez

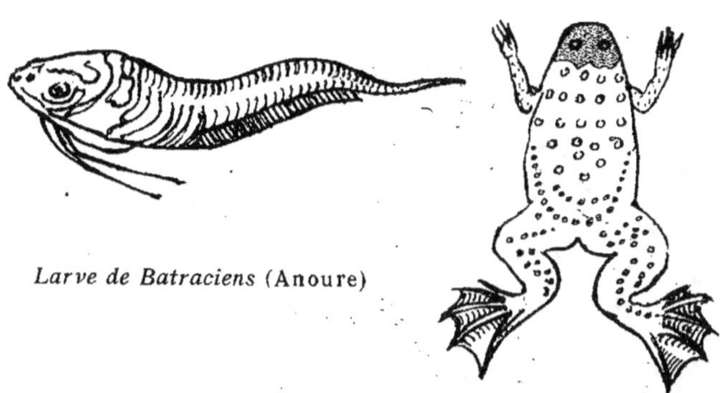

Larve de Batraciens (Anoure)

l'adulte (d'où leur nom de « *Pérennibranches* ») et que chez eux, comme aussi chez les *Tritons* et les *Salamandres,* la queue ne subit pas l'atrophie qui s'observe chez la Grenouille, et le Crapaud. De ces différences d'évolution, on ne connaît guères, jusqu'ici, la raison d'être ; en attendant, elles servent à classer les espèces. Et cela satisfait bon nombre de savants, qui forgent, à cette occasion, des termes plus ou moins bizarres, tirés du grec, comme ceux d'*Urodèles* et d'*Anoures,* — ce qui s'exprime, en bon français, par : Batraciens à queue persistante, — et Batraciens dont l'appendice caudal est tombé.

Ces derniers sont les plus connus et, sinon les plus séduisants, du moins les plus populaires. Décrire le *Crapaud* — ou la *Grenouille,* serait oiseux. Qui ne les a pas vus, dans sa vie ? Qui n'a pas entendu le coassement rauque de celle-ci, — le son flûté mais monotone, de celui-là ?... Mais pourquoi l'évocation de l'une fait-elle sourire, et le seul rappel de l'autre provoque-t-il chez tous un dégoût ? — Cela est plus profond, plus mystérieux qu'on ne le croit ; et c'est un cas particulier du grand problème de l'*expression,* tragique ou comique, attractive ou repoussante.

La GRENOUILLE n'est, à vrai dire, ni tragique, ni repoussante ; elle est plutôt d'aspect *comique,* et divertissant.

Détaillez plutôt sa figure : de gros yeux saillants, immobiles, des yeux « *à fleur-de-tête* », qui n'expriment rien ; la tête plate et le museau court ; une bouche baillant largement, pour ingurgiter l'air ; ajoutez à cela un dos faisant équerre avec le ventre, et comme revêtu d'une petite chape étriquée ; puis un peau lisse et tendue, donnant l'idée de nudité complète, — d'une nudité non pas *rose*, comme celle des jeunes porcs, mais *verte*, ou roussâtre ; puis aussi, l'absence de queue, le corps tronqué, brusquement ; enfin cette prédominence du train d'arrière, qui lui fait la démarche sauteuse, et l'attitude, au repos d'un chevalet dressé... Portrait peu flatteur, n'est-ce pas ? — Mais d'abord, l'original n'est pas séduisant, — quoi que pensent là-dessus certains zoologistes trop libéraux ; et puis, d'instinct, nous le comparons à d'autres types, qui nous charment par leur élégance, et lui font tort. Ne serait-ce que la *Salamandre*...

Le CRAPAUD, lui, ne donne pas le temps d'amuser son public ; il le dégoûte tout d'abord. C'est une grenouille moins agile, et, qui pis est, verruqueuse, même pustuleuse. Victor Hugo, c'est vrai, l'a réhabilité ; mais c'est là question de *morale*, non d'esthétique. En effet, ce *paria* du règne animal, qu'on écrase parce qu'il est laid, a des mœurs douces ; le souci qu'il prend de sa progéniture est touchant ; chez une espèce de nos pays, le mâle pousse le dévouement jusqu'à débarrasser la femelle de son chapelet d'œufs, qu'il enroule autour de ses cuisses, et va baigner, pour l'éclosion, dans l'étang voisin. Des savants trop *naturalistes* (dans l'acception, ici, littéraire), l'ont déshonoré, cet *Alyte*, d'un nom ridicule : ils l'ont appelé « *le crapaud accoucheur* »...

Tout près des Grenouilles et des Crapauds se placent les *Rainettes*, remarquables par les *pelotes adhésives* que porte l'extrémité de leurs doigts, et qui leur permet de grimper même sur les arbustes. Par la longueur de ses jambes de derrière, la Rainette se rapproche de la Grenouille dite « agile », dont les membres postérieurs mesurent le triple de celle du corps tout entier. C'est déjà presque de l'élégance.

.

Tous les genres de Batraciens qu'on vient de citer perdent, en grandissant, leur appendice caudal. Mais ce qui nous apparaît ,au regard esthétique, comme une défectuosité (car la queue, chez un animal symétrique, et pourvu de deux paires de membres, réalise une terminaison rationnelle), — est ici, aux yeux des évolutionnistes, un progrès. Aussi les Batraciens à *queue persistante,* bien qu'ils satisfassent davantage notre vue, gardent, zoologiquement, un rang inférieur ; ils sont plus près, en effet, du stade larvaire ; ils ont moins évolué.

Ce nouveau groupe comprend : d'une part, les *Tritons* et les *Salamandres,* — de l'autre, les *Sirènes* et les *Protées.* Il faut y joindre ce curieux type qu'est *l'Axolotl.*

Les *Tritons,* ainsi que leur nom le fait présager, sont des animaux franchement aquatiques. Fort peu gracieux de forme, ils revêtent, à la saison des amours, une sorte de livrée riche de coloris, que des naturalistes en veine de poésie ont qualifiée « *parure de noces* ». Ce sont d'ailleurs les mâles qui jouissent de ce privilège. — Les *Salamandres,* au contraire, sont terrestres ; mais elles ne vivent qu'aux lieux humides. L'espèce la plus commune de nos climats est longue de 15 centimètres environ ; sans être svelte, à proprement parler, sa forme est assez dégagée ; sa robe est d'un beau noir brillant, semé de taches jaune d'or. C'est, d'apparence, une sorte de lézard à peau nue. Stylisée dans l'Art héraldique, elle décore en les caractérisant, les édifices du temps de François Ier.
— La *Salamandre du Japon* atteint une taille relativement considérable : c'est le plus grand des Batraciens aujourd'hui connus.

Quant aux *Sirènes* et aux *Protées,* ce sont des « *Pérennibranches* », c'est-à-dire des Batraciens à branchies persistantes ; tout comme les Poissons des genres *Protoptère,* et *Lépidosiren,* ils combinent l'appareil branchial avec le pulmonaire ; mais ce cumul respiratoire en fait des *Amphibies* plus manifestes, Le *Protée,* aux téguments incolores, est aveugle ; il habite les cavernes obscures dé la Carniole, en Autriche. — La *Sirène,* qui vit dans les marécages de l'Amérique septentrionale, ne possède que les deux membres antérieurs. Ceux-ci disparaissent à leur tour chez les *Cécilies,* batraciens apodes de l'Amérique méridionale, lesquels ont la physionomie de petits serpents. Ainsi que les *Vers,* de très loin, — et, de plus près, les *Anguilles,* — les *Cécilies* nous préparent au type du *Reptile Ophidien.*

Pour ne point laisser de lacune en mes descriptions, je dois dire quelques mots de *l'Axolotl.* Cet étrange animal, au nom mexicain, fut longtemps pris pour une espèce à part. On reconnut un jour que c'est simplement une *larve,* et le têtard d'une forme adulte qui est *l'Amblystome,* (Batracien urodèle, à queue persistante) ; — mais un têtard vraiment exceptionnel, qui peut se reproduire sous ce premier état. En son lieu d'origine d'ailleurs, *l'Axolotl* ne se métamorphose point, et sa transformation en « *Amblystome* » ne s'est opérée jusqu'ici qu'au *Muséum,* par un élevage préalable.

Reptiles

Nous avions eu d'abord l'idée, comme tant d'autres, d'exposer les caractères généraux de ce groupe. Mais nous nous sommes bien vite avisés que c'était là besogne vaine : car, à quoi sert-il d'annoncer, par exemple, que, chez les *Reptiles,* la colonne vertébrale est mobile et souple, — quand on doit, immédiatement, ajouter : sauf chez les *Tortues,* où, tout au contraire, elle est rigide (sauf dans la région du cou)....? — De même, n'est-il pas oiseux de leur attribuer, comme caractère général, 2 paires de membres, puisque nombre de *Lézards* n'en possèdent qu'une, et que les *Serpents* sont apodes ? Enfin, à quoi bon parler de la *dentition* dans les caractères communs, lorsque les *Tortues* n'en offrent point trace ? Car ce sont les « *Edentés* » du groupe reptilien. Ces généralisations extensives pratiquées par les naturalistes les plus sérieux, ont quelque chose de ridicule ; elles se trou-

vent, de fait, condamnées par la série des *restrictions*
qu'il y faut apporter. C'est, en somme, faire pour défaire.

Il est beaucoup plus naturel de dire d'emblée : les
Reptiles forment un groupe peu homogène ; il comprend
des types d'aspect aussi dissemblable que le *Lézard* —
ou le *Crocodile*, — le *Serpent*, — et la *Tortue*. — Si les
naturalistes les ont réunis, c'est pour des caractères profonds, et d'ordre anatomique, — de ceux, justement,
dont l'esthéticien n'a guère à s'occuper. Et encore les
appareils *digestif, respiratoire* et *circulatoire* offrent-ils,
en ce groupe très artificiel, des différences assez sensi-
bles : Tout ce qu'à mon sens, on peut dire de positif au
sujet des *Reptiles*, — c'est qu'ils tranchent, d'un côté,
sur les *Batraciens*, — de l'autre, sur les *Oiseaux*. En définitive, pour nous qui considérons l'aspect *extérieur*, il
n'y a pas de *Reptiles*, à proprement parler ; il y a des
Sauriens (Lézards et Crocodiles), — puis des *Ophidiens*
(Serpents) ; puis des *Chéloniens* (Tortues). Ces trois
types très accusés vont être décrits tout à tour.

Reptiles Sauriens

Sous le nom grec, toujours, de *Sauriens*, les naturalistes, qui ne parlent jamais français, ont rassemblé tous
ces *quadrupèdes rampants*, ordinairement de petite taille,
à cuirasse écailleuse recouvrant le corps tout entier, de
tête en queue, dont les mouvements sont saccadés, l'aspect inoffensif, et qu'on voit surgir des pierres du chemin ou des murs en ruines pour se réchauffer au soleil...
Il faut se souvenir, en effet, que ce sont des animaux
à sang froid.

Ce genre de *Reptiles* ne progresse pas, — ne *rampe*
pas à la manière de leurs terribles cousins, les *Serpents* ;
mais, bien qu'ils soient pourvus de quatre membres, ils
ne *marchent* point, comme font, par exemple, les *Mammifères*. Ces membres, en effet, sont *étalés*, et comme
rejetés de côté, de sorte que le ventre traîne à fleur de
sol ; ils jouent plutôt le rôle de points d'appui, pour
pousser le corps en avant. Chacun d'eux se termine par
cinq doigts, généralement armés de griffes. — Mais, comme la Nature, on le sait, ne fait pas de sauts (*non facit
saltus*), on trouve des Sauriens qui ne possèdent qu'une
seule paire de pattes, — (tantôt la paire antérieure et
tantôt, au contraire, la postérieure) ; et d'autres chez qui

les deux paires se réduisent à des moignons, ou même disparaissent tout à fait. Alors le corps s'allongeant singulièrement, en ce dernier cas, — on croit, au premier coup d'œil, avoir affaire à des Serpents. C'est ainsi que du type *Chalcide*, au corps serpentiforme muni de quatre menus appendices, on passe au type *Ophiodes*, qui n'a d'appendices qu'à l'arrière, puis à celui de *l'Orvet*, complètement apode, et que les promeneurs au bois de Meudon prennent, régulièrement, pour une couleuvre.

Chez le *Dragon*, au nom formidable, mais de nature débonnaire, des replis de la peau forment, de chaque côté, des sortes *d'ailes* ; ce sont, si l'on veut, des « *Reptiles volants* ».

Je n'entre pas ici dans le détail des *dents* ; leur seul mode d'insertion sur la mâchoire est d'un grand secours aux savants pour la classification des espèces. On dirait que, pour eux, les dents ne servent qu'à cela. D'où les noms d'*Acrodontes* et de *Pleurodontes*, dont nous n'allons pas, pour notre part, nous embarrasser. — La forme de la *langue*, aussi, fonde un classement minutieux, et, là-dessus, les *Sauriens* sont distribués en *brévilingues*, *crassilingues*, *vermilingues* et *fissilingues*. C'est ainsi que le *Caméléon* fait sortir de son gosier une langue semblable au ver de terre, au *lombric* ; c'est un « *vermilingue* », et que les Lézards ordinaires dardent la leur, bifide, à la manière des serpents ; ils sont « *fissilingues* ».

Il faut dire quelque chose des *yeux* : certaines espèces les ont très dilatés, avec un cercle d'or autour. Les *oreilles* ne se montrent guère au dehors. — Tous les *Sauriens* sont ovipares, excepté le *Seps*, qui se comporte, ainsi, comme chez les *Ophidiens*, la *Vipère* (vivipara). Mais nous ne nous arrêtons pas, on le sait, à l'anatomie ; toutefois, il est intéressant de savoir qu'ici déjà, la Nature prend ses dispositions pour le développement de l'œuf en embryon dans le corps maternel. — progrès qu'on verra s'accomplir un peu plus tard, chez les *Vertébrés*.

Les *Sauriens* sont, en général, des bêtes fort inoffensives, et qu'il est stupidement cruel aux enfants de mutiler, par pur plaisir. On dit que le Caméléon est si doux, « qu'on peut lui mettre le doigt dans la bouche et l'enfoncer très-avant, sans qu'il cherche à mordre ». (Encyclopédie méthodique. Erpétologie ; 32). Ce sont, du reste, des animaux utiles à l'homme, car ils détruisent quantité d'insectes et de vers. — *L'Iguane*, grand lézard d'Amérique, est très estimé pour sa chair.

Ajoutons ceci, qu'aux temps géologiques, les formes de Sauriens, voisines des *Monitors* actuels, étaient gigantesques (Mosasaurus).

*
* *

Les *Sauriens* se prêtent au même classement *esthétique* que les *Poissons*. Je distinguerai des formes *classiques*, au galbe assez pur, — puis des formes qu'on pourrait appeler « *romantiques* », plus ou moins compliquées ou bizarres ; enfin des formes *transitoires*, passant aux Ophidiens, aux Serpents.

Qui ne connaît le *Lézard gris*, ou *lézard de murailles*, de nos climats ? C'est un charmant petit animal, au corps svelte, à la longue queue se terminant en bout effilé. Bien cuirassé de pied en cap, tel un chevalier, son armure d'écailles et de plaques est si juste-au-corps, que l'allure n'en est point gênée. La prestesse de ses mouvements saccadés, la façon dont il *se coule* à terre, en s'arc-boutant de ses pattes, son fin museau bien lisse, et son œil vif, — nous amusent par je ne sais quelle gentillesse drôle. C'est dommage que *La Fontaine* ne l'ait pas fait parler dans ses fables ; il nous aurait dit, sans-doute, des choses fort plaisantes, et très pittoresques.

La sculpture grecque s'est, elle, occupée du *lézard*. Un de ces Reptiles mignons est représenté courant sur un fût de colonne, avec, debout, parallèle au fût, l'élégante figure d'Apollon, cherchant à le saisir. Apollon est ici très-beau, mais très-cruel ; on l'intitule « *Sauroctone* », ce qui veut dire « *tueur de lézards* ». Après tout, le dieu ne vise peut-être qu'à l'agacer, ce gentil saurien, qui, si ingénûment, se réchauffe à ses rayons...

Dans le midi de la France, on trouve le *Lézard vert*, aux tons d'émeraude, et de taille imposante, — et le *Lézard ocellé*, ainsi nommé pour ses taches latérales bleu de paon. Les Lézards *doré*, *marbré*, *double-raye*, sont exotiques. — Chez le *Scinque*, le corps est épaissi, plutôt pisciforme que serpentiforme. Cette sorte de Lézard n'a presque pas de cou, et sa queue, très grosse à la racine, continue la ligne du tronc par une transition insensible. D'ailleurs, il vit autant dans l'eau que sur la terre ferme. Cette espèce appartient à la faune d'Egypte.

— Citons encore, comme assez remarquables, — le *Cordyle* (Zonurus cordylus), dont les écailles, sur le dos et le long de la queue, sont uniformément imbriquées, comme des tuiles à bord pointu, ce qui fait une série de verticilles emboîtés ; — puis le *Lézard casqué* ou *Galéote* ; — le *Stellion*, dont les Arabes recherchent le résidu digestif, qui leur sert de cosmétique ; l'*Agama*, dont la tête a la forme d'un cœur ; enfin l'*Ameiva*, lézard américain, pourvu d'une queue volumineuse et fort longue, laquelle tranche sur le reste du corps, lisse en apparence, par le petit volume des écailles ; ce qui lui donne l'air d'avoir été *desquamé*, sauf de la queue. — J'allais oublier une charmante espèce, et très facile à distinguer, parmi tant de formes semblables : c'est le *Lézard* dit « *à queue bleue* ». Outre la couleur azurée de son appendice caudal, il se fait encore remarquer par un dos rayé, dans toute sa longueur, de cinq lignes jaunes sur fond brun ; cette rayure se poursuit, très-régulièrement, du sommet de la tête jusqu'à l'extrémité de la queue. J'appellerais ce Reptile, plutôt, « le *Lézard cinq fois galonné* ».

****

Toutes les formes de Sauriens qu'on vient de décrire, gardent plus ou moins la ligne du *Lézard idéal*. Mais en voici qui s'en écartent, et se singularisent. Telles ces familles de *Poissons* que nous avions qualifiées de « *fantastiques* ». Faut-il voir dans ces singularités de simples effets du climat, des habitudes de vie, — ou bien doit-on leur assigner un but ? — C'est là l'éternelle question qui se pose à chaque étape de notre route à travers la faune. Attendons la fin, pour tâcher d'y répondre.

Les principaux types qui viennent se ranger ici sont : le *Caméléon*, l'*Iguane*, le *Varan*, le *Gecko*, le *Basilic* et le *Dragon*.

En grec, *Caméléon* signifie : *lion à fleur de terre*, petit lion rampant. Mais l'étymologie ne rend pas du tout la physionomie de cet animal. Sa tête rappelle, en effet, plutôt le masque de la grenouille, — en avant, du moins, car, en arrière, elle se relève en occiput saillant, anguleux. De gros yeux tout ronds, à prunelle dorée ; l'ouverture des oreilles à peine perceptible. La mâchoire est privée de dents ; la langue est allongée, vermiforme, et peut se projeter en dehors jusqu'à 20 centimètres. Le corps est recouvert, en guise d'écailles, de menus *tuber-cules* brillants ; dos caréné, dentelé d'une sorte de crête. Aux deux paires de membres, il y a 5 doigts, dont 2 sont tournés en avant, et 3 en arrière, comme chez les Oiseaux. Les doigts sont armés d'ongles recourbés. Le corps, ainsi construit, se termine par une queue « prenante », à la manière des Singes, et égalant le corps tout-entier en longueur. Quant à la *couleur*, mélangée de *vert*, de *bleu* et de *jaune*, on sait qu'elle est changeante à miracle. C'est même ce trait qui a rendu le *Caméléon* populaire, qui en a fait l'emblême d'une opinion s'adaptant à tous les milieux, à toutes les circonstances politiques. Le Caméléon se trouve en Espagne, sur le sol africain, et particulièrement en Egypte. Ses allures sont lentes ; on le voit demeurer parfois sur la même branche plusieurs jours de suite. Il se nourrit d'insectes, que sa langue protractile et visqueuse happe à distance, et retient ; puis il s'abrite, pour le repos, en des creux de rochers. Comme on l'a dit plus haut, c'est un des animaux les plus inoffensifs du globe.

L'*Iguane* est de taille plus imposante ; il peut atteindre, en effet, 6 pieds de long. Son nom vient de la langue caraïbe. Il habite le Sud de l'Amérique. Sa tête plate et menue, ses petits yeux, son corps allongé, et ses doigts de pied très-développés, surtout à l'arrière, le font distinguer aisément. Tout son corps, d'un bleu sombre, est couvert de fines écailles. Mais ce qu'on trouve en lui de plus remarquable, c'est, d'une part, la crête épineuse qui hérisse son dos, — et, d'autre part, l'espèce de *fanon* qui lui pend sous la gorge, et qui peut, au gré de l'animal, se gonfler en poche. Ces deux appendices prêtent à l'Iguane un aspect assez fantastique. La mâchoire est armée de dents, mais ses morsures ne sont pas dangereuses. Il est, d'ailleurs, herbivore. Ainsi que le Caméléon, c'est un *arboricole*. On le chasse pour sa chair, très savoureuse. Même, une espèce, pour cette raison sans doute, porte ce nom assez affriolant : *Iguana délicatissima*.

Le *Varan* fait partie d'un petit groupe de Sauriens qu'on désigne, je ne sais trop pourquoi, sous le nom de « *Moniteurs* » — ou de « *Sauvegardes* »... Ce sont de grands Lézards à tête allongée, dont la langue, bifide, possède cette singulière propriété de pouvoir se rengaîner comme une lame de sabre dans son fourreau. Leur queue atteint parfois le double de la longueur du corps. Ce sont les géants de l'ordre des Sauriens. Une espèce, habitant l'Egypte, semble être le « crocodile terrestre » d'Hérodote. — Le *Monitor du Nil* vit sur les rives de ce fleuve, et dévore les œufs du vrai Crocodile. C'est une compensation de la Providence. — Les *Monitors* représentent de nos jours, avec quelques variations, les formes fossiles les plus anciennes.

Si nous mettons le *Gecko* parmi les Sauriens fantastiques, ce n'est pas tant pour son corps, qui rentre dans les lignes générales de nos *Lézards*, — qu'à-cause de ses doigts *écartés*, munis de pelotes adhésives, et qui lui permettent de courir sur les murs, verticalement, et même aux plafonds, comme font les mouches. Ce Lézard appartient à la faune méridionale de la France.

Avec le *Basilic* et le *Dragon*, il semble qu'on pénètre dans le monde des rêves. Si la légende a dramatisé à l'excès les mœurs bien pacifiques du premier, l'art des sculpteurs de cathédrales n'a pas eu trop à broder sur leur figure, déjà singulière. Le *Basilic* vivant des forêts d'Amérique est, pour nous autres Européens, presqu'invraisemblable, avec son chef coiffé d'un bonnet de fou, sa longue queue qui n'en finit pas, et surtout cette sorte de nageoire qui, pareille à la crête dorsale de certains Poissons, tels que les *Scorpènes* et les *Vives*, se dresse, hérissée d'aiguillons, sur toute la longueur du corps, prêtant à l'animal, si débonnaire, un aspect menaçant, diabolique. Et cependant, par son merveilleux coloris, ce petit monstre éveille un sentiment de *beauté*. Curieux amalgame d'épouvante et de séduction, qui prouve que la Nature, bien avant nous, a pratiqué le *romantisme*. Le *Basilic*, au reste, est un reptile *nageur* ; cette crête qui le surmonte n'est pas une aile, mais une nageoire ; quand elle entre dans l'eau, l'étrange bête enfle son capuchon, et dilate ses membranes ; l'art le plus fantaisiste, dans la Nature, est toujours utile, et ce qui nous apparaît comme un rêve, n'est, à tout prendre, qu'une ingénieuse et pratique réalité.

*
**

La même réflexion s'applique au *Dragon volant*. Ici, point de crête dorsale, mais deux vastes expansions aliformes, dont l'ensemble figure un losange, et que soutiennent, de chaque côté, 6 rayons ; les bords de cette espèce de *parachute* sont entiers, sans ces festons qu'on voit aux ailes de la *Chauve-Souris* ; aucune épine ne les renforce. Immédiatement après naît la queue, qui s'allonge démesurément, et va s'effilant, d'une décroissance insensible, jusqu'au bout. Supprimez la tête et les deux paires de membres, et vous avez la configuration d'une *Raie*. — La couleur du *Dragon volant* est d'ailleurs brunâtre, avec un semis de taches blanches. Ce Reptile est arboricole, à la façon de certains Mammifères que nous étudierons en leur lieu (*Galéopithèques*) ; il se sert de son parachute naturel pour se soutenir en l'air un instant, quand il saute de branche en branche. Voilà de ces spectacles corsés que nos climats tempérés, et modérateurs de la forme, ne nous offrent guères.

Pour ceux qui soutiennent la cause des enchaînements du règne animal, ce groupe de transition est précieux. Tous les passages s'observent, en effet, du type *Saurien* au type *Ophidien*, c'est-à-dire du *Lézard* au *Serpent*. De certains Lézards francs au corps très élancé, l'on passe aisément au *Seps*, à la *Chalcide*, où le corps est tout d'une venue. En même temps, chez ces derniers genres, les deux paires de membres se réduisent à leur plus simple expression ; rien d'étrange, et de pénible à voir, peut-on dire, que ce long corps de reptile glissant sur quatre pauvres moignons, dont les deux paires sont à une lieue l'une de l'autre. Ce sont là des formes neutres, *hybrides*, elles laissent notre esprit en suspens.

Un pas de plus dans l'*atrophie*, — et l'une des deux paires de membres disparaît ; c'est la paire *postérieure* chez le *Chirotes*, ainsi nommé parce que ses pattes antérieures, persistant encore, lui tiennent lieu de mains (*cheiron*). — C'est, au contraire, la paire *antérieure* qui disparaît chez le *Pygopus* et l'*Ophiodes*.

Enfin, l'*atrophie* (normale, bien entendu, et spécifique, ici) porte sur *tous* les membres. Au moins n'en demeure-t-il point trace au dehors. Alors, on a devant soi des « *Serpents illusoires* », — je dirais volontiers : des Lézards travestis en Serpents. Ce sont, pour ne citer que les plus connus : l'*Amphisbène*, et l'*Orvet* (Anguis fragilis).

J'ai mis ensemble tous ces animaux, si voisins de forme, bien que les naturalistes les séparent, à cause de certains caractères distinctifs ; c'est ainsi que le *Seps*, la *Chalcide* et l'*Orvet* ont le corps écailleux, tandisque les écailles font défaut chez l'*Amphisbène*.

Le *Seps* se trouve en Dalmatie ; la *Chalcide* est américaine. — L'*Amphisbène*, — qu'on prendrait pour un gros Lombric, vit au Brésil, à la Guyane ; c'est un animal très inoffensif, qui se cache sous terre, comme les *Cécilies*, et affectionne particulièrement les fourmilières. — Et quant à l'*Orvet*, il surprend parfois les promeneurs de nos bois, qui le confondent, naturellement, avec un serpent plus ou moins venimeux. Son seul tort est de porter cette livrée suspecte. On l'appelle, une fois reconnu, « *Serpent de verre* », ce qui correspond bien à son nom latin (*Anguis fragilis*).

*
* *

Le *Crocodile* pourrait être défini : un *Lézard colossal et terrible*. Sa taille relativement considérable, l'armure de plaques épaisses qui couvre son dos (car le ventre est plus vulnérable) et le grand nombre de dents aiguës dont ses mâchoires, largement ouvertes, sont ornées, en font un des animaux les plus redoutables de la Création. C'est, en même temps, un des animaux les plus *laids*, les plus repoussants à la vue. Le plus haut degré de bestialité s'accuse en ce crâne bas, aplati, dont l'exiguïté contraste si fort avec le développement du museau, — dans ces yeux relégués au sommet de la tête, et si rapprochés l'un de l'autre, en la lourdeur du corps, l'épaisseur des membres. Et, malgré tout, le *Crocodile* est tenu, par les naturalistes, en grande estime ; en effet, si l'on n'a égard qu'aux caractères anatomiques, sa supériorité sur tous les autres Reptiles est incontestable. D'abord, il a, comme les *Mammifères*, les dents implantées en des alvéoles ; et puis son *cœur* présente, pour la première fois, une séparation parfaite entre la poche artérielle et la poche veineuse, ce qui est un trait très marquant des animaux dits « *à sang chaud* ». Enfin, l'estomac, par sa puissante musculature, rappelle le gésier de l'*Oiseau*. — Ses ancêtres du *Jurassique* et du *Crétacé* vivaient dans la mer ; mais les descendants de ces monstres marins primitifs ont fait des progrès ; et les Crocodiles de notre époque sont adaptés à l'existence terrestre, — du moins *amphibie* ; car on les trouve au bord des grands fleuves. Au reste, ils se trouvent plus à l'aise en l'élément li-

quide ; sur la terre-ferme, ils sont quelque peu empê·
trés. Ces dangereux Reptiles nagent entre deux ondes,
laissant émerger seulement le bout du museau, prêt à
happer la proie au passage. — Les *œufs* du Crocodile ont
la forme et le volume de ceux de l'*Oie* ; une fois pondus,
la femelle abandonne au soleil le soin de les faire éclore.

On connaît trois genres distincts de Crocodiles : celui
d'*Afrique*, qui terrorise les rives du Nil, et que les anciens Egyptiens vénéraient comme animal sacré ; —
celui d'*Asie*, spécial à la faune des Indes : c'est le *Gavial*,
au museau qui rappelle le *Poisson-Scie* ; — enfin, celui
du Nouveau-Monde, appelé *Caïman*. — L'*Alligator*, au
museau de brochet, est une espèce de ce dernier genre·

On ne peut parler du Crocodile sans citer l'*Ichneumon*,
son ennemi, qui nous en délivre, — et son familier, le
Trochile, oiseau mignon, mais bien hardi, qui, pénétrant
dans la gueule béante du monstre pour en tirer les
« miettes du festin », lui rend cet office de curer ses
dents et sa gueule.

Reptiles Ophidiens

Tous les typés animaux nous impressionnent, chacun à sa façon : les *Etoilés* sont surprenants par leur
forme géométrique, qui rappelle plutôt la *Flore* ; — les
Crustacés et les *Mollusques* sont, pour ainsi parler, gê-
nants au regard, — les premiers, par l'encroûtement de
leur corps et la multitude de leurs appendices, — les
seconds, au contraire, par la mollesse gélatineuse de
leurs tissus, et l'état littéralement amorphe de leurs
membres. — Les *Insectes*, eux, suscitent, à un très-haut
degré, notre intérêt, et souvent notre admiration. — En·
fin les *Poissons*, quand ils ne sont pas d'aspect terrible,
ou fantastique, produisent un effet *reposant*, — tandis
que les *Batraciens* — ou bien nous dégoûtent, — ou bien
nous suggèrent des idées comiques. — Les *Reptiles Ophidiens*, qui viennent à leur tour sous nos yeux, diffèrent
beaucoup, par l'impression qu'ils causent, des *Sauriens*.
Ceux-ci, vous l'avez vu, sont, au moins dans leurs formes classiques, alertes, rassurants, sympathiques à l'homme. Tandis que les *Ophidiens*, c'est-à-dire, les *Serpents*,
lui font horreur, à la façon des *Vers*. En effet, ils sont
aux *Vertébrés* ce que les *Vers* étaient aux animaux sans
vertèbres ; on peut les définir : des *Vertébrés apodes*, au

corps démesurément allongé. Seulement, leurs dimensions souvent colossales, et le fait que bon nombre d'entre eux distillent un venin mortel, ajoutent, à la simple répugnance qu'inspire le type vermiforme, une émotion craintive et sinistre. Le serpent est universellement abhorré, et si certains peuples l'ont adoré, dans l'Histoire, c'est évidemment, par une terreur superstitieuse. La plupart de ces cultes dénaturés reposent sur l'espoir d'amadouer un monstre. Nous autres chrétiens, mieux éclairés, persistons toutefois à voir, dans ce reptile, la personnification de *l'Esprit malin*. Un profond mystère plane, d'ailleurs ,sur la *finalité suprême* de ces êtres si malfaisants, et qui mettent sur notre terre un peu de *l'Enfer*, — comme les Insectes ailés, et les Oiseaux y mettent un peu du *Paradis*.

L'absence totale de membres — et de tout appendice saillant, est ce qui frappe le plus chez les Serpents. Leur corps, d'ailleurs, est presque tout d'une venue ; seule, la *tête* est, généralement, distincte du reste, et la *queue* se trahit par un effilement plus ou moins marqué. — La tête offre cette particularité très remarquable, que les mâchoires sont extensibles ; non seulement elles peuvent bâiller démesurément comme on le voit sur les images, mais les deux côtés de la mâchoire d'en bas ont la propriété de s'écarter, très largement, — ce qui permet, avec la faculté qu'à l'œsophage de se dilater, l'introduction de proies volumineuses. Un *Boa* peut engloutir en quelques minutes un jeune chevreau, sans le mâcher, peau, poils et cornes. Pour faciliter cette déglutition formidable, les glandes de la bouche déversent, sur cette chair encore vive des flots de salive ; et les muscles de l'estomac, d'une puissance peu commune, triturent, comme un gésier d'oiseau, cette masse alimentaire complexe. Malgré tout, la digestion, chez le Serpent est très laborieuse ; chaque repas, pour ce fauve, est un effort inouï, qui le jette, bientôt après, dans un état d'engourdissement où le monstre n'est plus à craindre.

Les *dents*, ici, sont fort aiguës, et, recourbées d'avant en arrière, elles agissent, purement et simplement, à la manière d'hameçons, ne mastiquant pas, mais saisissant la proie et la retenant, — l'empêchant de glisser hors de

la gueule, la forçant de passer devant, toujours devant.
— Mais, parmi les dents, *deux*, chez certaines espèces
que nous décrirons, ont un rôle spécial, et tragique ; en
communication, par un canalicule, avec des glandes à
venin, leur blessure est, presque toujours, rapidement
mortelle. On peut lire, dans l'ouvrage de *Brehm*, si l'on
ne se sent pas trop nerveux, mainte et mainte histoire de
règres ou de colons périssant promptement, et d'une
mort affreuse, sans qu'on pût rien faire pour les secou-
rir. La constriction du membre blessé, au-dessus de la
plaie, — la succion de cette plaie par une personne
dévouée, et divers remèdes qu'on trouvera dans cet ouvrage, et dans d'autres, ont, dans certains cas, sauvé la
vie aux mordus — je devrais dire, plutôt, aux « *piqués* » ;
car, la plupart du temps, les dents aiguës des plus gros
serpents venimeux ne laissent pas plus de trace qu'une
piqûre d'épingle ; à peine deux ou trois gouttelettes de
sang, — et cette disproportion entre la cause et l'effet a
quelque chose d'effrayant ; surtout si l'on songe que
maintes fois, le Serpent s'est dissimulé, et l'accident
passe à peu près inaperçu. Un fait assez singulier, et qui
paraît donner une précieuse indication. — du moins
après que l'accident s'est produit, — c'est l'immunité
dont jouissent les ivrognes, — Cela dit — non pour encou-
rager l'alcoolisme, bien entendu, mais pour signaler l'effet, qu'on dit fort puissant, de l'eau-de-vie. L'alcool agit-
il en relevant les forces, — ou bien en provoquant une
action chimique, comme contre-poison ? Aux compétents
à décider.

Au surplus, les naturalistes ne se laissent point émou-
voir, et, pleins de sang-froid, — tant l'amour de la science
est vainqueur, ils font servir ces *dents venimeuses* à la
classification méthodique. Suivant qu'elles sont placées
plus en avant — ou plus en arrière, les terribles Reptiles
se laissent insérer dans le groupe des « *Protéroglyphes* »
— ou dans celui des « *Opistoglyphes* ». Si vous vous rappelez votre grec, cette désinence répétée (*glyphe*) évoquera
l'idée de *gravure*, de *rainure*, de *cannelure* (Cf. *glypti-
que* et *triglyphe*) ; elle fait allusion, ici, à la gouttière
creusée le long de la dent venimeuse.

*

Le *Serpent* est communément, et spécialement désigné, dans le langage courant, sous le nom de *reptile*. C'est, en effet, *l'animal rampant* par excellence. Mais sait-on bien, dans le monde profane, *comment* il rampe ? — Considérez un instant ce squelette de *Boa constrictor*, qu'y voyez-vous ? — Des *côtes* — rien que des côtes, dont l'interminable kyrielle accompagne fidèlement la colonne vertébrale en toute sa longueur. Or, ces côtes, tout intérieures qu'elles soient, et renfermées sous les téguments,

D'après : « Dean's painting and drawing book, n° 11

n'en servent pas moins, — vous entendez ? — à la *locomotion*... A cet effet, leur extrémité libre est reliée, de chaque côté, aux muscles qui relèvent, — ou abaissent les *plaques* du ventre. Par un jeu de levier fort ingénieux, celles-ci se soulèvent, à l'extérieur, puis s'aplatissent, de manière à fournir au corps à chaque pas, un point d'appui. C'est ainsi qu'on a pu comparer les côtes, chez les *Ophidiens*, à une multitude de *pattes internes*, et dire qu'en un certain sens, les Serpents *courent sur la pointe de leurs côtes* »... Ajoutons que d'après l'agencement du squelette, les mouvements *de côté* seuls sont faciles, et que l'animal n'exécute pas aisément des mouvements de haut en bas.

Ce qui ajoute encore à l'aspect sinistre du Serpent, ne l'oublions pas, c'est cette *langue* fourchue qu'il darde, lorsqu'il est irrité, entre ses deux mâchoires largement béantes. En résumé, l'émotion toute spéciale que nous cause la vue de cet être, est faite de deux choses : un sentiment de *peur*, qui vient de la notion du danger : c'est l'élément *psychique*, intellectuel ; une sensation, sans doute *hypnotique*, et qui prend sa source dans un ensemble de traits extérieurs agissant sur notre organisation automatiquement à la façon de signaux ; c'est là l'élément *physiologique pur*.

Ces traits qui, réunis, constituent la physionomie du *Serpent*, c'est, d'abord, la *longueur* extrême d'un corps sans régions distinctes et sans *appendices*; — puis la *reptation*, et l'*enroulement* en spirale, qui s'en déduisent ; puis, encore, cette *tête austère* aux *mâchoires béantes*, à la *langue bifide* qui darde ; enfin, ces *yeux fixes*. Le *coloris*, parfois somptueux, agit par contraste, en mêlant la magnificence à l'horreur. Et, sans doute, est-ce cet ensemble simultanément aperçu qui *fascine*. En notre grand traité d'Esthétique générale, la question de la *fascination* a été l'objet d'un chapitre. Nous avons montré que la « fascination » s'opposait au « *charme* ». L'un et l'autre de ces termes étant pris au sens *matériel*, tout d'abord, puis, par analogisme, au sens intellectuel et moral. Nous avons montré le Serpent *fascinant* l'Oiseau par étalage des qualités *fortes* ; — et lui-même *charmé* par le *psylle* à la flûte molle et langoureuse. — Réflexe *d'arrêt*, immobilisateur, au premier cas : — réflexe *d'impulsion*, et d'effet attractif, au second. Transportez ces effets au domaine *psychique*, ils s'atténuent, en s'idéalisant, deviennent la « *fascination* » du sublime, du dramatique — ou l' « *attrait* », également invincible, du doux, du pur, du gracieux.

*
* *

Les plus grandes, les plus fortes, et les plus dangereuses espèces de Serpents se trouvent sous les latitudes les plus chaudes. Il semble que le soleil, par son éclat, et la vivacité de ses rayons exalte à la fois la croissance, l'énergie et la puissance du venin chez ces êtres. Le *Crotale*, ou « *Serpent à sonnettes* », habite le Sud de l'Amérique ; le terrible *Naja*, dit « *Serpent à lunettes* », vit aux Indes. En Europe, nous n'avons guère à craindre que la *Vipère*. — Parmi les Serpents sans venin, le *Boa* et le *Python* restent très redoutables par leur taille colossale ; le premier, comme le Crotale, infeste les forêts d'Amérique ; — le second, celles d'Asie et d'Afrique. La *Couleuvre* est de nos climats.

Le plus grand nombre des Ophidiens est terrestre. On connaît cependant des *Serpents de mer* (je ne parle pas ici du fameux reptile, aussi fantaisiste que fantastique, auquel jadis, le *Constitutionnel* fit tant de réclame). Des Serpents *de terre*, les uns se tiennent dans les régions montagneuses, les autres dans la plaine. La plupart de ces derniers affectionnent les terrains sablonneux. Beaucoup de gros Serpents sont *arboricoles* ; et, d'après la loi connue de *mimétisme*, ont des teintes qui les confondent avec le feuillage. Ou bien, couchés dans la brousse, en travers des chemins, et engourdis par la digestion, ils sont pris, par d'infortunés voyageurs, pour des troncs d'arbres renversés. Les espèces des climats tempérés pratiquent le sommeil hivernal ; celles des pays chauds, le sommeil estival, c'est logique.

Nous allons passer en revue les types les plus importants ; pour tous les autres, il ne manque pas de livres descripteurs, et de bonnes figures.

Avec la plupart des auteurs, nous diviserons les Serpents en « *venimeux* » — et « *non venimeux* », tout en prévenant nos lecteurs que cette distinction n'est pas d'une rigueur absolue, et qu'il serait imprudent de s'y fier. Ainsi, parlant des *Ophidiens à forme de Couleuvre*, Johann Müller écrit : « qu'il est très certain que quelques-uns de ces serpents sont venimeux ». — d'autre part, il existe une espèce de Vipère dite « *Colubriforme* » : et, par une sorte de compensation, une espèce de Couleuvre dite « *vipérine* ». Ainsi, chez les Reptiles comme chez les humains, la malice prend des airs innocents ; et, réciproquement, l'innocence peut revêtir des dehors suspects. Trop d'honnêtes femmes, à notre époque, adoptent les façons ou *modes* de celles qui ne le sont pas : ce sont des « *Couleuvres vipérines* ».

Le *Crotale* est un des plus beaux, des plus forts, et des plus venimeux parmi les Serpents du Nouveau Monde.

Son nom lui vient d'un instrument de musique très ancien, analogue à notre *grelot*, et le profane le traduit par cette dénomination, si populaire, de « *Serpent à sonnettes* ». D'ailleurs le terme paraît impropre, car le bruit qui, dans ce cas, vient du frottement des derniers anneaux de la queue, flétris et de consistance cornée (par suite d'une *mue*), ressemblerait plutôt à celui du parchemin qu'on froisse. Le corps du *Crotale* est orné de dessins géométriques assez élégants, et d'un coloris varié de gris, de jaune et de noir. A l'abri de ses morsures, on peut l'admirer comme on admire un tapis de luxe.

Passons de l'Amérique aux Indes ; nous y trouvons un genre d'Ophidien très curieux, et non-moins redoutable : c'est le *Naja*, qu'on appelle aussi *Cobra capello*, ce qui veut dire : couleuvre à chaperon — ou encore « *Serpent à lunettes*. En effet, ce Reptile a la faculté de gonfler son cou, de le dilater démesurément en une sorte de tête, laquelle éclipse, par son importance, la véritable, et porte même le dessin de deux grands yeux cernés d'un trait noir, plutôt de deux verres réunis par une branche en arc, telle une paire de « conserves » ou, pour parler plus exactement, d'un *binocle*. Chez tout autre animal, une tache de forme aussi significative aurait quelque chose de comique ; mais ici, chez le terrible *Cobra*, — elle ne fait pas rire ; car le *Serpent à lunettes* infeste ces pays luxuriants et resplendissants de soleil, que nous envions, nous, de nos latitudes austères, comme des paradis ; il en assombrit le joyeux éclat, y jette une note de deuil. Se figure-t-on, en nos climats du Nord, où la maladie seule, à peu près, alimente les statistiques funèbres, que le *Naja* fait parmi les Indiens, jusqu'à 20.000 victimes par an... Au fond, serpent ou microbe, n'est-ce pas toujours le même ennemi ? — Il est vrai que, dans le cas du serpent, la « mise en scène » est autrement dramatique.

Mais l'homme, en dépit de tout, reste insouciant, et cherche le plaisir. Un cercle nombreux d'Hindous entoure constamment les *psylles*, sortes de jongleurs indigènes qui « charment » ces serpents dangereux, les manient, et même les irritent, sans accident... Il est vrai qu'avant d'être leurs charmeurs, ils ont pris la précaution d'être leurs dentistes...

Le *Trigoncéphale* est, en quelque manière, un « Crotale sans sonnettes » ; son appendice caudal se termine en pointe, tout unîment. Le nom qu'il porte vient de la forme triangulaire de son vertex. On le voit particulière· ment au Japon, et son image doit se trouver dans les estampes japonaises.

Une espèce très voisine est le *Bothrops lancéolé.* (*Fer-de-lance,* Vipère jaune de la Martinique) ; sa force est 1edoutable, et son venin des plus actifs.

Citons encore pour sa beauté, l'*Elaps* ou « *Serpent-Corail* » au long corps écarlate annelé de noir ; puis l'*Hydrophis* (Serpent d'eau), qui nage comme un poisson, grâce à sa queue plate, et infeste les eaux de l'Archipel de la Sonde.

Nous arrivons maintenant aux *Vipères.* Ce sont là des Serpents de taille plus modeste, et dont le venin, dans nos climats tout au moins n'est pas constamment mortel, grâce à Dieu. Trois espèces sont très répandues : la *Vipère Aspic,* la *Péliade,* et celle qui trompe par son aspect, la *Colubriforme.* Il faut encore ajouter la *Vipère à museau cornu,* d'Italie. — La *Vipère commune* (*Vipera Aspis*) est encore trop pullulante dans certaines régions ; elle affectionne les terrains secs et sablonneux, et l'on sait que la forêt de Fontainebleau, par exemple, en contient beaucoup· Elle se distingue de la *Couleuvre* par sa tête plus distincte du corps, à forme sensiblement triangulaire, sa queue brève, et un dessin en *V* au sommet du crâne. Son coloris est brun, tirant sur le roux, avec taches brunes sur les flancs.

La *Vipère,* espèce venimeuse, appelle à sa suite, en nos descriptions, la *Couleuvre,* habitant les mêmes lieux mais inoffensive. On connaît, de celle-ci, trois variétés : la *Couleuvre à collier,* — la *Couleuvre verte et jaune,* et la *Couleuvre vipérine.* Cette dernière représente l'appréhension sans le péril, tandis que la *Vipère colubriforme,* au contraire est l'image du péril sans appréhension.

La *Couleuvre* — ou, tout au moins, l'espèce commune en nos pays, se laisse distinguer par une queue plus allongée, puis par une tête ovale, au vertex recouvert de « *plaques céphaliques* » assez larges, contrastant avec la petite dimension des plaques du cou, qui sont imbriquées, se recouvrent comme les tuiles d'un toit. Mais il faut garder dans l'esprit que le même caractère se retrouve chez la *Vipère Péliade,* venimeuse.

Dépourvu de venin, comme la Couleuvre, le *Boa* ne

laisse pas d'être excessivement redoutable, grâce à sa taille de colosse, à sa puissance de digestion. L'espèce la plus connue, le *Boa constrictor*, mesure jusqu'à 12 pieds de long ; bien qu'il ne jette pas de poison, son aspect épouvante les voyageurs qui, traversant une forêt vierge. au Brésil, l'aperçoivent suspendu sur leurs têtes. à la cîme d'un arbre, et déroulant lentement ses anneaux. Le *Boa* fond , en effet, de ce poste élevé, sur sa proie, qu'il enlace, et qu'il étouffe, en faisant craquer ses os, sinistrement. Ce monstre est capable d'engloutir de grands quadrupèdes, comme une chèvre, un cougar ; certains auteurs parlent d'un taureau. Cette puissance l'a fait décorer respectueusement, par les indigènes, du titre *d'empereur*. Si le *Boa* est empereur c'est un Tibère, c'est un Néron...

De même que le Boa, le *Python* n'est pas venimeux ; mais comme lui, et plus que lui encore, il est redoutable par sa stature. C'est le *géant des Ophidiens*. Malgré sa grosseur et son poids, il est très agile, et chasse toute espèce de gibier, même celui des eaux. Sa robe est de teintes vives, et variée de beaux dessins, *en tapis*. Un trait, chez lui, qui n'apparaît pas au dehors, mais qui, pour être anatomique, n'en est pas moins digne d'être cité, c'est la présence de membres postérieurs rudimentaires, — trace que la Nature semble avoir laissée chez les Reptiles *apodes* en témoignage de leur parenté avec les *Sauriens*.

Historiquement, le Serpent *Python* est célèbre On lit dans la fable païenne qu'Apollon, à peine né dans l'île de Délos, tua le monstre à coups de flèches. Sa dépouille recouvrit plus tard le trépied où la Sibylle, nommée « *pythonisse* » rendait ses oracles. Enfin, le nom du reptile légendaire se retrouve dans les « *Jeux pythiques* », célébrés à Delphes, périodiquement, pour commémorer la victoire du dieu sur le serpent.

Disons, à ce propos que le *Serpent*, en général, joue dans les traditions religieuses de tous les peuples, un rôle capital. Il est, le plus souvent, associé à *l'arbre*. Le Démon, dans la Bible, emprunte sa figure pour séduire notre mère Eve, et il est prédit à nos premiers parents qu'une femme, un jour, écrasera sa tête. Cette femme, c'est *Marie*, mère de Jésus. Chose sublime, et combien supérieure en sa noble simplicité, à toutes les extravagances mythologiques ! Et quel dommage que notre siècle, raisonneur et distrait, ne médite pas davantage sur cette victoire du Bien sur le Mal, du Pur sur l'Impur, de la beauté sereine et bienfaisante — je ne dis pas sur la *laideur,* mais sur cette magnificence terrible et suspecte.

Que ces choses, quand on y réfléchit, sont donc mystérieuses et profondes ! Le *Serpent,* en définitive, comme le Lézard et comme la Tortue, c'est une créature innocente de Dieu... *Innocente* n'est pas le mot juste ; c'est *irresponsable* qu'il faudrait dire... Et pourtant cette créature fut maudite ; et nous-mêmes la maudissons. Lorsque la *Vipère* s'é-

Original de Benjamin Rabier

lance sur l'homme et le mord, elle ne commet pas de crime. Cependant c'est sa fonction de distiller un venin mortel ; cette dent venimeuse est sa défense ; c'est une arme à la façon du dard de l'abeille, ou de la « *défense* » de l'éléphant. — Alors, que penser ? que conclure ? — Simplement ceci : que la Terre, peuplée de bêtes malfaisantes, autant que d'inoffensives à notre espèce, *n'est pas un Paradis ;* ce n'est pas non plus un *Enfer.* Pour qui sait voir, et lire le livre de la Nature à certains reflets, — ce monde-ci, que nous voyons, où nous jouissons et souffrons n'est qu'un prélude, une préface au monde invisible de *l'Au-delà.* Ce que nous avions dit, au début, du *ciel,* astronomique ou météorologique, est vrai de la *terre* et des *eaux,* vrai de la *flore* et de la *faune.* Si la vie végétale, animale, ne servait qu'à stimuler notre science humaine, à quoi bon ? Mais ce n'est pas un spectacle pour nos intelligences seulement ; c'est une leçon pour nos âmes. Il nous faut profiter de ce que nous voyons ici-bas, ne pas nous contenter d'observer, de classer, et de décrire les phénomènes ; on doit les déchiffrer, comme des *hiéroglyphes* (et ce mot signifie « *écriture sacrée* »)... Eh quoi ? — l'histoire naturelle serait son propre but à elle-même ? Quelle vanité ! J'y vois, pour ma part, une admirable — et très profitable *leçon de choses.*

Et voilà ce qu'on peut tirer des Serpents.

Ces *Ophidiens*, qui, dans la troupe des Reptiles, jouent les rôles sinistres, ils se prolongent, pour ainsi dire, par des êtres peu formidables, sortes de *Serpents adoucis*, dégénérés, si vous aimez mieux, et qui n'inspirent plus qu'une répugnance mêlée de pitié. Ce sont les *Opoterodontes*, ou, pour parler moins pédantesquement, les *Serpents vermiformes*, les Serpents à figure de *Vers*. Leur nom savant leur vient de ce qu'ils n'ont des dents qu'à l'une *ou* l'autre des deux mâchoires. Et ces dents ne sont jamais venimeuses. Ce sont des animaux de faible taille, à bouche étroite, incapable de bâiller largement et d'avaler de grosses proies ; ce sont des bêtes inoffensives... — A l'exemple de ces Sauriens serpentiformes, les *Cécilies*, ils habitent des galeries qu'ils se sont creusées dans le sol ; ce sont des êtres souterrains, et par conséquent, privés d'yeux. L'espèce la plus commune est le *Typhlops*, — d'un mot grec qui veut dire *aveugle*. Si c'est là, comme le prétendent les naturalistes, une déchéance, vous direz sans doute avec moi : « *heureuse déchéance !* »

Reptiles Chéloniens

Passer des Serpents aux *Tortues*, c'est le rassérènement, c'est l'accalmie. L'air doux et débonnaire de ces Reptiles, la lenteur toute pacifique de leur démarche, et surtout la divertissante originalité d'une *carapace*, où se réfugie leur timidité, tout chez eux concourt à l'impression rassurante, — et même, vis-à-vis d'eux, à certain sentiment de pitié. L'effet causé par la Tortue, peut-on dire, est une sorte de curiosité mêlée de compassion. Avec notre tendance incoercible à tout ramener à nous-mêmes, et à entrer, pour ainsi dire, dans la peau de tout animal que nous observons, — il nous semble porter, un moment, une telle carapace sur le dos ; et cela nous gêne ; nous en sommes, par imagination, *empêtrés* ; nous plaignons tout bas cet être que le destin force à traîner avec lui, toujours et partout, sa maison ; et, dans notre impatiente activité de bipède, nous nous figurons volontiers que la Tortue rechigne à ce lourd bagage, qu'elle se sent retardée dans sa hâte.

C'est une illusion du même genre qui nous rend si pénible la vue d'un *Serpent*, ou d'un *Ver* qui rampe, qui se tord, — celle d'un *Homard* paraissant embarrassé de ses appendices, — celle, encore, du *Dindon*, au bec « affligé », pensons-nous, d'un lambeau de chair rouge qui pend...

Ainsi l'homme qui se rase le menton, chaque jour, songe-t-il à la gêne qu'il éprouverait d'être barbu, comme tel autre qu'il aperçoit ; tandis que ce dernier, à son tour, à l'aise dans sa barbe, suppose, d'après lui, que l'homme au menton ras doit être gêné !

***

Mais revenons à nos *Tortues*. La *carapace* qui leur donne une physionomie si particulière, et sans laquelle ils ne paraîtraient, sans doute, que des espèces de Lézards très ramassés, offre ici, pour les naturalistes, autant

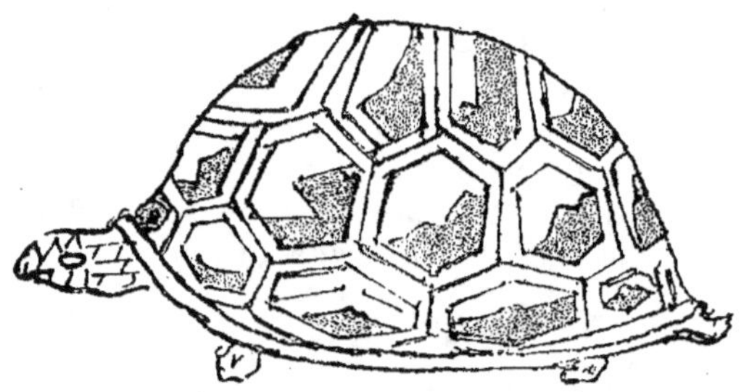

d'importance que le plumage ou l'aile chez l'Oiseau. Non seulement elle délimite le groupe, très-nettement, mais les variations de forme et de dessin qu'elle présente aident à classer, à distinguer les espèces. C'est ainsi que, *bombée* chez les *Tortues de terre*, cette carapace s'*aplatit* chez les *Tortues marines*. On sait d'ailleurs que, pareille à la cuirasse d'un chevalier, elle se compose de deux pièces, la *dossière*, qui, comme son nom l'indique, protège le dos de l'animal, — et le *plastron*, qui couvre son ventre. Ces deux pièces sont soudées, latéralement, avec tant de force, qu'on briserait ces sortes de valves plutôt que de les séparer. Ce sont les côtes et les vertèbres qui concourent à former cette cuirasse naturelle ; mais il s'y joint des plaques dermiques ossifiées. L'*écaille*, qu'on utilise industriellement, est, elle, une production *épidermique*, toute superficielle ; elle fait défaut chez certains genres (*Sphargis*, *Trionyx*).

Lorsque la *Tortue* ne se retire pas sous son toit, on peut observer sa tête, de contour arrondi, portée par un cou qui, chez la Tortue dite « *éléphantine* », par exemple, s'allonge en *serpentant*, paraît un vrai cou de *ser-*

pent. La bouche est complètement *édentée* ; mais les mâchoires, grâce à leur revêtement corné, tranchant et dentelé sur les bords, peuvent faire, à l'occasion, de terribles morsures.

De la carapace, encore, on voit sortir, outre la *queue,* plus ou moins brève ou prolongée, — quatre *pattes* assez épaisses, dont les doigts armés ou non de griffes, ne restent pas indépendants, et forment une sorte de moignon à peau ridée, d'apparence grossière. Mais, quand on envisage l'ensemble, on ne les voudrait pas autrement. Ces pieds, comme on sait bien, ne fournissent pas une course rapide ; suivant la très-heureuse expression du bon La Fontaine, « *ils se hâtent lentement* »..... Ajoutons que, chez les *Tortues de mer* ou d'eau douce, ils se transforment en *nageoires,* dont l'animal se sert avec une remarquable agilité.

Nous ne dirons que peu de choses sur l'*anatomie* des *Chéloniens.* C'est, à quelques différences près, celle des *Sauriens* et des *Ophidiens.* On sait, en général, que la structure interne, chez les animaux, varie beaucoup moins que la forme extérieure. Il n'est pas sans intérêt de noter, toutefois, que le cœur, ici, s'étend dans le sens de la largeur, qu'il est plat, et que sa pointe est arrondie. Cette figure particulière a dû frapper beaucoup les paléontologistes, pour qu'ils aient donné à un *Oursin* fossile, du genre *Micraster,* le nom spécifique de « *cœur-de-tortue* » (cor testidunarium).

Un trait spécial, encore, aux *Tortues,* c'est que la *vessie* y remplir le rôle de réservoir... Aussi l'urine de ces Reptiles est-elle parfois, assez claire pour que des voyageurs altérés y aient eu recours, comme à l'aiguade.

***

L'instinct maternel est fort développé chez les *Chéloniens.* Méfiantes et craintives de tempérament. les Tortues femelles, au moment de la ponte, font preuve d'une hardiesse qui va jusqu'à la témérité. Sous les yeux de leurs ennemis, on voit les dernières venues se hâter vers les lieux où ce grand devoir doit être accompli ; au point que ces touchantes bêtes sont qualifiées par les naturels du pays de « *tortues folles* ». Un des lieux de ponte les plus célèbres est l'île de *Tortugas,* en l'Amérique centrale. Chaque femelle peut déposer jusqu'à 400 œufs.

Leur grosseur est celle des œufs de poule ; mais leur forme est *sphérique*, et le *blanc* ne se coagule pas. L'œuf de tortue passe pour un mets des plus savoureux, et dans tous les pays où ce Reptile abonde, on prélève sur sa ponte un large tribut.

La *Tortue* croît très lentement, et par conséquent, suivant la loi de Flourens, jouit d'une grande longévité ; on parle de 200 ans d'existence : 2 *siècles !* Un autre privilège de cet être d'ailleurs si modeste, est sa résistence aux sévices, aux mutilations. Ce qui ne devrait pas, sûrement, autoriser tant de barbaries, dont les livres de voyage sont pleins, et qui révoltent tout homme de cœur.

Le plus grand ennemi des Tortues, après le *Serpent* et le *Jaguar*, c'est l'homme. Je sais bien que l'homme, pour soutenir sa vie, et l'améliorer, a tout pouvoir sur les animaux ; mais, tandis qu'il devrait user, très modérément, de ce privilège, comme il en abuse ! Il est puni, d'ailleurs, de son gaspillage, par la pénurie. A l'île Maurice, aux Galapagos, et plusieurs autres lieux, les doux et bienfaisants Reptiles, qui surabondaient, depuis assez longtemps déjà sont éteints ; on n'en trouve plus !

Et la cause est, — c'est honteux de le dire, plutôt dans la gourmandise humaine que dans le besoin pressant d'aliment. C'est que la *chair* de la Tortue n'est guère moins savoureuse que ses œufs. D'après certains auteurs, le goût serait celui du mouton, mais plus délicat.

On la chasse donc, cette malheureuse Tortue, pour ses *œufs*, pour sa *chair* ; aussi pour la *graisse* qu'on en retire, et qui donne une huile limpide; enfin, pour sa *carapace*, qui fournit l' « *écaille* » des peignes et de tant de menus objets. On en reparlera à propos des Tortues marines, et particulièrement du *Caret*.

Les *Chéloniens* sont sobres, — ou plutôt ont l'endurance des chameaux. Mais les *sources* les attirent de très loin. *Darwin* raconte qu'abordant, en l'un de ses voyages, certaine côte, je crois, de l'Amérique méridionale, il fut fortement intrigué par de nombreux sentiers tracés, dans la brousse, au fil du coteau... Tracés par qui? — Mais par les Tortues elles-mêmes, assoiffées, montant à l'aiguade. C'est ce qu'il reconnut, lorsqu'ayant pris un de ces chemins, il trouva la foule de ces animaux, qui s'étaient donné rendez-vous auprès de la source. — Les Tortues laissent ainsi, sur le sable ou la terre hu-

mide, des traces indubitables de leur passage : ce sont
deux gouttières — ou ornières parallèles creusées par la
reptation des pattes-nageoires (il s'agit spécialement,
ici, des Tortues *marines*) et entre lesquelles est marquée
la large empreinte du plastron (observation du prince de
Wied).

La classification la plus généralement adoptée de nos
jours pour les *Chéloniens* se fonde sur leur habitat : on
distingue des *Tortues marines*, ou d'eau salée, — des *Tortues d'eau douce* (fleuves et marais) ; — enfin des *Tortues terrestres*.

Dans le premier groupe, comme on devait s'y attendre, les quatre membres sont convertis en *nageoires* : adaptation semblable à celle que vous verrez, parmi
les *Mammifères*, chez les *Phoques* (et chez les *Pingouins*,
parmi les Oiseaux) ; — adaptation inférieure, si l'on considère le milieu, mais qui se montre supérieure, en ce
sens que, dans l'élément liquide, la *Tortue*, si lente d'allure et pesante sur terre ferme, fait preuve d'une agilité
surprenante ; on la voit, pour ainsi dire, « *voler sur les
flots* ». La carapace est aplatie, et prend la figure d'un
cœur ; l'animal n'y peut rentrer sa tête et ses pattes, et
reste ainsi « *prisonnier du dehors* ». Mais ce désavantage
est compensé par la facilité de fuite Cette *carapace*, d'autre part, est rudimentaire, et n'offre pas ces mosaïques si
décoratives qu'on admire ailleurs. Les *mâchoires*, très
robustes, peuvent se comparer au bec des Oiseaux de
proie. Signalons un de ces détails d'organisation minutieuse, qui plaident en faveur du *finalisme* : les narines
sont pourvues d'un jeu de valvules très ingénieux, que
l'animal soulève à l'air libre, et fait retomber quand il
plonge.

La taille des *Tortues de mer* est souvent très considérable. Pour les capturer, il faut les renverser sur le dos,
et cette opération exige le concours de plusieurs hommes
vigoureux. En certains pays, on use, pour s'en emparer,
d'un stratagème bizarre... Vous vous rappelez ce curieux
poisson appelé *Remora*. Les chasseurs de tortues l'emmènent avec eux dans leur barque ; puis, le tenant *en laisse*,
littéralement, et lui laissant filer de la corde, ils le jettent
à l'eau juste au passage d'un de ces reptiles. Le *Remora*,
qui, comme on sait, a l'habitude de se fixer sur les corps
flottants, adhère de sa ventouse au ventre de la tortue, —
plutôt à son *plastron* qu'il prend peut-être pour la carène

d'un navire... Alors l'équipage hale sur lla corde, qui ramène à bord, à la fois, et le poisson de chasse, et le gibier.

Les *Tortues marines* entrent dans l'alimentation ordinaire des Indiens, et notamment des insulaires de *Ceylan*. On ne peut imaginer, à ce propos, la barbarie de ceux qui vendent cette sorte de viande sur les marchés. D'après *Tennant,* on découpe à même, sur l'animal vivant, le morceau que le client désigne ; et les Européens indignés voient le cœur, qui est, en général, acheté en dernier, persister à battre, et les yeux de la pauvre bête se tourner convulsivement de côté et d'autre...

L'espèce la plus recherchée est la *Tortue franche* (Chelonia viridis). On rejette la *Couanne* (Ch. Caouana), à cause de sa forte odeur de musc. Quant au *Caret* (Chelonia imbricata), sa chair est décidément malsaine. Mais il rend des services d'un autre genre, et l'on en tire la précieuse *écaille*. On trouvera dans l'ouvrage de *Brehm* d'intéressants détails sur les procédés en usage pour détacher cette matière de la carapace, pour la fondre, et en ressouder les morceaux. Encore à cette occasion, la barbarie de l'homme se donne, hélas ! libre cours : les Chinois, pour ne pas détériorer cette précieuse écaille, en la détachant, se servent d'eau bouillante ; ils ne craignent point d'échauder ainsi l'animal tout vivant, quitte à le replonger, ensuite, dans l'Océan, où — pensent-ils, il reformera une nouvelle couche... Décidément, la Tortue est martyre.

Aux trois espèces *marines* qu'on vient de citer, la *Tortue franche*, le *Caret* et la *Couanne*, il faut en ajouter une très remarquable, et qui porte un nom poétique : la *Tortue-Luth* (ou Dermatochelys, — plutôt *Sphargis coriacea*). Comme l'indique ce dernier surnom, la carapace est ici recouverte, en guise d'écaille, d'un cuir fort épais. Sa forme est d'ailleurs analogue à celle du charmant instrument de musique aujourd'hui muet, mais toujours décoratif, le fameux *luth* de la Renaissance. La plaque du dos est relevé de 7 côtes saillantes, ce qui suffit à distinguer cette espèce de toutes les autres. La *Tortue-Luth* ou Sphargis, habite l'Atlantique, l'Océan Indien, la Mer Rouge; vivant toujours au large, en la haute mer, on la capture assez rarement ; cependant quelques individus égarés sont venus, à divers intervalles, échouer sur nos côtes. Sa taille peut atteindre 2 mètres de long, et son poids, 600 kilos. C'est un des géants du groupe Chélonien.

Le naïf auteur *Rondelet* a écrit sur le Sphargis un passage que nous nous reprocherions de ne pas citer intégralement, dans une description *esthétique* de la faune.

« Elle est dite « *Tortue mercuriale* », écrit-il en son « *Traité des Poissons* (1558), — à raison que c'est cette « espèce de Tortue de la semblance de laquelle Mercure « a trouvé l'invention du *Leut* ou *Lue* ; après la retraite « du Nil l'ayant trouvée au rivage, la chair toute « consumée,, restants les nerfs desséchés et tordus fai- « sant *son* au toucher, — à laquelle nostre *leut* est si « semblable que la teste et les pieds ostés, il n'a per- « sonne la voyant de loin qui ne die que soit un *leut* « dans son estime, car comme le *leut*, ainsi que cette « Tortue d'une part est plate, de l'autre est voustée, faite « de 6 pièces longues faisant angles aigus, toute à l'en- « tour *ronde*, fors à la queue, qui finist en pointe, au lieu « de quoi le *leut* aussi par le col graisle, où sont atta- « chées les chevilles pour tendre et détendre les chor- « des. »

Ce second groupe des Chéloniens n'est pas très nettement défini ; car plusieurs espèces habitent à la fois la mer et les fleuves qui s'y jettent ; et d'autres, qu'on peut dire « *amphibies* », forment la transition entre les Tortues *marines* — et les *terrestres*.

Je citerai d'abord les *Trionyx*, dites « *Tortues molles* », dont la carapace, très aplatie, n'est pas formée de plaques dures, mais d'une peau continue. Dépourvues ainsi d'armes défensives, elles sont douées, par compensation, d'une humeur agressive, qui les rend assez dangereuses. Il paraît que les Mongols éprouvent, à l'égard de ces tortues, une terreur superstitieuse ; et cela, parce que leur dos est marqué de signes rappelant des lettres de l'alphabet thibétain.

Les genres *Emys* et *Cistudo* sont plus pacifiques. Le dernier renferme la *Tortue commune*, qu'on trouve dans tout le Sud de l'Europe, en les rivières peu rapides, et les étangs. Elle se nourrit presqu'exclusivement de poisson.

Le groupe des *Chélydres*, dites aussi « *Emysaures* », ou *Tortues-Lézards*, contient un type assez curieux : c'est la *Tortue serpentine*. D'humeur belliqueuse, comme les *Trionyx*, elle cherche à mordre à peine au sortir de l'œuf. — « Tandis que, rapporte Muller, l'œil de la plupart des

« Tortues dénote une sorte de bienveillance stupide, le « regard de la *Serpentine* brille de méchanceté ». Dans nos ménageries, cette espèce fuit la lumière, et se retire dans les coins obscurs de la piscine. Elle trouve, en liberté, deux armes redoutables, et dans sa mâchoire coupante comme l'acier, et dans sa queue, longue et robuste. C'est la Tortue *guerrière, héroïque*, — ou *tragique, si* vous préférez·

Voici maintenant la Tortue *fantastique*, puisque, décidément, chaque groupe animal a son cauchemar. C'est, dans la langue du pays qu'elle habite, la «·*Matamata* », *Chelys fimbriata*, dans le latin savant (« *fimbriata* », c'est-à-dire frangée). De la tête et du cou du reptile, en effet, pend un système de franges, plutôt de lambeaux charnus, tout déchiquetés, rappelant ce que nous avions déjà vu chez certains poissons, telle la Baudroie. Sans doute, ces appendices, si répulsifs à nos regards, servent d'appât pour attirer la proie. — La carapace de la *Matamata*, toute plate, est comme hérissée de petits cônes volcaniques, ce qui ajoute à son aspect bizarre. Cette espèce d'épouvantail habite la Guyane.

Citons encore, au nombre des Tortues d'eau douce, le *Cynosterne*, assez remarquable par la mobilité de son plastron. Ce « bouclier de ventre » peut se rabattre en avant comme en arrière, — ce qui permet à l'animal de se renfermer complètement dans sa carapace. Le *Cynosterne* est, de tous les Chéloniens, le mieux protégé.

Quant au *Platysterne*, dont le nom rime avec le sien, sa tête est trop volumineuse pour pouvoir rentrer sous la carapace ; mais, en revanche, elle est cuirassée. Nouvel exemple de *compensation*. — La queue, démesurément longue, est revêtue de grandes écailles imbriquées. Cette espèce est originaire de Chine. Regardez-la : n'estce pas une vraie chinoiserie zoologique, une figure de potiche ?

.*.

Enfin, je mentionnerai les *Tortues de marais* des Etats-Unis. S'il existe, comme vous l'avez vu, des Tortues *géantes* — celles-ci, de la dimension d'une pièce de cinq francs — peuvent être considérées comme les *naines* de la famille. C'est, paraît-il, un spectacle assez singulier que celui des plantes d'un marécage dont les feuilles sont parsemées d'une multitude de mignonnes carapaces.

Par ces dernières formes, — les *Tortues de terre* proprement dites se relient presqu'insensiblement aux *Tortues d'eau*. Mais si l'on oppose l'un à l'autre les types les plus tranchés des deux groupes, de fortes différences apparaissent. C'est ainsi que les *pattes*, au lieu de s'étaler en nageoires, se *pelotonnent*, pour ainsi dire, en des sortes de *moignons* assez vilains d'aspect, mais adaptés, comme il convient ici, à la marche. D'autre part, la *carapace*, loin d'être aplatie comme en la plupart des espèces aquatiques, — est, au contraire, plus ou moins *bombée*. Enfin le milieu, cette fois, n'étant plus « *porteur* », et l'animal se trouvant forcé de traîner, par son seul effort, sa maison, — la *lenteur de l'allure* est extrême. Nous l'avions observée, d'ailleurs, chez les Tortues de mer, excellentes nageuses, et dont les mouvements, en terre ferme, se trouvaient singulièrement empêtrés.

Parmi les *Tortues terrestres*, je citerai comme les plus connues — ou les plus dignes de l'être : la *Tortue bordée* (Testudo campanulata), dont la tête, le cou et la queue sont d'un noir foncé; — véritable Tortue *négresse* ; c'est la plus grande espèce de notre Europe : — puis la *Tortue grecque*, et la *mauritanique*, — la première offrant une carapace très fortement bombée, d'où sortent une tête et des membres de teinte verdâtre : elle habite la Grèce et la Turquie ; — l'autre, à la carapace moins renflée, aussi plus allongée, qui vient d'Algérie. du Maroc. Je dis « *qui vient* », car le marché de Paris en reçoit couramment de ces pays-là, — non pour la consommation, mais pour le plaisir, la simple distraction d'honnêtes personnes qui se plaisent à voir ces innocentes bêtes « se hâter lentement » vers la salade ou le vase d'eau fraîche.

⁂

Puis vient la petite troupe des Tortues « *à dessins géométriques* », dont chaque plaque, en la carapace, plus ou moins relevée en bosse, est ornée de rayons divergents, jaunes sur fond noir. On dirait, bien souvent, d'une agglomération de ces coquillages coniques appelés *patelles*. Ce sont, principalement, la *Tortue géométrique*, l'*étoilée*, la *rayonnée*. Cette dernière est remarquable, en

outre, par les grandes écailles dont ses membres sont re-
vêtus ; sa carapace est presque globuleuse.

Je mentionne encore, pour mémoire, la *Tortue* dite
« *charbonnière* », à carapace où le noir domine, — et la
Polyphème, qui, par exception, a la dossière très-dépri-
mée ; sa taille est fort petite, mais sa force, paraît-il, est
incroyable.

Comme l' « *armée de mer* » des Chéloniens, l'armée
de terre renferme aussi des *géants*. Le plus célèbre est la
Tortue qu'on a surnommée l'*éléphantine*, — et cela pour
la conformation massive et la puissance de ses pattes.
Sa carapace est bombée, mais pas à l'excès, — formant
une assez belle mosaïque, mais de teinte unie, sans le
contraste ordinaire du noir et du jaune. Un trait qui la
recommande, au surplus, à notre intérêt, c'est qu'elle est
un des rares vestiges d'une race aujourd'hui disparue.

Je finirai sur deux espèces également exotiques, et qui
jouissent d'un singulier privilège : c'est de faire jouer
une partie de leur carapace, au besoin, de manière à s'y
clore hermétiquement. Par un partage — un peu parci-
monieux, de « dame Nature », — ce mécanisme n'agit,
pour chaque espèce, que d'un côté : celui d'avant, chez
les *Pyxis*, — et celui d'arrière chez les *Cinixys*. Ainsi
d'un bateau dont la poupe — ou la proue, mobile sur
une charnière, pourrait, à volonté, se rabattre, et couvrir le fond.

La démarche de ces *Cinixys* est originale : très diffé-
remment des autres Tortues, ils s'avancent sur la pointe
de leurs ongles, et paraissent, dit *Effeld, haussés sur des
échasses.*

∗_∗

Comme nous en exprimions l'idée au début même de
ce chapitre, c'est la *carapace* qui fait la Tortue. Sans ce
double bouclier qui dissimule presque tout le corps, et
l'amplifie, le « *magnifie* » de son dôme si décoratif, —
il ne resterait qu'un vilain Lézard, sans aucun intérêt ;
— de même que, dépouillé de sa coquille, le plus beau
Mollusque n'était plus rien qu'un ver misérable.

Mais il y a plus ; car cette *carapace*, tout en donnant à
la Tortue la figure qu'on lui connaît, lui confère aussi
bien son tempérament propre. C'est, en effet, plus qu'une
cuirasse ; c'est presqu'un logis ; et ce logis pesant, l'ani-

mal l'emporte toujours et partout avec lui ; de là l'extrême lenteur de ses pas, et cette apparence d'*apathie*.
qui frappent les *enfants*, les *simples* et les *poêtes*. La Fontaine a saisi ces traits, les a rendus supérieurement ; il
peint, dans plusieurs de ses fables, ce « *train de séna-
teur* » dont elle va, la montre, dans un concours tout
imaginaire, ce qu'elle s'offre en réalité, lorsque, pour
aller pondre à l'endroit fixé, elle « *se hâte avec lenteur* ».
Il nous la montre encore apostrophant, avec une ironie
qui parle d'elle-même, dans la Nature, par le seul aspect.
— le lièvre, ce coureur agile et présomptueux :

> « Moi l'emporter ! Et que serait-ce
> Si vous portiez une maison?... »

Enfin, dans l'illusion anthropomorphique que nous
signations tout à l'heure, il lui fait maudire « *ses pieds
courts,*

> « Et la nécessité de porter sa maison »

Et voilà comment, prêtant aux animaux nos propres
états d'âme, — leur véritable psychologie, en accord
avec la configuration physique, nous reste cachée.

Vertébrés aériens
(Oiseaux)

Dans la série hiérarchique des *Vertébrés*, les *Oiseaux* viennent se placer immédiatement au-dessus des *Reptiles*; et cette expression d' « au-dessus » peut être ici, prise à la lettre, puisque, citoyens des airs, grâce à leurs ailes, les Oiseaux dominent ce peuple exclusivement terrestre, et rampant.

Mais si ces *Vertébrés d'élite* que sont les *Oiseaux* se rattachent aux Reptiles, — ce n'est ni par les Chéloniens, ni par les Ophidiens ; c'est par l'intermédiaire des Sauriens. Des formes de transition, comme l'*Archéoptérix*, dont les restes ont été trouvés dans la pierre lithographique de Solenhofen, en Bavière, semblent témoigner que l'Oiseau n'est qu'une sorte de *lézard* très perfectionné, et admirablement adapté au vol.

Cette adaptation *admirable*, parce qu'elle est manifestement préconçue, voulue, déterminée d'avance par une Intelligence créatrice, doit nous arrêter un instant. Qu'on fasse attention à ceci, que l'Oiseau n'est pas, tout simplement, un descendant de Reptile ailé ; sa personnalité si bien accusée, qui le met à part, est la résultante de très nombreuses modifications de détail ; tout, dans son organisme, à l'intérieur comme à l'extérieur, concourt à cette idéale fonction de voler : des *sacs aérifères* allègent son corps, de sorte que l'air ne le soutient pas seulement du dehors, mais du dedans ; il est d'ailleurs, ce corps. rendu imperméable par un plumage ; et cette toilette continuelle à laquelle se livre l'Oiseau, lissant ses plumes de son bec, est moins un soin banal de propreté que le souci de présenter au vent moins de prise. Enfin, pour ne citer que les traits principaux, le thorax, taillé franchement en carène (et qu'on appelle le « *bréchet* ») fait du corps de l'Oiseau un navire aérien, — *aéronef*, en somme, plutôt qu'*aéroplane*. Inutile, à ce propos, d'insister sur la supériorité de l'Oiseau mis en parallèle avec nos appareils d'aviation; si ingénieux que soient ces derniers, et si méritoires, je n'y vois que des machines mornes et sans beauté, esclaves d'une main étrangère qui les guide à son seul caprice, à la fois grossières de texture et d'elles-mêmes inertes. L'homme, — c'est légitime, est en extase devant son œuvre; mais, lorsque, menant par les airs ce bâti simpliste et rigide qu'est un *biplan*, son regard suit le vol autonome et plein d'élégance d'une hirondelle, —ne doit-il pas s'avouer que là, le problème est plus excellemment résolu ? — L'Histoire naturelle est bien faite, en définitive, pour rabattre l'orgueil de la Mécanique ; elle montre, en effet, la *Vie* se créant elle-même son mécanisme, et — comble d'invention, — le dissimulant, ce mécanisme, sous la beauté !

Comme tous les types animaux, celui de l'Oiseau présente une structure interne à peu près fixe, et des variations de forme extérieure innombrables. Avant d'aborder par conséquent, la description pittoresque des espèces, je dois esquisser le plan commun d'organisation : d'abord, l'étude de *l'Oiseau* ; ensuite, celle des *Oiseaux*.

*
* *

Or les organes, ces « *rouages de vie* », étant les instruments de fonctions vitales diverses, la meilleure méthode est de les classer suivant ces fonctions. Celles-ci servent d'abord la vie purement végétative et viscérale ; puis cette vie supérieure plus manifeste au-dehors et « spirituelle » pour ainsi dire, qu'on appelle « *vie de relation* », laquelle se révèle à nous par le mouvement, et l'acte mental instinctif. — La première catégorie, celle des fonctions *végétatives*, comprend *l'accroissement*, ou développement du corps de l'Oiseau, qui d'embryon passe animal adulte ; puis, chez ce dernier, son évolution une fois accomplie, les rôles de soutien et de protection remplis par le squelette et les téguments ; puis ceux de *nutrition*, qu'assurent les appareils digestif, circulatoire et respiratoire; puis ce rôle sacré de perpétuation de la vie, commis à l'appareil reproducteur· Pour la seconde catégorie, celle des fonctions dites « *de relation* » et que j'appellerais « *de vie extériorisée* », elle a pour instrument le système nerveux, et les organes des sens spéciaux. — En résumé : accroissement et genèse de la forme, — soutien (squelette), — protection (téguments), — digestion, circulation, respiration, — reproduction, — système nerveux et organes des sens; enfin psychologie, — tel est notre plan.

*
* *

La partie des Sciences naturelles qui s'occupe du développement de l'individu, l'*Embryologie*, n'est certes pas la plus séduisante, ni la plus populaire. Et pourtant il est d'un très grand intérêt de suivre ces mystérieux travaux de la Nature, grâce auxquels un *œuf de poule*, par exemple, donne progressivement naissance au poulet. Tout le monde connaît l'*œuf*, qui sert d'aliment : très peu, sauf les professionnels, savent qu'ici, chez l'*Oiseau*, c'est une portion très restreinte du *jaune* qui s'emploie à la formation de l'être nouveau : tout le reste, en effet, sert à le nourrir. — Ce point fort limité, — point de départ de l'embryon, est appelé, par les savants. — *cicatricule* ou *blastoderme*. Sans pénétrer dans le détail, excessivement compliqué et ingrat, — nous dirons que cette espèce de tache *s'étend* et *se soulève*, et devient le « *disque germinatif* ». La masse cellulaire qui le compose se sépare, bientôt, en deux feuillets, — tels ces gâteaux, d'abord compacts, et dont la pâte se divise, devient « *feuilletée* ». Puis cette pâte vivante, ainsi creusée d'un interstice, prend une extension très considérable ; elle déborde, et finit par envelopper l'œuf, dont elle n'était, au début, qu'une infime partie. A cette phase du développement. l'œuf primitif n'est plus qu'une provision nutritive qu'absorbe le disque germinatif, devenu *embryon*. Qu'on se figure un petit animal rudimentaire, une ébauche où l'on ne devine pas l'Oiseau, vautré, pour ainsi dire, sur sa

ration, qu'il n'avale point, mais absorbe par le nombril.
— voilà, en très gros, mais en très précis, l'image du
developpement d'un poulet· — d'un pigeon, de toute
espèce d'Oiseau. Au fur et à mesure qu'il absorbe ce
jaune, ou « vitellus nutritif », l'embryon s'accroît, prend
figure ; sa colonne vertébrale se dessine ; un cœur commence à palpiter au centre, en même temps que les extrémités se replient, formant ce qu'on nomme « les capu-
chons *céphalique* et *caudal* ». Enfin le corps se revêt de
plumes, les pattes s'organisent, et, d'une petite dent dont
le bec est armé, le jeune, plus ou moins précoce ou tardif,
brise sa coquille, et paraît au monde extérieur.

*
* *

Si nous avons résumé, nous esthéticiens, ce chapitre de
science ingrate, c'est pour faire éclater un fait encore
trop peu familier à tous. Ce fait d'Esthétique naturelle,
je l'ai formulé, je crois, le premier, et généralisé dans ce
principe : *le laid, préface à la beauté*. L'embryon, en effet, fait horreur ; mais il prépare l'animal adulte et
parfait. La laideur, ici, n'est donc qu'initiale ; elle est
purement *transitoire* ; laideur d'inachèvement, qui témoigne, une fois de plus que le *beau*, c'est avant tout
l'achevé. — Cette notion, d'ailleurs, peut s'étendre à la
race, et telle forme adulte et de laideur définitive, peut
s'interpréter comme un passage à des types esthétiquement supérieurs. Ayons soin d'ajouter qu'au laid, primitif
ou « *d'évolution* », il faut joindre celui qui ne se traduit
plus par le « *pas assez* », — mais par le « *déjà trop* », —
le laid de *dégénérescence*. Alors, la beauté apparaît comme le point culminant d'une courbe qui s'élève d'abord,
pour, ensuite, redescendre.

*
* *

J'ai laissé entendre, déjà, que tout, dans le corps de
l'Oiseau, était combiné pour le *vol*. Mais nulle part cette
collaboration des parties étrangères et passives avec
l'aile n'est plus évidente que dans le *squelette*. Outre la
forme en carène du bréchet, sur les deux flancs duquel
s'insèrent des muscles puissants et qu'on pourrait nommer muscles « aviateurs », — on doit citer ce fait que
la plupart des *os* sont creux, et remplis d'air ; ils commu-

niquent, en effet, avec ces *sacs* (ou réservoirs) *aériens* que l'Oiseau porte en lui et qui jouent le rôle d'aérostats. Aussi ne peut-on dire absolument du *vol*, chez ce dernier, que c'est un résultat du « *plus lourd que l'air* ».

Je dois faire encore observer que cette ossature évidée, plus résistante que la pleine, est imitée par notre industrie, car le principe des « *colonnes creuses* » était appliqué, bien avant nous, par la Nature.

Une autre particularité du squelette, chez l'Oiseau, est la longueur du *cou*, qui peut comprendre de 9 vertèbres (Moineau) à 24 (Cygne). Ce cou, comme on peut s'en rendre compte, est très mobile. Une pareille mobilité se retrouve dans les *côtes,* qui ne s'engrènent pas directement avec le sternum, mais s'y rattachent par l'intermédiaire de légères baguettes osseuses, les « *sterno-costaux* ».

Quant aux os des *membres,* solidement attachés au tronc — en haut, par la *ceinture scapulaire,* en bas par la *ceinture pelvienne,* ils se partagent ces deux fonctions : le *vol* et la *marche.* Théoriquement, et quelque paradoxal

D'après une estampe japonaise

que cela paraisse, l'Oiseau, tout comme le Reptile, est un quadrupède. Seulement, c'est un quadrupède « *redressé* ». Oui, l'Oiseau, tout comme l'être humain, — mais pas, en vérité, de la même manière, *se tient debout.* Pour se représenter son attitude, il faudrait, penchant légèrement le corps en avant, plier fortement les genoux, tout en maintenant la jambe verticale; ce qui serait fort difficile; mais il faudrait encore, en même temps, ployer le bras et l'avant-bras en sens *inverse* du naturel; et, pour le coup, cela serait, à moins d'une dislocation, matériellement impossible... En somme, la flexion des membres, chez l'Oiseau, se traduirait assez bien par deux mètres pliants superposés, et formant chacun, par leur pliure un Z retourné.

Trois pièces principales entrent dans la composition
du membre inférieur, aussi bien qu'en celle du supérieur;
seulement, chez ce dernier, *humérus, radius* et *carpo-
métacarpien* sont complètement recouverts par les plumes
de l'aile, — tandis que, dans la plupart des grands groupes, le *tarso-métatarsien*, qui forme la *patte*, reste nu,
— et que même, dans le groupe des *Echassiers*, le *tibia*,
qui forme la jambe, est, plus ou moins haut, dégarni de
plumes; mais, chez tous les Oiseaux sans exception, la
cuisse est cachée; elle est pour l'aspect extérieur, comme
si elle n'existait pas. Nous retrouverons ce caractère
chez les grands quadrupèdes, où le *fémur* est noyé, pour
ainsi dire, dans les chairs.

Je ne puis, à ce propos, m'empêcher de faire une
remarque : c'est que l'adaptation *dissimulatrice*. ici
s'opère si parfaitement, que la cuisse, plastiquement essentielle à l'harmonie du corps humain, ne fait nullement,
chez le Cheval — ou chez l'Oiseau, regretter son occul-
tation; il semble que, pour ces deux types, ce soit une
superfétation.

Ajoutons ceci : ceux d'entre les Oiseaux qui sont adaptés à la vie *aquatique* ont les pattes rejetées fort en arrière du corps; et cela, parce qu'elles font l'office de
rames. Voilà ce qui prête à *l'Oie*, par exemple, cette
attitude gauche et guindée, lorsqu'elle chemine sur la
terre-ferme. Ce n'est pas elle qui justifie le vers connu

A voir marcher l'Oiseau, l'on sent qu'il a des ailes...

Mais si cette démarche est ridicule à l'œil, il faut
songer qu'elle est déterminée logiquement par la destination même de l'animal; c'est une nécessité de pon-
dération, un besoin normal d'équilibre. En somme, le
Palmipède n'est pas fait pour marcher, mais pour nager.

Rappelons, enfin, que la jambe, chez le *Perroquet*,
sert très bien d'avant-bras, et le pied, de main, pour saisir et tenir.

*

Les naturalistes, qui ne redoutent par l'encombre-
ment des termes techniques, ont créé toute une terminologie pour le seul classement des formes de *pieds* :
« *Pedes adhamantes, scansorii, ambulatorii, gressorii,
fissi, insidentes; — pedes colligati, cursorii, palmati, lo-*

bati, stegani... » Tout cela peut, en bon français, se
réduire à ceci : pieds *emplumés* — et pieds *dénudés*. Dans
la première catégorie, les quatre doigts sont tous dirigés
en avant — ou deux sont dirigés en avant, deux en
arrière — ou bien trois en avant, et le quatrième en
arrrière. — Dans la seconde catégorie, — celle des pieds
nus, c'est cette dernière combinaison qui prévaut (*Palmipèdes*). Seul, le groupe des *Autruches* (ou « Coureurs »)
présente deux ou trois doigts orientés devant, et qui
ressemblent d'ailleurs à des moignons.

*
* *

Ce qui caractérise brillamment l'Oiseau, ce n'est pas
seulement l'*aile*, mais aussi le *plumage;* il ne suffit pas,
pour le définir, de dire qu'il est *ailé*; l'on doit ajouter
qu'il est *empenné*. Or, ce revêtement si manifestement
esthétique est, en même temps, l'indice d'un grand progrès : étant donnés le volume de l'être ailé, et la supériorité de son organisme, il lui fallait un tégument à
la fois lisse, imperméable et souple, pouvant se dévelop-
per — ou se replier à la manière d'un éventail, et capable d'emmagasiner la chaleur; car tout se tient ici : la
puissance du vol exige l'intensité du jeu des muscles,
et celle-ci demande une combustion vitale plus qu'ordinaire. Aussi bien l'Oiseau, comme chacun sait, a —
normalement — pouls et température fébriles. Sa vivacité lui vient d'un sang très chaud; et cette chaleur de
sang, supérieure à la nôtre, est assurée par ce tégument
idéal qu'on appelle la *plume*.

La *plume* de l'Oiseau pour les naturalistes, est analogue au *poil* des Mammifères. C'est un *poil*, si l'on veut,
— anatomiquement, — mais combien plus complexe et
plus perfectionné! La plume qui dégénère, en effet, se
réduit au poil (plume *filiforme*). Cette dernière, au reste,
est l'exception; la robe de l'Oiseau se compose de deux
éléments essentiels : le *duvet*, qui garnit le corps, en dessous, — la *penne*, qui forme le revêtement extérieur et
toute l'envergure des ailes. Dans le langage précis de
la Science, on appelle *rémiges* les pennes de l'aile, parce
qu'elles agissent comme des *rames;* ce sont des rames
aériennes; et l'on réserve le nom de *rectrices* à celles
qui, dans la queue, servent de gouvernail. Les *rémiges*

de l'aile sont recouvertes à leur base par plusieurs rangées de pennes, imbriquées comme les tuiles d'un toit, et
qui prennent le nom de *tectrices*. Ce sont les plumes de
couverture. Cette disposition, dont l'effet est si noblement décoratif dans les figures d'aigle héraldique, n'est

Doc. dés. jap. (Lib. de l'Art)

cependant, en soi, qu'une ingénieuse prévoyance de la
Nature. Toujours cette loi d'harmonie qui se dégage d'une
accommodation souveraine.

Remarquez, en passant, cette disposition *distique* de
la *penne*, dont les barbes s'étalent sur un plan, symétri-

quement, des deux côtés d'un axe qui est la *hampe*. Bien antérieure, comme vous savez, à la faune, et déjà préexistante en la *flore,* elle emprunte pourtant son nom a celle-là. Quand on parle d'une feuille « *pennée* », l'on suit l'évolution à rebours; on fait, en quelque sorte, de l'*analogie anticipée.*

La ramification, d'ailleurs, se poursuit, ici même, à plusieurs degrés; les *barbes* de la plume, chez un Oiseau, se décomposent en *barbules,* celles-ci sont à leur tour *barbelées...* Chez l'*Autruche,* par exception, les plumes de la queue, souples et *desserrées,* s'ébouriffent avec grâce, rappelant, par leur structure, le *duvet,* et figurant un duvet à plus grande échelle; c'est ce que j'appellerais « la *plume folle* », en contraste frappant avec la plume lisse et *sage* du pigeon, par exemple.

Généralement, le corps tout entier de l'Oiseau est vêtu, fourré de cette chaude et caressante toison; cependant quelques espèces, pour des raisons que l'on ignore, laissent voir des parties dénudées; c'est ainsi que l'*Autruche,* dont nous parlions, est chauve du ventre, et que le *Vautour* l'est du cou. Chez la grande majorité du peuple ailé, cette *finesse touffue,* sans interruption, du plumage, évoque une heureuse idée de bien-être et de confortable; elle est à la fois élégante et cossue; réjouissant notre regard, à distance, elle flatte, de tout près, notre toucher, appelle le baiser, la caresse.

*
* *

Ce qui nous intéresse, nous autres esthéticiens, est moins l'appareil de la digestion, qui se dissimule à la vue, — que ses annexes extérieurs : je veux parler du *bec,* outil de préhension, arme de proie, préludant aux fonctions spécialement alimentaires.

Arme et *outil* tout à la fois, le bec de l'Oiseau présente toutes les variétés de forme qu'on retrouve en notre industrie. Ces formes de bec doivent se classer ainsi : brèves et longues, — droites et recourbées, — fines et massives, avec tous les intermédiaires imaginables. Le bec peut être court et droit, comme chez le Moineau, l'Alouette, et la plupart des *Passereaux,* — ou bien court et recourbé, comme chez le Coq, et surtout les « Oiseaux de nuit » (*Rapaces nocturnes*). Il peut être allongé, tout en demeurant rectiligne, ainsi qu'on

l'observe en la Grue, le Héron, les *Echassiers* en général;
ou bien il se recourbe en crochet, soit sur toute sa longueur (Ibis), soit à la seule extrêmité (Pélican). — En
contraste avec ces formes relativement fines et minces,

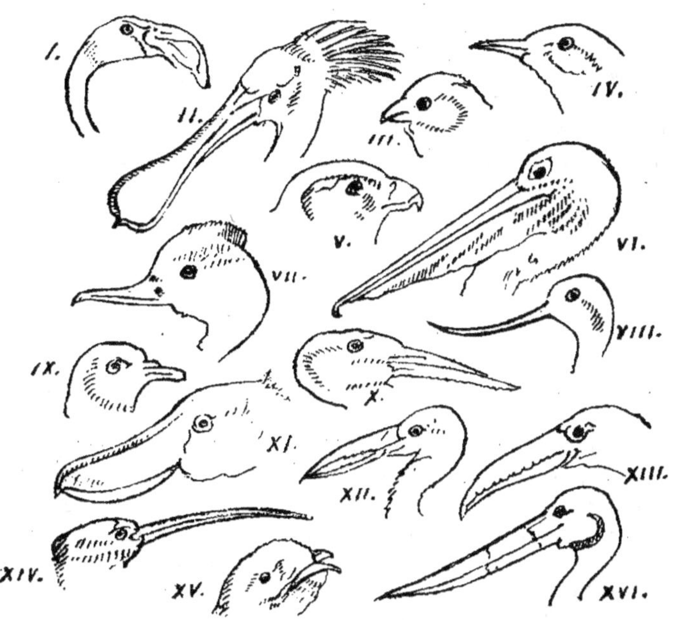

I. *Flamant*. — II. *Spatule*. — III. *Moineau*. — IV. *Grive*. —
V. *Faucon*. — VI. *Pélican*. — VII. *Canard harle*. —
VIII. *Récurvirostre*. — IX. *Colombe*. — X. *Bec-en-Ciseaux*.
— XI. *Balaeniceps*. — XII. *Anastome*. — XIII. *Marabout*. —
XIV. *Ibis*. — XV. *Pie-Oniéche*. — XVI. *Iabiru*.

on peut citer, en fait de *gros becs*, celui du *Marabout*,
dont la forme est droite, et ceux, plus ou moins crochus,
du *Flamant*, des Oiseaux de proie (diurnes), comme
l'*Aigle* et le *Vautour*, — et du *Perroquet*. Citons, parmi
les formes *excentriques* (au moins en apparence) le bec
en spatule du *Platalea*, qui tire de là son nom populaire, le bec en casque du *Calao*, celui du *Pélican*, muni
d'une poche volumineuse, en jabot, celui du *Récurvirostre*, assez drôlement retroussé; enfin ceux du *Bec-
croisé*, du *Bec-en-ciseaux*, qui se définissent d'eux-mêmes.

Toute cette variété, — est-ce un besoin pur et simple d'*adaptation*, — ou bien, en certains cas, un effet nécessaire, et sans but précis, de la loi de *corrélation de croissance?*

On connaît la locution populaire et très pittoresque pour affirmer qu'une chose n'arrivera jamais : « *Quand les poules auront des dents...* » Mais, d'après les zoologistes, beaucoup d'Oiseaux portent des traces de *dents* avortées; et celles-ci se montrent bien développées chez certains *Echassiers* fossiles. D'ailleurs, au point de vue de l'Anatomie comparée, le *bec* peut être regardé comme une paire de mâchoires *unifiées*, indépendantes et proéminentes. .

⁂

Disons quelques mots de la *langue*; elle est charnue chez les Palmipèdes et les Perroquets, protractile chez les Pics et les Colibris. Ces derniers la dardent, comme les papillons leur trompe, en la profondeur des calyces; mais, cette fois, c'est pour y capturer des insectes, et non pas sucer le nectar. Quant aux *Pics*, ils opèrent, dans le même but, à travers les fentes que leurs coups de bec répétés pratiquent dans les troncs d'arbres.

Nous n'insisterons pas sur l'appareil de la *digestion*, puisqu'intérieur et restant caché, il n'influe point sur la forme extérieure du corps. Rappelons seulement l'existence, chez les Granivores, d'un *jabot*, qui fait gonfler, parfois, le cou des pigeons, — et d'un *gésier*, qui complète opportunément la mastication, en triturant, grâce à des masses musculaires puissantes, les graines coriaces dont se nourrit l'animal. — Une prévoyance naturelle à noter, est, chez le *Pigeon*, la secrétion par le *jabot* d'une espèce de bouillie lactée que les parents savent — ô prescience de l'instinct! — ingurgiter aux jeunes. Niera-t-on bien encore la Providence?

Aux petits des Oiseaux Il donne la pâture...

*_**

Circulation, Respiration. — Deux mots seulement sur ces deux fonctions viscérales, qui coopèrent puissamment à celle du *vol*. Lorsque vous voyez un Oiseau se soutenir, et se diriger dans les airs avec tant d'aisance, vous avisez-vous de penser que cet exercice élégant, et qui paraît si simple au regard, exige un jeu de rouages aussi compliqué qu'ingrat ?... Cette pompe aspirante et foulante qui s'appelle un *cœur* fonctionne, chez l'être aérien, à coups répétés; si rapides sont ses battements, et si vive, la chaleur qui s'en dégage dans tout le corps, que l'Oiseau, peut-on dire, est constamment en état de fièvre normale. Une particularité de ce cœur est qu'ici, le ventricule gauche est complètement enveloppé par le droit, ce qui donne à la section de l'organe une forme de croissant. Ajoutons que la crosse de l'artère *aorte,* au lieu d'être dirigée vers la gauche, comme chez les Mammifères et chez l'homme, l'est vers la *droite.*

*
* *

Nous ne parlerions pas de la *trachée,* tube respiratoire invisible, s'il ne portait sur son trajet, outre le *larynx* ordinaire, un second larynx pour nous très précieux, car, sous le nom caractéristique de *syrinx,* c'est lui qui permet à tant d'Oiseaux de nous charmer, soit par le simple gazouillement, soit par un chant vraiment musical. Le *chant des Oiseaux...,* quel vaste et séduisant chapitre de l'Esthétique naturelle! Nous renvoyons, pour sa technique, aux ouvrages qui ne manquent pas, et tenons seulement à donner ce qu'on pourrait appeler son « esprit ». — Ce qu'on est convenu d'appeler le *chant* des Oiseaux, n'est guère, cependant, comparable au nôtre, à notre chant humain; lorsqu'un artiste, homme, femme ou enfant de chœur, interprète de la musique vocale, sa voix, haute ou basse, ne sort jamais, d'abord, des limites de son « registre »; et même, le plus souvent, les mélodies qu'elle module ont un « *ambitus* » fort restreint. D'autre part, ces mélodies dont elle retrace fidèlement le dessin, diatoniques ou chromatiques, suivent un cours régulier et logique, commencent et finissent méthodiquement; elles obéissent à des lois de développement qui n'entravent point le génie, l'originalité d'invention, mais lui confèrent un caractère supérieur d'intelligence. Enfin, si la parole, ici, mêle ses bruits innotables aux musicales sonorités, ce n'est jamais au détriment de celles-ci : le chant, quand il est artistique, diffère hautement du langage parlé; les *labiales* de ce dernier, ses *dentales, ses gutturales,* aussi bien que ses *voyel-*

les, muettes ou sonores, — sont comme perdues dans le flot mélodique ample, régulier, continu...

Maintenant, écoutez la *fauvette*, ou le *rossignol* : d'un port de voix, l'Oiseau franchit d'énormes intervalles, deux octaves et plus parfois; et le son aigu qui succède ainsi, sans transition, au grave, est, souvent, moins une *note*, à proprement parler, qu'un « *harmonique* ». Sous ce rapport, le prétendu *chant* de l'Oiseau n'est qu'un *timbre* dont les éléments sonores se dénoueraient successivement... En second lieu, la « mélodie » de l'Oiseau chanteur n'est qu'un tissu assez peu cohérent de petits dessins, ou « *fragments de dessin* », comme on dit au Conservatoire, des essais d'improvisation, sitôt avortés; ports de voix, trilles, gruppetti, mordants, appogiatures, — voilà, en somme, à quoi se réduit le répertoire de *Philomèle*. Seulement, ces ports de voix sont si bien lancés, d'un accent si doux et si pur, ces courts *leitmotiv*, toujours en suspens, — ont tant d'expression, d'harmonie, — la sonorité en est si vibrante, en l'air pur, et tout cela s'encadre dans un crépuscule si solitaire et si poétique que l'âme en est impressionnée. Car, dit si bien Rostand, dans son étincelant *Chantecler*,

... lorsqu'un rossignol chante en un bois sonore,
Et qu'on croit l'écouter cinq minutes chanter,
On a passé la nuit entière à l'écouter,
Trompé comme en un bois de légende allemande!

Dans un autre passage, de ton satirique, cette fois, l'auteur juge fort bien ce qu'il appelle « le *langage des Oiseaux* ».

...Ils ont, (dit-il), pour parler entre eux dans les cépées,
Un patois cristallin fait d'onomatopées.
Ils parlent japonais... etc.

C'est dire, avec *humour*, que, dans leur gazouillis, — ou même ce qu'on nomme leur *chant, voyelles* et *consonnes* s'assemblent en *syllabes* « *phonétiques* » plutôt que proprement musicales, — ou, si l'on veut, qui ne vont guère au delà de la musique du langage.

Pour résumer, je dirai qu'en écoutant l'Oiseau chanteur, on a moins l'impression d'un *virtuose* que celle d'un *orateur passionné* qui parlerait un idiome sonore,

à la fois puéril et complexe en ses inflexions, tel que le
russe, par exemple.

Je mets à part certaines espèces qui font entendre
des intervalles vraiment musicaux, telle la *tierce* des-
cendante du *Coucou*; mais, alors, c'est un parti pris
monotone; tel un instrument qui ne posséderait que deux
notes.

*
**

Mais la *voix,* chez l'Oiseau comme chez l'homme,
n'est, pour ainsi parler, qu'un incident de luxe de la
fonction respiratoire. Celle-ci présente, en le groupe qui
nous occupe, un trait particulier des plus remarquables :
c'est le système des *sacs aérifères.*

Nous les avions déjà signalés, au début de ce chapitre, comme les témoins d'une adaptation générale, faisant concourir au vol même les viscères. Ils forment
deux paires principales de vessies, que le jeu des poumons gonfle d'air : une dans le thorax, une autre dans
l'abdomen; auxquelles il faut ajouter une vessie impaire
et médiane en la région du cou, entre les branches de
la *fourchette* (réservoir inter-claviculaire). Tous communiquent avec des cavités creusées dans les os, qui par
là se font plus légers, — et aussi avec des *cellules aériennes* dont la peau de certains Oiseaux est farcie, au
point qu'en la touchant du doigt, on sent un crépitement
caractéristique. Il paraîtrait que le rôle de ce système
aérifère n'est pas uniquement d'alléger le corps, mais
que, par la dilatation et la contraction alternées des
paires successives, cet appareil, grâce au courant d'air
qu'il produit, supplée à l'insuffisance d'élasticité des poumons.

Lorsqu'on procède à la dissection d'un Oiseau, les
sacs aérifères sont assez difficiles à voir; on peut même
dire qu'ils échapperaient au regard, si l'on n'avait la
précaution de les souffler auparavant; mais alors, dis-
tendue par l'air, leur membrane extraordinairement
mince et délicate se crève sous le scalpel le plus attentif. Je me rappelle que nos professeurs de zoologie insis-
taient beaucoup sur la difficulté de l'opération; mais il
ne me souvient pas de leur avoir jamais entendu dire
que cette fragilité, si bien résistante à l'usage était une
merveille...

Reproduction

Ce qui nous intéresse en cette fonction, c'est bien moins la fonction elle-même que ses *préliminaires*, et ses *suites* : c'est à savoir, *les amours de l'Oiseau*, et, plus tard, *le souci qu'il prend de sa progéniture*. — Pour ce qui est de la première partie, du *prélude*, on remarquera tout d'abord que le « *beau sexe* », ici, celui qui se met en frais de toilette, est — contrairement à ce qui se passe dans notre espèce, — le sexe *masculin*, le « *sexe fort* »; et cela, naturellement, nous étonne; nous sommes surpris de trouver, en tant de couples d'Oiseaux, le *mâle* si coquettement habillé, la *femelle* si simple en sa mise. Or il advient (je cite encore « *Chantecler* », de Rostand)...

> *Il advient... C'est un fait très extraordinaire,*
> *Que l'on remarque aussi chez les Coqs de bruyère,*
> *Que la faisane trouve un jour le faisan trop bien mis,*
> *Quand le mâle, au printemps, met ses habits de fête,*
> *Elle voit qu'il est plus beau qu'elle... »*
> *Alors, si l'on en croit Toussenel,*

> *« Elle cesse de pondre et de couver. Alors*
> *La Nature lui rend les pourpres et les ors,*
> *Et la faisane, libre et superbe amazone,*
> *Fuit, préférant avoir du bleu, du vert, du jaune,*
> *Et toutes les couleurs du prisme sur son dos,*
> *Que, sous une aile grise, avoir des faisandeaux... »*

Ce travestissement, qui rétablit l'ordre normal pour le genre humain, est-il un fait bien avéré? — Nous ne nous en occuperons pas, car c'est, en tout cas, — ce ne peut être qu'une exception, une dérogation bizarre à la règle. Si nous avons cité les vers de Rostand, c'est qu'ils peignent au vif le contraste si marqué des deux sexes, — et qui se trouve, là, inverse du nôtre.

Il ne faudrait pas oublier que le « *dimorphisme sexuel* », dans le *costume*, à l'avantage de la femme, est un phénomène historique en somme assez récent; et l'histoire des *modes* est là pour témoigner de la coquetterie de nos pères, de leur goût des ajustements, des parures, dont, à présent, nous leur laissons, trop dédaigneux, l'apanage.

*
**

Un autre contraste, — qui, celui-là, se répète, assez fidèlement, chez l'espèce humaine, est celui des mœurs *polygames* et *monogames*. Sous ce rapport, le *Coq*, le *Faisan*, et nombre d'Oiseaux de basse-cour (*Gallinacés*) correspondent aux Orientaux; tous les autres, vivant par couples, représentent les races supérieures de l'Occident.

Quelqu'éloigné que soit le règne animal du *végétal*, je ne puis pas m'empêcher de faire cette remarque : c'est que la polygamie, chez les plantes, porte sur les *mâles*, — tandis qu'elle porte, ici, sur les *femelles* : le *Coq*, environné de son sérail de poules, est l'inverse du *pistil*, qu'entoure un cercle, parfois très nombreux, d'étamines.

Ainsi le *prélude* aux fonctions reproductrices, chez les Oiseaux, est marqué d'une part, par le privilège esthétique du mâle, et de l'autre, par le contraste de races monogames et de races polygames. On trouvera dans une foule d'ouvrages, et particulièrement dans ceux de *Darwin*, d'abondants et pittoresques détails sur la saison des amours, le chant nuptial, et ce qu'on appelle la « *robe de noces* ». Ce sont les épisodes amusants, qui répondent plutôt à la « petite curiosité » qu'à la grande, et sont, pour ainsi parler, le *roman* de l'Histoire naturelle. Nous autres attachons plus d'importance, et découvrons plus d'intérêt aux faits profonds et moins populaires.

La fonction de *reproduction*, en effet, est peut-être, de toutes celles qui caractérisent la vie animale, la plus propice aux méditations des philosophes : elle est, tout à la fois, auguste et suspecte, appelle le secret — et la vénération; délicate, pour nos oreilles humaines, à décrire dans son acte médian, essentiel, elle s'offre chaste et poétique dans ce qui la précède, — touchante et sublime en ce qui la suit. C'est un drame dont l'acte central se joue « *à rideau baissé* », tandis que l'acte initial et le final sont manifestement suivi par l'auditoire, et très applaudis. Or, de ces deux actes extrêmes, si le premier attire par son charme, le second retient par sa noblesse et sa douce gravité; l'un, en effet, s'appelle amour; et l'autre : *dévoûment maternel*. Plus d'une fois, déjà, et chez les animaux les plus humbles, vous avez eu l'occasion d'admirer la prévoyance de la femelle, — qui se nomme dès lors *la mère*, — à l'égard de sa progéniture, — de ce qu'on appelle si joliment ses « *petits* ». Remarquez qu'ici, tout *instinctive* encore, et non raisonnée, — du moins sans sanction morale, — ce n'est qu'un reflet fatal, pour ainsi dire, d'une *Prévoyance* supérieure, d'essence divine. Aussi bien le spectacle de la *ponte*, et de l'*incubation*, et celui de l'édification des *nids*, nous inspire une admiration des plus légitimes, — mais qui doit remonter, nécessairement, à sa source, c'est-à-dire à l'Etre infini, Créateur et Providence tout à la fois.

Le *nid*, chez les Oiseaux, est une *architecture* naïve autant qu'ingénieuse, et qui présente, comme la nôtre, tous les degrés de perfection. Rudimentaire chez l'*Hirondelle de mer*, l'*Autruche*, le *Coq de bruyère*, le *Vanneau*, il se réduit à des excavations plus ou moins garnies; le *Pic* creuse le sien, comme on sait, dans le tronc des arbres, d'autres espèces le creusent dans la terre ou le roc. Des races plus habiles — ou moins paresseuses, construisent le leur de toutes pièces; elles font du nid un véritable ouvrage de vannerie, le tressant de brindilles et de mousses, avec un art qui nous confond. L'Oiseau nommé le *Tisserin* tire ce nom du procédé savant qu'il emploie. Si tels Oiseaux sont *tisserands*, d'autres sont *maçons*; ainsi notre *Hirondelle de cheminée*. Un expédient fort ingénieux consiste à cimenter la construction de salive. En assurant ainsi la solidité de son œuvre, l'Hirondelle chinoise, la *Salangane*, ne se doute pas qu'elle travaille pour l'alimentation et la gourmandise de l'homme. Le « *nid d'hirondelle* » devient un mets très apprécié dans l'Extrême-Orient; encore un exemple du fameux « *Sic vos, non vobis* ». — de ce que j'ai nommé la *finalité détournée*.

Enfin, je dois citer, pour être complet, le nid adapté à l'élément liquide, le nid *aquatique*. Le *Grèbe* et le *Ralle* en établissent de pareils, qui flottent sur les étangs, tout en s'amarrant aux plantes d'eau; ce sont comme des nacelles à l'ancre. — N'allons pas oublier le nid « *colossal* », plutôt agglomération de nids, du *Républicain*, qui est au nid solitaire des Passereaux ce qu'est, à l'habitation isolée, le village.

Aux traits si particuliers — j'allais dire : aux privi-
lèges de la fonction de *reproduction*, s'ajoute encore celui-
ci : cette fonction dont le but, vraiment capital, est de
perpétuer la vie, qu'interrompt, à si bref délai, la destruction de l'individu, — cette fonction de « *perpétuation de l'espèce* », en un mot, elle offre ce caractère
inédit de se relier, très étroitement, aux fonctions supérieures du système nerveux, aux « *fonctions psychiques* ».
Tandis que la *Digestion*, la *Circulation*, la *Respiration*,
demeurent stériles sous ce rapport, la *Reproduction* a
son retentissement dans la sphère de l'instinct et de l'intelligence; d'abord, à son début, par le besoin d'*aimer*,
— ensuite, à sa terminaison, par celui de *sauver la race*.
Et c'est ainsi que l'on passe, tout naturellement, du terrain de la vie purement matérielle à celui de la vie
psychique...

Même, cette vie psychique, peut-on dire, se concentre
sur la fonction de perpétuation; elle gravite autour, en
quelque manière; l'Oiseau, — comme d'ailleurs la plupart des animaux, même des animaux supérieurs, n'est
intelligent, à peu près, que dans la mesure où il est
procréateur; sans doute, une part de son génie s'emploie
pour la conservation et le bien-être de l'individu; mais
la plus grande part se dépense, on peut se'n assurer, à
la perpétuation de l'espèce; au point que, pour ce but, il
sacrifie sa commodité, sa propre existence. Cela revient à
dire, en définitive, que la Nature est toujours prête au
sacrifice de l'individu; le salut de la race est son souci
suprême.

Ainsi les deux sens nobles, chez l'Oiseau, la *vue* et
l'*ouïe*, sont-ils surtout tendus vers la protection des
petits; les deux idées divinatrices qui, vers l'âge adulte,
dominent dans sa tête si menue, sont celles de la *saison
d'amour*, et du *temps de la ponte* ou de la *nichée*.

C'est là que l'être ailé, *chantant*, et *constructeur*,
déploie toutes les ressources de son petit génie; son
aile ne lui sert point qu'à voler; elle couvre la progéniture, et la réchauffe en la protégeant; son *bec* cesse
d'être un bec égoïste; il administre, paternellement, la
« *becquée* »; enfin, tout ce concert qu'il donne, au printemps, et dont nous autres profitons, — n'est-ce point
afin de plaire à la femelle, — à la mère future de ses
enfants?

Et je me souviens de ce passage de *Bernardin de*

Saint-Pierre, où l'auteur fait dériver tous les arts, et toutes les sciences, du seul amour. Vérité moins évidente, à mon sentiment, pour l'homme — que pour l'Oiseau.

L'Oiseau, rappelons-le à cette occasion, n'est pas seulement un animal instinctif, c'est un animal « *enseigné* » ; les jeunes apprennent de leurs parents à manger, à voler, à chanter.

Classification

L'Oiseau, disons-nous au singulier; car jusqu'ici nous l'avons considéré dans ses traits communs, généraux, et comme une abstraction collective. Mais désormais, — et dès à présent, il nous faut dire : *les Oiseaux*, car ce pluriel convient pour annoncer l'extrême diversité qui les divise. Avant d'aborder celle de leurs *formes*, qui fonde la *Classification*, je dois signaler, tout au moins, celle de leurs *caractères psychiques*, ou, si l'on veut, de leurs *tempéraments*. Notez bien que le « *tempérament* », chez l'Oiseau, — comme, au reste, en tout animal, n'est que le signe extérieur d'une *adaptation* spéciale de vie. C'est un signe de valeur purement *anthropomorphique*, -et par conséquent illusoire. L'homme est naturellement enclin à juger l'animal d'après soi; il lui prête sa propre mentalité, ses tendances morales, — surtout *immorales;* impressionné par l'attitude, et la physionomie, il oublie que ces êtres sont irresponsables, et voit, dans ce qui n'est au fond qu'appétits, des vertus ou des vices. De là ces *métaphores courantes* qui, retournées, pour ainsi dire, de la faune sur l'humanité, appellent l'homme courageux « *un lion* », — l'homme fourbe « *un renard* », l'homme d'intelligence supérieure « *un aigle* ». Pour ne parler que des *Oiseaux*, les « *Rapaces* » passent pour *cruels*; et cela parce qu'étant plus que carnivores, étant « *carnassiers* », il leur faut une proie vivante; leur constitution ne s'accommode que d'un sang encore chaud, d'une chair encore palpitante. Sans doute, l'aspect taciturne et sérieux des mangeurs de charognes est-il fatalement lié à un tel régime. Cette apparente morosité cache probablement une digestion laborieuse, et peut-être une *intoxication* ici physiologique et normale. Il est difficile,— même à un naturaliste de profession, de ne pas trouver fâcheuse et suspecte la mine des Oiseaux nocturnes de proie; et cependant la *Chouette* et le *Hibou* ne sont pas des criminels

sournois, hypocrites; leur innocence est tout aussi réelle
que chez la *Colombe;* mais nous autres hommes confon-
dons l'*inoffensif* avec l'*innocent;* nous nous laissons
hypnotiser par la mise en scène, et tromper par les apparences. C'est ainsi que les *Passereaux,* toujours en mouvement, pleins de vivacité, prompts et légers dans leurs
allures, nous paraissent continûment gais et folâtres; et
pourtant, lorsque la neige, par exemple, couvre le sol,
qu'ils cherchent désespérément le grain ou l'insecte faits
rares, leur petite âme ne doit pas être alors en gaieté.
Inversement, l'air chagrin du *Héron* peut dissimuler un
vrai contentement intérieur. N'en est-il pas de même chez
l'homme, quelquefois? Et ce rêveur qui se plonge avec
délice en la méditation, n'est-il pas jugé triste par le
passant qui, lui, ne connaît pas le bonheur de rêver?
L'*Oie* nous semble irascible et stupide; mais des observateurs moins superficiels ont signalé chez elle de grands
signes d'intelligence. Je croirais volontiers que les Oiseaux *silencieux* trouvent, dans leur taciturnité, un
moyen de dissimulation opportun, — et que, réciproquement, les Oiseaux *criards* éloignent, par ce fait, certains
ennemis. — Enfin, cette coquetterie du *paon,* qui lui
fait étaler les plumes tectrices de sa queue, « faire,
comme on dit, *la roue* », pourrait bien être simplement,
en dehors du temps des amours, un geste guerrier de
défense, un procédé d'intimidation analogue à celui des
barbares ou des sauvages, qui *se parent,* au sens militaire, et s'affublent d'objets voyants pour en imposer.
— Remarquez que les mots de *brave* et de *superbe*
expriment à la fois l'idée *coquette* et l'idée *martiale,*
dans l'*esthétique.*

Il ne faudrait pas, toutefois, pousser cette théorie à
l'extrême. La *psychologie* des Oiseaux n'est pas toute en
l'adaptation, aveugle et fatale : si le tempérament de
chaque espèce est en rapport intime avec ses besoins
de vie, — je reconnais, à certains traits de mœurs, que
l'esprit des bêtes va plus loin. J'ai parlé d'*adaptations
physiologiques* qui détermineraient tel ou tel tempérament chez l'Oiseau; mais il existe, également, des adaptations *psychiques,* et l'*Oiseau chanteur,* par exemple, peut
être plus qu'un prétendant amoureux, suivant l'opinion
de *Darwin;* il peut souvent passer pour artiste, et chanter
pour son plaisir propre. De même, peut-on affirmer
qu'en le geste du *paon* qui fait la roue, il n'entre pas un

grain de complaisance, un peu de pose?... Bien difficile, d'ailleurs, à tracer, la limite entre *tempérament* et *caractère*.

*

Mais laissons là cet ordre de questions, trop problématiques, et demeurons sur le terrain plus ferme des *formes extérieures* ; elles intéressent l'esthéticien de deux façons : par leur *expression*, — par leur degré de *perfection*, ou leur *beauté*. Or, ce caractère *expressif* — ou bien *eurythmique*, offre, — en dépit de l'*unité* frappante du groupe, de son homogénéité, que peint le seul terme d'*Oiseau*, — une étonnante *diversité*. Cette diversité, toutefois, n'est pas un chaos; la *classification* des ornithologistes (qui n'est, il faut y songer, qu'un reflet de l'ordre naturel et vivant) groupe ce corps d'armée aérien en « *divisions* », qui se décomposent elles-mêmes en sortes de *bataillons*, puis de *sections*. Comme on le sait, notre tâche est de passer en revue cette immense variété d'uniformes et d'équipements, — non pas au point de vue technique, comme *signes distinctifs*, mais au point de vue *pittoresque*, en tant que décor.

Dans tous les groupes d'animaux étudiés par nous jusqu'ici, l'on s'est efforcé de concilier, autant que possible, le classement *esthétique* avec le classement purement *scientifique*. Ici, nous aurons moins de mal que partout ailleurs à y réussir, par cette raison que les *Oiseaux*, groupés en général d'après leur *adaptation*, composent des familles naturelles, assez homogènes d'aspect, et dont les appellations, du reste, sont connues. Tout le monde, à peu près, sait de quoi il s'agit, lorsqu'on parle de *Passereaux*, de *Gallinacés*, d'*Echassiers* ou de *Palmipèdes*. — Toutefois, désirant simplifier, et préciser en même temps, nous adopterons une nomenclature plus vivante, et plus évocatrice, en quelque sorte. — Et tout d'abord, frappés d'une différence dont les zoologistes ne tiennent guère compte, nous distinguerons des *Oiseaux libres* — et des *Oiseaux domestiqués*, plus ou moins. Ces derniers comprennent les volatiles de basse-cour et ceux du pigeonnier, — auxquels on peut joindre les Oiseaux *de chasse*, comme le *Faisan*, la *Caille*, la *Perdrix;* en deux mots, *volaille* et *gibier de plume*. Tous ceux-là sont, officiellement, des « *Gallinacés* ». — Quant aux premiers,

les « *Oiseaux libres* », je les divise et nomme de cette
façon :

a) les *Oiseaux de proie* de plein jour (Rapaces *diurnes*), et leurs complices ténébreux, les « *Nocturnes* ».

b) les *petits Oiseaux* des champs et des bois (Passereaux), dont un grand nombre sont *chanteurs.*

c) les *Grimpeurs*, que je préfère nommer les « *Arboricoles* », tant indigènes qu'exotiques (Pics et Perroquets).

d) et *e*) les *Aquatiques* et les *Paludéens*, correspon-
dant respectivement aux *Palmipèdes* et aux *Echassiers* de
la classification ordinaire.

f) enfin, les *Aptères;* et je range sous ce même nom,
d'une part : les *Impennes* (Manchots et Pingouins), —
d'autre part ceux que les zoologistes appellent « *Coureurs* » (Autruche, Casoar).

Et maintenant, ces différents corps bien rangés, que
l'armée aérienne défile, en ordre, sous vos yeux.

A. — Oiseaux domestiques

Pris dans leur acception la plus large, les *Oiseaux
domestiques* peuvent se classer ainsi : les hôtes de la
ferme et du *château;* les hôtes de la *forêt* et des *champs;*
autrement dit : *basse-cour* et *pigeonnier, chasse* et *fai-
sanderie.*

Parmi les premiers, je distinguerai : le « héros rustique indigène »; c'est le *Coq*, — les « naturalisés », *Dindon*
et *Pintade;* le « prince », qui est le *Paon;* et le « volontaire » : vous avez nommé le *Pigeon.*

Quant au second groupe, celui des « hôtes de la forêt
et des champs », il se compose de la *Caille* et de la Per-
drix, menu peuple, — puis d'un indépendant, le *Coq de
bruyère,* enfin d'un prince vassal de l'homme, le *Faisan.*

Il est impossible, quand on parle de ces animaux, de
ne point rappeler le « *Chantecler* » d'Edmond Rostand.
En ce fabliau qui, basé sur des volatiles, a de si hautes
envolées, tous les portraits que nous pourrions faire se
trouvent déjà; ils y sont brossés d'un trait si frappant, et
de couleurs si vives, qu'après cela, il n'y a rien à faire.

Le *Coq*, en premier lieu; voyez comme il se dessine lui-même à la *Faisane*, sa grande amoureuse :

Regarde-moi, Faisane, et s'il se peut,
Tâche de découvrir toi-même peu à peu
Cette vocation dont ma forme est le signe.
Reconnais tout d'abord mon destin à ma ligne,
Et que, cambré comme une trompe, m'incurvant
Comme une espèce de cor de chasse vivant,
Je suis fait pour qu'en moi le son tourne et se creuse...

En faisant la part de l'hyperbole permise au poète, on reste frappé de l'exactitude du schéma. Rostand a bien marqué la caractéristique de l'oiseau. Mais, faut-il ajouter, c'est la caractéristique *de tout* oiseau, en général;

Doc. des Japonais (Librairie de l'Art)

elle est seulement plus accentuée chez le *Coq;* et ce geste de *se rengorger*, lorsqu'il émet ses notes de clairon, rattache, malgré tout, dans l'esprit, l'idée de sonorité à celle de contour.

Après la *ligne*, la *couleur;* à la cambrure du corps, si remarquable, vient s'ajouter la rutilance de la *crête*, et celle, annexe, des *barbillons*.

Soyons gais! Ce que j'ai sur la tête et sous l'œil
Est plus rouge, lorsqu'en marchant je me rengorge,
Que le foulard d'un rouge-gorge,
Ou que le gilet d'un bouvreuil...

Et plus loin, quand s'annonce l'aurore, il s'écrie :
Ah! Soleil! je te sens là derrière, qui bouges!
Je ris d'orgueil dans mes barbillons rouges! »

Enfin, l'attitude et l'allure :

Je suis beau, je suis fier. Je marche. Je m'arrête
J'esquisse une gambade ou de brusques écarts....
... Et grattant le gazon de mes griffes, j'ai l'air
De chercher dans le sol, tout le temps, quelque chose...

Quant à la question de savoir si le *symbolisme* du Coq,
ainsi fait, se justifie bien, c'est une autre affaire. Ici, l'auteur a brodé sur un thème connu, très ancien, et sa bro-
derie, peut-être, est subtile. Le « *Coq gaulois* » n'est point,
sans raison zoologique, emblème de vaillance et de vigilance; mais, lui supposer toutes les vertus de *Chantecler*,
— et toutes ses boutades, c'est trop dire... On trouve là
cet abus légendaire et littéraire de la métaphore, qui magnifie un pur symptôme physiologique pour en faire un

signe de passion. Si le
Coq fouille le sol de
ses pattes, c'est évi-
demment dans le but
très prosaïque de cher-
cher sa vie, celle de ses
poules ; et sa fanfare,
qui précède l'aurore,
n'est sans doute autre
chose qu'un cri de joie,
si ce n'est un signal ata-
vique de défense, une
sorte de « *garde-à-vous* »
jadis efficace, à l'état
sauvage, et quand il
s'agissait d'écarter l'ennemi.

Le *Coq* est un commensal, pour nous, si ancien, qu'il
peut passer pour indigène. Le *Dindon* et la *Pintade*, ses
proches parents, sont d'importation plus récente; c'est
pourquoi je les désigne par ce nom : les « naturalisés ».

Parlons tout d'abord du *Dindon*. C'est sous le règne de François Ier qu'il apparut pour la première fois dans nos basses-cours. Son pays d'origine est l'Amérique du Sud; là encore il vit à l'état libre et sauvage, au fond des forêts. Cet oiseau qu'on désigne, avec tous ses congénères de ferme, sous la dénomination de « *volatile* » (est-ce parce qu'il ne vole pas volontiers?) a quelque chose en sa physionomie de singulier, et presque de comique. Il symbolise assez justement, par son aspect, l'humeur susceptible et colère. Ce qui paraît étrange, chez lui, pour peu qu'on le compare au *Coq*, est cette tête lisse et sans crête saillante, d'où pend, au contraire, un lambeau charnu, fort gênant, d'aspect tout au moins, pour l'usage du bec qu'il surplombe. On dirait que l'animal a conscience du ridicule à lui infligé par cet extraordinaire et fort encombrant appendice. Quelle en peut être la destination? — C'est là un de ces mystères qu'il nous faut respectueusement accepter.

Nous le respectons plus aisément, ce mystère, lorsqu'il s'exprime en forme gracieuse, « *esthétique* », comme chez le *Paon*. Celui-ci nous apparaît, glorieusement, tel un Dindon revu, corrigé, amoureusement façonné, transfiguré par je ne sais quelle sélection d'art subtil. Il ne porte plus au bec cette « *rouge stalactite* » dont parle Rostand; sur sa tête bien dégagée, libre de toute excroissance parasite, vibre une *aigrette* sobre, élégante, et qui lui prête cet air de coquette crânerie, si séduisant en certaines coiffures féminines. Ajoutez à cela la courbe harmonieuse de l'encolure, — et surtout cette traîne majestueuse qui, lorsque l'oiseau « *fait la roue* », devient un éventail déployé; éventail de plumes, dont chaque brin se relève d'un *œil* irisé. — Comment ce luxe s'est-il introduit, et pourquoi? — Nous l'avons dit : c'est le *mystère glorieux* de la Nature. *Darwin*, pour l'éclaircir, invoque, on sait, la « *sélection sexuelle* »; explication qui peut nous satisfaire, mais à deux conditions : c'est d'abord qu'on fasse rentrer ce fait particulier dans la loi générale de relation entre la *fin* d'une fonction et le *stimulant* qui l'assure; — ensuite, qu'on le rattache à la *Prévoyance suprême* qui sut, d'une même beauté, faire un attrait pour l'homme, après avoir satisfait l'animal. Alors, la jouissance artistique et désintéressée que nous cause le plumage du *paon*, apparaît comme le contre-coup d'un

instinct amoureux, ayant pour but la maternité. N'est-ce
pas d'une économie remarquable?

Le bonhomme *La Fontaine* a surtout observé, dans le
Paon, ce contraste, assez dépitant, entre le plumage de
l'Oiseau et son ramage. Il le fait se plaindre à Junon de
sa voix, qui

> *déplaît à toute la Nature,*
> *Au lieu qu'un rossignol, chétive créature*
> *Forme des sons aussi doux qu'éclatants.*

Mais il est vertement tancé par la déesse, qui lui rappelle les avantages plastiques dont elle l'a doué.

> *Est-ce à toi d'envier la voix du rossignol,*
> *Toi que l'on voit porter, à l'entour de ton col*
> *Un arc-en-ciel nué de cent sortes de soies;*
> *Qui te panades, qui déploies*
> *Une si riche queue, et qui semble à nos yeux*
> *La boutique d'un lapidaire? »*

Je trouve intéressant de comparer ce joli portrait à
celui que Rostand, dans un but *symbolique*, a peint sous
des couleurs plutôt ignominieuses. Car, dans l'idée de cet
auteur, le *Paon* représente la vanité sotte et présomp-
tueuse. *Chantecler* lui dit son fait en des termes que le
style classique eût désapprouvés, mais qui dépassent de
bien loin la pensée quelque peu courte du fabuliste.

> *... Faux brave que la Mode a pris pour colonel,*
> *Vous marchez dans la peur dont votre gorge est bleue*
> *De paraître en retard aux yeux de votre queue.*

etc.

> *... Et puis ce cri : Eon!*
> *Plus faux à lui tout seul que tout un orphéon! »*

Et ce jeu de mots tout aristophanesque, qu'il lui
décoche :

> *Le Paon, qu'est-ce qu'il fait?*
> *— De l'œil avec ses plumes! »*

Apostrophe de mauvais goût pour ceux qui ne comprennent pas la colère suscitée chez un honnête homme
par les extravagances de la toilette féminine. J'ajoute,
cependant, cette restriction logique, qu'en faisant de
l'Oiseau de Junon

> *l'ambassadeur stupide de la Mode,*

Rostand n'a pas songé qu'en contradiction avec elle, sa
robe ne changeait guère de façon. En tout, d'ailleurs, la

Symbolique, quand il s'agit des animaux, s'écarte considérablement de la réelle Psychologie. Où la Nature n'avoue que des desseins vitaux, nous autres mettons des intentions morales.

*
**

La *Pintade* tiendrait le milieu entre le Dindon et le Paon; elle apparaît comme un Dindon plus raffiné — et comme un paon simplifié; c'est, un peu, la « demoiselle » de la basse-cour; mais elle gâte tout par un étourdissant caquetage; ainsi, parmi les personnages de « *Chantecler* », personnifie-t-elle la femme de salon criarde et écervelée.

La beauté du *Pigeon* est plus simple, et son allure mi-paysanne et mi-mondaine; il est tout à la fois le villageois et le citadin, et fait aussi bonne figure sur la corniche d'un monument que sur le perchoir d'une ferme. Ce qui caractérise cet oiseau, en contraste avec les précédents, c'est son plumage lisse, et l'absence d'affiquets dans son costume; on admire le paon à distance, tandis qu'on a l'envie de caresser, de près, le dos si soyeux du pigeon. Et puis, ce n'est point, comme la Pintade ou le Coq, une sorte de prisonnier, farouche et sédentaire à la fois, mais un commensal indépendant; pendant que les volatiles de ferme s'esbrouffent à la moindre alerte, ont des déroutes lamentables, — lui, le pigeon, s'effarouche plus noblement; son vol aisé, gracieux, se fait exempt de basse servitude; ses départs sont prompts et hardis, et ses retours fidèles. Sans doute, lui aussi subit l'humiliation d'être « *bon* » pour la table; mais, grâce à Dieu, et à ses capacités *d'aviation*, il connaît de plus hauts destins; l'homme lui confie ses messages de paix et de guerre; les pigeons du siège, en 1870, ont eu l'honneur de blessures « militaires ».

En cette guerre nouvelle où j'écris, l'Oiseau messager doit être jaloux. Par cette évolution que l'artiste déplore, — l'être vivant et naturel est évincé par la machine; il lui laisse jusqu'à son nom; l'Oiseau, si libre et si joli, tissé de plume et de duvet, il est à présent démodé; l'*avion*, oiseau factice et sommaire, machine de planches et de roues, usurpe sa place, et s'empare de son vocable; nos belligérants étendent leur champ de bataille jusqu'à l'atmosphère; et les pacifiques ailés, fuyant de toutes

parts, se demandent d'où peut bien venir cette caricature
épique de leur espèce qui remorque dans leur propre élément le roi de la création, et pond, dans son vol crépi-
tant, des œufs mortifères.

*
**

La guerre, tout naturellement, m'amène à la *chasse*.
Or, en dehors des besoins légitimes et des nécessités de
défense, l'homme, ici, déshonore la faune, en son inconscient égoïsme; tous ces innocents et gracieux Oiseaux,
caille, perdrix, gélinotte, faisan, coq de bruyère, il les appelle « *gibier de plume* »... Mais le poète, qui s'attendrit,
et ne veut pas voir insulter le beau, — ni offenser l'inoffensif, les nomme « *hôtes de la forêt et des champs* ».

Au chasseur qui, — pour se distraire, tient une *caille*
au bout de son fusil, je dirais volontiers : Arrête! Avant
d'anéantir cette petite vie, songe à la perfection d'un mécanisme aviateur que ton industrie ne saura jamais égaler, — d'un mécanisme dont les rouages se dissimulent
sous la grâce et la spontanéité des mouvements... Pense
au génie de ces têtes si frêles, qui leur fait accomplir à
travers la Méditerranée d'extraordinaires migrations. Ne
trouverais-tu pas un plus noble — et plus grand plaisir
à les suivre, ces gentils émigrants, du regard, à leur sou-
haiter un heureux départ, à fêter leur retour d'Afrique?
Eux, c'est vrai, chassent aussi, — mais c'est pour vivre;
ils ne savent pas, comme toi, l'art de tuer pour passer le
temps...

La *perdrix* surtout est touchante, et mériterait qu'on
lui fît grâce. La Fontaine immortalisa son héroïsme maternel :

> *Quand la perdrix*
>   *Voit ses petits*
> *En danger, et n'ayant qu'une plume nouvelle,*
> *Elle fait la blessée, et va traînant de l'aile,*
> *Attirant le chasseur et le chien sur ses pas,*
> *Détourne le danger, sauve ainsi sa famille...*

Certains naturalistes font honneur de ce dévouement,
et de cette intelligente tactique, au *mâle;* c'est lui qui,
au péril de sa vie, attirerait sur sa tête l'attention du
chasseur, et l'amuserait, pendant que la femelle, avec sa
couvée, prend le large.

Perdrix rouge du midi de la France, ou perdrix grise du nord, vont par familles appelées, je ne sais pourquoi, « *compagnies* ». Ces oiseaux ne font pas de nids; les œufs sont simplement posés à terre.

Si j'insiste ainsi sur les mœurs, c'est qu'ils offrent, ici, plus d'intérêt que la physionomie. *Caille* et *perdrix* sont des oiseaux très simples de contour, et sobres de coloration. Leur galbe, comme celui du *pigeon,* est « classique ».

La *Gélinotte* et le *Tétras,* vulgairement « *Coq de bruyère* », sont proches parents. Mais le prince du groupe est certainement le *Faisan.* Je ne rappelle pas ici l'assertion bien risquée de *Toussenel* sur laquelle est basé le personnage féminin de « *Chantecler* »; je dirais seulement que dans cette espèce, c'est, normalement, le *mâle* qui brille par son plumage, et sa belle longueur de queue. Celle-ci, dès lors, est moins gouvernail utile — que panache. La Nature semble, là, prise en flagrant délit d'esthétique....

*
* *

Aux hôtes, plus ou moins asservis, de la *ferme* et du *château,* — à ceux des *champs* et de la *forêt,* ne jouissant, de par le chasseur, que d'une liberté bien précaire, et souvent, même, illusoire, il nous faut joindre le groupe des « *nobles étrangers* », c'est-à-dire des *Gallinacés exotiques* les plus remarquables, et qu'on n'a pas encore acclimatés chez nous : ce sont : le *Hocco,* de la taille d'un petit dindon, au plumage d'un noir bleuâtre et luisant, coiffé d'une huppe en forme de cimier, et pourvu d'une queue blanche à l'extrémité, dont les Indiens font des éventails. Il habite principalement l'Amérique du Sud; — puis la *Pénélope,* dont la huppe retombe en arrière, comme le plumet des *bersaglieri.* Ces deux genres diffèrent de la plupart des Gallinacés par l'habitude qu'ils ont de picorer sans gratter la terre de leurs pattes; ils s'éloignent par là du Coq, et se rapprochent du pigeon. Ce n'est point d'eux que Rostand eût pu dire :

Je ne chante jamais que lorsque mes huit griffes
Ont trouvé, sarclant l'herbe, et chassant les cailloux
La place où je parviens, jusqu'au tuf noir et doux.

Dans les enclos où l'on tient les Hoccos, écrit *Brehm,* « le gazon est foulé, il n'est pas gratté ». — Je trouve dans

le même auteur un trait bien autrement précieux à noter :
c'est que, resté dans l'ignorance de l'espèce humaine,
le *Hocco* ne fuit guère devant le fusil ; qu'il voie son compagnon tomber à ses côtés, son attitude exprime la stu-
peur, et il ne quitte l'arbre où il est perché que pour
gagner un arbre tout voisin... Mais, ajoute l'auteur, dans
le voisinage des lieux habités, ces oiseaux « deviennent
défiants ; la vue d'un homme les met en fuite ». — L'animal, ici, fait-il un raisonnement tacite, à notre manière?...
Je n'en sais rien ; toujours est-il qu'il s'instruit par l'expérience, et profite.

Un autre trait semble détruire l'idée chère à Darwin,
en ce qui se rapporte à l'origine érotique du *chant*. On lit
dans *Brehm* qu' « un mâle qui est en train de chanter ne
semble nullement s'inquiéter de sa femelle (qui d'ailleurs
le paie de retour) ! » Alors l'Oiseau serait, en ce cas du
moins, l'artiste pur, détaché de toute passion ; il ne serait
pas le ténor amoureux qu'on disait?...

En compagnie du *Hocco* et de la *Pénelope*, je dois
mettre le *Lophophore* ; c'est, pour certains naturalistes,
le plus beau des Gallinacés ; en Allemagne, on le nomme
« *Pracht-huhn* », — en Angleterre, « *pheasant-bird* ». Sa
tête est ornée d'un « bouquet d'épis d'or » (Brehm) ; son
cou chatoie comme le rubis ; sur son dos, un manteau de
plumes vert bronzé, à reflets dorés ; ses ailes sont noires,
et sa queue est brun-cannelle. D'ailleurs son prix prouve
sa rareté ; il coûte jusqu'à 800 francs pièce. — Citons
encore, parmi les princes de la tribu, l'*Argus*, sorte de
paon aux cent yeux et le *Goura*, qu'on appelle « Faisan
couronné » ; ce dernier est domestiqué dans l'Inde, aux
Iles Moluques. Quelle déchéance pour un prince !

Le *Lagopède*, lui, vit en liberté dans les Alpes, les
Pyrénées, et les « *tundras* » (ou steppes) de Norvège, etc. ;
mais il est, sous le nom de *ptarmigan*, ou « perdrix de
neige », traqué sans pitié par les chasseurs. Son nom de
Lagopède lui vient de ses tarses fourrés, qui lui font, par
un curieux empâtement, comme des pieds de lièvre. Il
se fait remarquer par ses *mues* ; celle du printemps lui
fait une jolie « robe de noces » ; et celle d'automne le met,
par un vêtement blanc, en harmonie avec le paysage glacé.

⁎

En liaison étroite avec ces beautés, la Nature, qui
aime le contraste, nous offre le *Dronte*.

B. — *Oiseaux libres*

Les Oiseaux de Proie ou Rapaces

Suivant une remarque très judicieuse de *Buffon,* tous les Oiseaux, en définitive, — sauf les *Granivores,* sont « Oiseaux de proie ». Mais on entend spécialement sous ce nom les plus grandes espèces, qui sont plus manifestement carnassières. Elles se subdivisent en deux groupes bien tranchés : les *Diurnes* et les *Nocturnes,* les unes qui chassent en plein jour; les autres qui, fuyant la grande lumière du soleil, cherchent leur proie dans l'ombre.

Ici, nous devons réfuter un préjugé courant, ou du moins une exagération : ceux qu'on appelle « *Oiseaux de nuit* » évitent, à la vérité, le grand jour; mais, d'une part, l'observation nous apprend qu'ils ne voient pas bien, non plus, dans l'obscurité; en cela, ils ressemblent à la plupart des autres animaux; ils ne sont pas, comme on dit, « *nyctalopes* »; — et, d'autre part, cette faiblesse — ou délicatesse de la vue, qui fait que la grande clarté les offusque, a des degrés, et diffère suivant les espèces. C'est ainsi que le *Hibou* est celui que cette clarté incommode le plus, tandis que le *Grand-Duc* sort de sa retraite bien avant que la nuit ne soit tombée, et se risque au dehors lors même que le soleil est déjà levé. La plupart des *Nocturnes,* au surplus, ne chassent point en pleine nuit, du moins à la nuit noire, par la raison qu'on a dit plus haut; aussi bien devrait-on les nommer des « *Crépusculaires* ». Mais les clairs de lune leur sont éminemment favorables, et prolongent ainsi leur veillée, — cela au grand détriment des petits Oiseaux.

Rapaces diurnes

Le roi des *Rapaces diurnes,* ou, si l'on aime mieux, des Oiseaux de proie de plein jour, est, sans contestation, l'*Aigle;* — l'« Aigle royal », comme on le surnomme. Cet honneur lui vient de sa force, de la puissance de son vol, et de son attitude très droite, — qualités, remarquons-le, purement physiques, tout extérieures, et que seul, un anthropomorphisme assez illusoire impute à la gloire de l'animal. Il est curieux de voir un grand homme de science comme *Buffon* donner lui-même dans ce travers; il compare, avec la majesté de langage qu'on lui

connaît, l'*Aigle* au *Lion*, célèbre son courage et sa *magna-
nimité*,... autrement dit : sa *grandeur d'âme*... Il n'a pas
l'air de songer que ces choses-là n'appartiennent qu'à
l'homme.

Certes, l'*Aigle* est très beau, d'une beauté farouche
et terrible, qui en impose. Son port, *plus redressé* que
celui de bien des Oiseaux, quand il se pose, donne l'idée
d'un être fier, et plein de noblesse; son bec puissant et
recourbé du bout, le regard sévère de ses yeux vifs,
à l'iris doré, ses ailes qui, même au repos, montrent
leur vigueur, enfin les gros ongles crochus que les poëtes
appellent des « *serres* », — tout, chez cet oiseau, inspire
à l'homme une admiration respectueuse. L'homme l'a
choisi depuis les temps
les plus reculés comme
emblème des vertus vi-
riles, comme symbole du
courage et de la haute
intelligence. Son image
en relief surmontait les
enseignes romaines; et,
pourvu quelquefois de
deux têtes, il représente
la dignité impériale,
comme un regard hardi
qui se dirige sur deux
côtés de l'horizon. Dans
la figure de l'aigle héraldique, véritable schéma
idéalisé de l'oiseau vi-

Document japonais

(Librairie de l'Art)

vant, nous retrouvons, accentués à dessein, ses traits
essentiels : les pennes des ailes ou *rémiges*, de vaste
envergure, la poitrine bombée, fournie de petites plumes
bien imbriquées, et les genouillères saillantes. — Certains auteurs, aussi patriotes que d'autres, ont regretté,
du temps de l'Empire, qu'on ne revînt pas à notre vieil
et poétique emblème gaulois : à l'*alouette*... Je serais du
nombre. — Mais je retourne à l'*Aigle* original. Son vol
est, en vérité, très puissant; cependant, il est dépassé, là,
par le *Condor* (qui est un Vautour), et le *Gypaëte*, ou
« Vautour des agneaux », qui enlève des proies plus considérables. — Le *nid* de l'Aigle est très particulier; on le
désigne sous le nom spécial d'*aire*; c'est une plate-forme

en treillis dont les abouts s'appuient sur des pans de rochers, et son seul toit consiste en la partie de roche en surplomb. Là, sur un lit de joncs et de bruyères, la femelle couve ses œufs, préparant avec grand souci maternel l'éclosion d'une progéniture qu'elle abandonnera bientôt, impitoyable, et fera fuir du nid, à peine grandie, pour ne pas affamer les parents. Trait singulier, commun d'ailleurs à presque tous les Oiseaux de proie : cette femelle est de taille très supérieure à celle du mâle; ce dernier, même, a été nommé, en langage de fauconnerie, « *tiercelet* », ce qui veut dire qu'il est plus petit d'un

Document japonais (Librairie de l'Art)

tiers que sa compagne. D'où vient cette disproportion dans les sexes, — c'est un point que les savants n'ont point expliqué. Mais il semble qu'il y ait là comme une loi rythmique, ou périodique, de croissance; car, a-t-on remarqué, plus la taille de l'espèce diminue, et plus l'écart entre le mâle et la femelle tend à s'effacer; c'est ainsi que chez l'*Emerillon*, qui est une espèce d'Oiseau de proie toute menue, les deux conjoints sont de taille égale.

L'*Aigle* habite de préférence les hautes montagnes; on en trouve encore quelques couples dans nos Alpes et nos Pyrénées. C'est une espèce *solitaire*, et l'on ne voit jamais d'aigles en troupe.

*
**

Voici maintenant un Oiseau de proie qui fut jadis domestiqué par l'homme, — mais pas à la manière du Coq et de la Poule, ni des Gallinacés dont on connaît l'existence timide, casanière. Si le *Faucon* compte, malgré tout, parmi les Oiseaux « *nobles* », c'est que, choisi pour son courage, et sa franchise d'allure dans le combat, il participait à ce jeu cruel mais honoré de l'homme, à la *chasse*. Cette fonction toute spéciale du Faucon acquiert, au moyen âge, une telle importance, qu'elle fonde un art, la *fauconnerie*, art charmant d'aspect et « décoratif », peut-on dire, dont on retrouve la tradition, encore, chez l'Arabe. J'ai sous les yeux deux images, l'une d'un chevalier du xv° siècle, — l'autre d'un Bédouin moderne. Ces deux personnages, assez différents par l'habit, ont absolument le même geste : ils tiennent l'un et l'autre un faucon sur le poing. Et, contemplant ce geste primitif, admirant l'accord que fait le plumage, et la fière attitude de l'Oiseau — avec le costume, et la fierté du chasseur, je me dis qu'après tout, nos races de progrès ont bien déchu, quant à la beauté...

Le « vol de chasse », chez le *Faucon*, est très remarquable : sitôt déchaperonné, l'Oiseau veneur s'élève dans les airs par une série de bonds en *zig-zag*, qui s'appellent,

en langage technique, « *carrières* » et « *degrés* ». Ayant atteint, de cette manière, le niveau voulu, il fond vivement sur la proie, — non d'un seul coup, mais par une série d'autres bonds, nommés « *passades* » et « *ressources* », qui l'amènent sur son but vivant. Les *passades* sont des *chutes* volontaires en ligne courbe, et les *ressources* (du latin *resurgere*, remonter) des *élans*, également courbes, par lesquels le faucon, rebondissant dans l'espace, prélude chaque fois à une nouvelle chute. C'est une suite ininterrompue de descentes et de remontées, dont le tracé graphique rappelle les jambages d'une cursive encore inédite. Le vol de l'oiseau *libre,* lorsqu'il chasse pour son propre compte, est-il pareil?

D'après *Buffon et Lacépède,* « on le voit fréquemment « attaquer le *Milan,* soit pour exercer son courage, soit « pour lui enlever une proie; mais il lui fait plutôt « la honte que la guerre; il le traite comme un lâche, « le chasse, le frappe avec dédain, et ne le met point « à mort, parce que le Milan se défend mal, et que pro- « bablement, sa chair répugne au Faucon encore plus « que sa lâcheté ne lui déplaît. »

Buffon ne fait-il point, ici, de la psychologie animale imaginative?

La *Crécerelle,* le *Gerfaut,* l'*Emerillon,* sont des espèces, en somme, de faucons. La *Crécerelle,* ainsi nommée pour son cri, est assez commune en Bourgogne, et hante les vieux châteaux, les tours en ruines; — le *Gerfaut* habite la Norvège et l'Islande. — Quant à l'*Emerillon,* d'assez petite taille, c'est le cadet des élèves de fauconnerie. Un trait particulier à cette dernière espèce, c'est que le mâle et la femelle, ici, sont de taille égale.

Tous ces Oiseaux de proie, qualifiés de « *nobles* », ont pour caractère d'avoir les plumes de l'aile atteignant plus ou moins en longueur celles de la queue. L'*Epervier,* par exemple, n'a pas cette marque de noblesse; la queue, chez lui, dépasse la pointe des ailes. Malgré cette brièveté (relative) des rémiges, l'*Epervier* peut voler très haut. C'est le Rapace de nos plaines, comme l'*Aigle* est le Rapace de nos montagnes; on le voit souvent, majestueux et menaçant, planer au-dessus des cultures, tout prêt à fondre sur les Oiseaux qui se trouvent à découvert.

Rostand, dans ce « *Chantecler* » qu'on ne peut épuiser, le met en scène, puissamment : tous les oiseaux qui faisaient les braves, se serrent, à la vue de l'ennemi, autour du Coq illustre... Evidemment, ce n'est point là de l'histoire naturelle; mais c'est de l'histoire humaine, hélas!

Je mentionnerai seulement, pour mémoire, l'*Emouchet,* semblable à l'Epervier, mais plus petit; l'*Autour,* qui, au contraire, est plus grand, et se sert plus volontiers de ses ongles que de son bec; puis le *Milan* et la *Buse,* — oiseaux qualifiés — plutôt *disqualifiés* D'IGNO-

BLES, en fauconnerie. « Sans être courageux, dit *Buffon*,
« ils ne sont point timides; ils ont une espèce de stu-
« pidité féroce qui leur donne de l'audace, et semble leur
« ôter la connaissance du danger... » Aussi peut-on les
approcher plus aisément que les Aigles et les Vautours.
Le sobriquet de « *milan* » pour désigner un homme
impudent et grossier, est hors d'usage; on a gardé celui
de *buse*, qui s'applique à toute personne lourdement
stupide.

Notez, en passant, ce trait physique propre au *Milan* :
il a la queue fourchue, comme l'hirondelle.

N'oublions pas le *Hobereau*, petit Oiseau de proie
inférieur en taille au Faucon, moins hardi que ce dernier,
et plus rusé. N'a-t-il point la malice de suivre en volant
le chasseur, qu'il emploie à rabattre ainsi son propre
gibier? C'est un grand destructeur d'alouettes : aussitôt
que ces frêles créatures l'aperçoivent, c'est un « *sauve-
qui-peut* » général; les mignons Oiseaux, sans défense,
se précipitent à terre, et se cachent dans les buissons.
« Dans quelques-unes de nos provinces, — écrit *Buffon*,
« on donne le nom de *hobereau* aux petits seigneurs qui
« tyrannisent leurs paysans, et plus particulièrement au
« gentilhomme à lièvre, qui va chasser chez ses voisins
« sans être prié, et qui chasse moins pour son plaisir
« que pour son profit. »

Toujours influencé par son lyrisme anthropomorphique, Buffon, comparant le *Vautour* à l'*Aigle,* emploie
tout son beau style à l'avilir. « Son attitude, écrit-il est
« plus penchée que celle de l'Aigle, qui se tient fièrement
« droit et presque perpendiculaire sur ses pieds; au
« lieu que le *Vautour*, dont la situation est à demi hori-
« zontale, semble marquer la bassesse de son caractère
« par la position inclinée de son corps. »

Quelle sévérité pour l'être irresponsable! Pour moi,
je vois, esthétiquement, dans le *Vautour*, un aigle vieilli,
décrépit et maussade. En effet, sa tête et son long cou
sont déplumés; et bien que le phénomène, ici, soit naturel,
il impressionne comme une *calvitie*; et puis l'Oiseau
se tient courbé, le chef en avant, les épaules saillantes,
dans l'attitude d'un vieillard. Ajoutez à cela le grand
col en duvet, bien douillet, qui lui donne un aspect
frileux... Mais ce vieillard ailé reste majestueux quand

même. Avant d'écrire ces lignes, je traversais, l'autre jour, le Jardin des Plantes (qui, entre parenthèses, est plus populaire comme *Jardin d'animaux*). Un groupe me frappa par sa beauté fière et silencieuse; c'étaient, dans une cage, trois *Vautours*, avec leur tête chauve, leurs grandes ailes pesantes, un peu bossues, leur plumage gris de souris, sur lequel tranchait la collerette en duvet de neige, tel un *boa* de dame âgée, mais riche et « *cossue* ». Le hasard les avait groupés, à ce moment-là, avec un tel bonheur d'harmonie, qu'un peintre, ou qu'un sculpteur, n'y aurait voulu rien changer. Leurs yeux à fleur de tête regardaient fixement, non sans noblesse, devant eux; ils n'avaient pas l'attitude basse que décrit *Buffon*; leur corps était suffisamment redressé; tous trois se présentaient si bien, l'un de profil, à droite, l'autre en sens opposé, le dernier de trois-quarts, que j'entrepris de les dessiner. Mais à peine avais-je tiré mon crayon, que déjà, ce bel accord se dérangeait...

Un détail qu'il ne faut point omettre, chez le *Vautour*, c'est que ses ailes sont capitonnées de duvet; or c'est, parmi les Oiseaux de proie, un cas tout exceptionnel. On reconnaît l'espèce, de très loin, par ce fait qu'elle vole par troupes. Rappelez-vous que l'Aigle est un solitaire.

Le *Gypaëte*, comme son nom l'indique, tient à la fois de l'Aigle et du Vautour; il établit donc le passage entre les Oiseaux *nobles* et les... non nobles. Son surnom populaire de « *Vautour des agneaux* » témoigne de sa proie favorite.

Voici maintenant deux étrangers, deux *exotiques* remarquables : c'est, en premier lieu, le *Condor*. Originaire des Andes du Pérou, qu'il ne quitte guère, le *Condor* est, par l'ampleur de son envergure, le *roi des Oiseaux*. L'étendue de ses deux ailes, déployées, peut atteindre jusqu'à *seize pieds*. Le cou dégarni de plumes, comme le Vautour, et portant, comme ce dernier, à sa base, une collerette en duvet, il a la tête plus engoncée, et d'ailleurs — je ne dirai pas « ornée », — mais « empêtrée » d'excroissances charnues, mimant la crête de notre *Coq*, et ses barbillons. Au repos, les pennes de ses ailes pendent comme des draperies. On l'a vu s'élever, grâce à ces ailes gigantesques, à des altitudes de 7.000 mètres. L'espèce est, par bonheur, peu nombreuse, autrement, il ne resterait pas, dans le pays, une tête de bétail.

Le *Serpentaire,* lui, vient **d'Afrique.** Son nom indique la nature du gibier qu'il chasse; il est **donc plutôt** bienfaisant.

Rapaces nocturnes ou « Crépusculaires »

Occupons-nous, à présent, des Oiseaux de proie *nocturnes.* J'ai donné plus haut les raisons qui devraient les faire qualifier, plus justement, de « *Crépusculaires* ». Leur aspect est tout à fait caractéristique : un corps ramassé, que surmonte une tête énorme; et, dans cette tête, la *face* prédomine sur le *crâne*; elle forme à l'animal un *visage,* — ou, pour mieux dire, un *masque,* où les *yeux,* grands et ronds, regardent « *de face* », — et non plus, comme chez tous les autres Oiseaux, de côté. Ces yeux, en certaines espèces, sont encadrés chacun d'un cercle de plumes en entonnoir. L'ouverture des *oreilles* est comme accentuée par deux touffes plumeuses formant aigrette; cet ornement manque chez les *Chouettes,* dont la tête est lisse. Sur la ligne médiane, le *bec,* crochu, mais assez mince, fait peu de saillie; le tout fait songer, dans le règne humain, à ces figures plates, où s'ouvrent de gros yeux fixes, et se dessine à peine un nez minuscule, recourbé. Cependant, le plumage est riche, et même assez somptueux; ses éléments ne sont pas serrés, et leur consistance soyeuse étouffe le bruit des ailes qui battent; le vol des Oiseaux de nuit est silencieux... Quant aux *pieds,* armés de griffes respectables, ils sont emplumés jusqu'aux doigts.

Les « *Nocturnes* », ainsi bâtis, sont-ils *beaux* ou *laids*? — Cela dépend, sans doute, du point de vue. Pour le profane, qui rapporte tout à l'humanité, la *Chouette* — ou le *Hibou,* s'offre comme une caricature de la face humaine; c'est le portrait « *en charge* » de certains personnages vieux, solitaires et moroses, à la voix monotone et sinistre... Et la peur s'ajoutant au dégoût, l'Oiseau devient objet de répulsion. Mais les naturalistes de profession prennent plus volontiers l'animal comme il est, et, dégagés qu'ils sont de l'obsession de notre figure, ils jugent l'aigle comme aigle, et le hibou comme hibou. Peut-être, à leur tour, vont-ils un peu loin; car si l'on met en parallèle ce *hibou* et, par exemple, le *paon,* force est, bien évidemment, de décerner à celui-ci le premier prix de beauté. Je lis dans un manuel de Zoologie tout récent que les Oiseaux de nuit sont des calomniés, qu'ils ont « une fort jolie tête, avec de beaux et grands yeux de chat... » C'est beaucoup dire, et l'épithète de *joli* ne convient pas dans la circonstance. La vérité, c'est que cette figure a « *du caractère* »; elle est expressive en son étrangeté; elle est « *pittoresque* ». Et puis, — dois-je tout de suite ajouter, elle est puissamment *symbolique*. Revenons, encore une fois, au « *Chantecler* », si mal compris, de M. Rostand. Comme, en ce profond fabliau, la foi, la générosité, le génie, s'incarnent dans le *Coq* gaulois, le dévoûment, dans le chien *Patou*, la frivolité dans le *Paon*, le scepticisme dans le *Merle*, — l'auteur à choisi, pour illustrer l'envie, et l'esprit ténébreux de conspiration, les « *Nocturnes* ». Si le coq *Chantecler*, *Patou* et la *Faisane* composent là le groupe idéaliste, ou des héros, — la *Pintade* et le *Paon*, le groupe frivole, ou des snobs, — le *Pivert* et le *Dindon*, le groupe des pédants, — lui, le *Chat*, et eux, *Batraciens* et *Nocturnes*, forment le groupe des CONJURÉS. Par une métaphore toute naturelle, grand — moyen — petit *Ducs*, *Chouette* et *Chat-huant*, *Hulotte* et *Chevêche* et jusqu'au mignon *Scops*, jouent sur la scène mélodramatique le rôle odieux et ridicule à la fois des traîtres, ennemis du plein jour et de ceux qui travaillent au plein jour.

Rappelez-vous, entre autres propos, ceux du *Chat-huant* :

Nous sommes entre gens ayant le mauvais œil.

Et tous, de chanter, — d'*ululer* en chœur cet hymne des ténèbres, sublime de sinistre et d'éternelle actualité :

Vive la Nuit, où l'on se venge
De la grâce de la mésange!
Car la Beauté,
Quand l'ombre a repris l'avantage,
Reste à la Nuit comme un otage
Epouvanté!
Car on choisit, lorsqu'on trucide!
Et l'on prend, d'autant plus lucide
Qu'il fait plus noir,
Le geai le plus beau sur la branche
Et la colombe la plus blanche
Sur le perchoir!

Ce qui me paraît saisissant, dans ces vers, est moins la réalité animale, « zoologique », que la réalité humaine, *historique,* qu'elle symbolise clairement, à mon sens. Mais n'insistons pas...

*
***

La figuration des *Nocturnes,* sur le théâtre de la Nature, peut se diviser en deux groupes. Le premier comprend : le *Grand Duc,* géant de la bande, — puis le *Moyen Duc,* ou *Hibou,* — enfin le *Petit Duc,* ou *Scops.* Tous trois portent sur la tête une double aigrette de plumes. Les espèces du second groupe sont privées de cet appendice (ou à peu près) : ce sont : la *Chouette hulotte* ou *Chat-huant,* et la *Chouette effraie* (Chouette des clochers). Le cri de cette dernière, impressionnant pour les plus braves, ressemble, paraît-il, au souffle d'un dormeur qui tient la bouche grande ouverte. Les gens simples craignent encore aujourd'hui la Chouette comme le messager de la mort ; c'est l'Oiseau funèbre, qu'on redoute de voir se poser sur son toit. Et comme la peur engendre fatalement la cruauté, l'on voit pas mal de ces pauvres bêtes crucifiées à la porte des fermes. Sauf le *Grand Duc,* tous les Oiseaux de nuit sont plutôt classés comme *utiles,* car ils détruisent une quantité de petits Rongeurs.

Les Petits Oiseaux

Sous la dénomination peu compromettante de « *petits Oiseaux* », je groupe tous les volatiles qui ne sont ni domestiques, ni Rapaces de jour ou de nuit, ni grimpeurs — au moins comme les Perroquets, ni aquatiques, tels que les Palmipèdes et les Echassiers. Généralement, en effet, ils sont de taille assez mignonne, et les plus considérables d'entre eux n'atteignent pas la grosseur du Coq, de l'Aigle ou du Héron.

Mais ce groupe, très étendu, présente les formes, les couleurs, et les habitudes de vie les plus variées. Pour y mettre un peu d'ordre, je ne me servirai pas de la classification savante, trop subtile; tout en tenant compte des affinités, qui se traduisent par un certain « air de famille », j'adopterai le classement le plus populaire, et en même temps le plus « pittoresque »; je distingurerai des *plébéiens* et des *familiers,* puis des *nobles,* des *musiciens,* des *originaux,* enfin des *parias.*

A. — Les *plébéiens*, pour moi, sont des petits Oiseaux fort intéressants, et en aucune façon méprisables, mais qui ne se font remarquer extérieurement par aucun trait de luxe ou de singularité; leur plumage est de teinte neutre, et leur ramage peu distinct; ce sont des *simplistes*.

Leur prototype est le *Moineau*, vulgairement baptisé « *Pierrot* ». Il est à la rue ce que la mouche est à la maison, être pullulant, familier, pillard, à la fois indépendant et servile, tel le chemineau. Le mot de « *com-*

Document japonais (Librairie de l'Art)

mensal » lui convient assez, car il vit, dans nos villes, des miettes échappées de la table, quand il ne demande pas son aliment à ce que laissent les chevaux sur la voie publique... *Rostand* en a fait le gamin bon enfant, sentimental et déluré, dont il oppose le caractère sympathique à l'attitude prétentieuse du *Merle*, gouailleur artificiel et pédant.

> *... Ah! tu veux imiter le Moineau?*
> *Mais lui qui n'admet pas que, sournoisement rosse,*
> *De la désinvolture on fasse un sacerdoce,*
> *Et que l'on soit espiègle avec autorité,*
> *Il n'est pas le pédant de la légèreté...*

Si *Chantecler* n'avait pas été étouffé sous la mise en scène, on aurait reconnu, dans ce mauvais imitateur du *Moineau franc*, plus d'un intellectuel à la mode, hélas !

Le *Bruant* est une espèce de moineau jaunâtre; une de ses variétés est l'*Ortolan*, que notre gourmandise a dépeuplé; sa chair est, paraît-il, si délicate... Mais chasser cet Oiseau, qui s'attaque aux insectes ennemis de la Vigne, est une cruauté sottement imprévoyante. Comme le dit fort bien le baron d'Hamonville (*Atlas des Oiseaux de France*, etc.; chez Lhomme; I. 28) qui les a vu prendre au filet dans un pays très viticole, — « c'est « ainsi qu'on souhaite la bienvenue au fidèle allié du « vigneron! »

Le *Verdier* a le ventre jaune, et le reste du corps, comme son nom l'indique, verdâtre. Il se rapproche par là du *Serin*; c'est le « *Canari* » de notre climat. Le *Traquet* porte un plumage beige, sur lequel tranche le noir des joues, du bout des ailes, et de la queue. C'est une espèce assez peu commune; elle se tient de préférence dans les endroits sablonneux, au voisinage des carrières. La *Mésange* est un passereau mignon et cruel. Sa vivacité d'allures est incroyable; elle voltige sans interruption çà et là, sautille de branche en branche, grimpe le long des murs, se suspend, même, la tête en bas. Enfermée dans une cage, elle s'attaque parfois à ses sœurs, leur crève le crâne à coups de bec, et mange leur cervelle... Une variété, la *Mésange bleue*, est élégante, avec son ventre jaune d'or et son dos d'azur clair; une autre, qu'on appelle *Mésange charbonnière*, a le dessous du corps d'un noir cendré. Le cri de ces Oiseaux se traduit très exactement par la syllabe brève, cent fois répétée, de *psitt!*

Enfin l'*Etourneau* (ou *Sansonnet*). C'est un personnage assez corpulent, de la taille d'un Merle. On a souvent l'occasion de l'observer, captif, et d'admirer son talent d'imitation, — si la chose est véritablement admirable... Mais il est plus intéressant en liberté; car, après la couvée, cet Oiseau forme de curieux rassemblements, que Buffon a décrit en détail. « Leur instinct, dit-il, « les porte à se rapprocher toujours du centre du peloton, tandis que la rapidité de leur vol les emporte « sans cesse au delà »,... ce qui produit une sorte de tourbillon, progressant à la manière d'un cyclone. Aussi la dénomination d'*Etourneau*, si du moins on la prend dans le sens d'*étourderie*, devrait être remplacée par celle de « *Tourbillonnaire* » (1).

(1) « *Etourneau* » vient du latin *Sturnus* ; « étourdi » viendrait de *turdus* grive).

B. — Ceux que je nomme les « *familiers* » sont l'*Alouette* et l'*Hirondelle*; l'une amie de nos champs, — et l'autre de nos toits. L'Alouette était, jadis, notre Oiseau national; nos aïeux les Gaulois en portaient l'image sur le cimier de leurs casques; et les purs traditionnalistes regrettent, non sans raison, qu'on l'ait, depuis, remplacé par l'*Aigle*. Mieux, en effet, que l'Aigle, elle représente le tempérament français, léger, vif et joyeux. Sa mignonne figure pétille d'esprit, pour ainsi dire. C'est un plaisir, au premier printemps, de la voir, de très bon matin, s'élever des blés; car son nid repose sur le sol, et se dissimule sous les jeunes chaumes. Elle monte en chantant dans les airs, et n'interrompt pas son chant en volant; gracieux petit aéroplane, elle *survole* ainsi son nid, et semble prendre un plaisir extraordinaire à piquer droit dans l'espace, à planer de haut, puis à redescendre à terre obliquement, — à moins qu'un Oiseau de proie la menace; alors elle se laisse tomber à pic. Nous aurions pu la classer parmi les « musiciens », mais ce qui frappe en elle, avant tout, c'est son existence agricole; l'Alouette des champs est la commensale du cultivateur, — sa *camarade*, pour ainsi dire, et son réveille-matin. Quand nous serons dégoûtés de l'*Aigle* et du *Coq*, nous reviendrons à notre vieux symbole, la gracieuse *Alouette*.

*
**

Si l'Alouette est la campagnarde, l'*Hirondelle* est la citadine, — la « *villageoise* », plutôt. On ne peut traverser un bourg, en été, sans être surpris par le vol brusque et rasant de ce fin voilier; ses longues ailes étalées et sa queue fourchue le font passer au regard pour un oiseau considérable; et, quand on le tient ensuite dans sa main, on est étonné de sa petitesse. L'*Hirondelle*, par les pointes aiguës de ses ailes, son bec minuscule, et sa robe noire, offre un genre de beauté très original; la teinte sombre de son plumage contraste avec la vivacité de son vol; nous sommes tant accoutumés à l'union du deuil avec la lenteur de l'allure. Il est vrai que ce vol de l'Hirondelle est plutôt inquiet, affairé, qu'il n'est allègre. Et puis, lorsqu'on la voit, en troupe, faire des crochets en rasant le sol, on pense à la pluie qui menace.

Pourquoi les Hirondelles qui rasent le sol annoncent-elles la pluie? — Parce que l'humidité de l'air rabat le vol des menus insectes dont ces Oiseaux font leur nourriture. On les voit aussi bien raser la surface des eaux, pour y saisir les insectes aquatiques. Leur bec est d'ailleurs fort bien conformé pour cette chasse, comme chez tous ceux qu'on appelle des « *Fissirostres* »; il est fort court, et largement fendu. Tous les Passereaux de cet ordre volent le bec ouvert, afin de happer leur proie au passage.

Si les Hirondelles ont des ailes très allongées, leurs *pattes,* en revanche, sont remarquablement courtes. C'est ce qui fait qu'à terre, elles sont impotentes; comme l'écrit *Buffon,* la terre n'est pour elles « qu'*un vaste écueil...*; elles n'ont guère que deux manières d'être : le mouvement violent ou le repos absolu; s'agiter avec effort dans le vague de l'air ou rester blotties dans leur trou, voilà leur vie; le seul état intermédiaire qu'elles connaissent, c'est de s'accrocher aux murailles ». Aussi les images qui représentent ces Oiseaux figurent-elles couramment deux individus, dont l'un vole, ailes déployées et le corps couché sur le lit du vent, et l'autre se tient tout debout, au droit d'un appui vertical, dans une position qui semble incommode.

Ce qu'on appelle *Martinet* est une variété d'Hirondelle, chez qui les caractères de l'espèce sont accentués. Buffon dit que le Martinet est plus Hirondelle que l'Hirondelle même. Voilà, en définitive, de la pure logomachie. Pourquoi, dès lors, ne pas donner le nom d'*Hirondelle* à ce Martinet?

Sous quelque nom qu'on désigne l'oiseau, c'est toujours le « *messager du printemps* », — au moins en nos pays du Nord. Il nous revient d'Afrique, tous les ans, en traversant la Méditerranée; et c'est une chose merveilleuse, et touchante, qu'il repère, exactement, le nid qu'il avait quitté l'automne d'avant; il le retrouve, ce nid « avec autant d'assurance, — écrit M .d'Hamon-« ville, — qu'un citadin quittant la ville vient s'instal-« ler dans sa maison de campagne ».

Ce *nid* de l'Hirondelle, maçonné sous le rebord de nos toits, — pas de nos toits parisiens, hélas! — qui ne le connaît? C'est là, sur une couche de plume et de crin, que grandit la jeune couvée. La sollicitude de la femelle pour ses petits est exemplaire; mais dès qu'ils peuvent voler de leurs propres ailes, les parents se débarrassent d'eux, et passent à une seconde couvée. Il faut ajouter, pour être juste, que ce sont de zélés éducateurs. Rien de plus touchant que les *leçons de vol* qu'il donnent aux jeunes; rien de plus instructif aussi, car on apprend par là que l'animal n'est pas tout instinct, et que c'est, aussi bien que l'homme, un « *être enseigné* ». Ces professeurs ailés sont étonnants à voir, animant leurs élèves de la voix, les attirant à eux par une proie qu'ils tiennent au bec, s'éloignant par degrés pour les enhardir, et tout prêts à les soutenir s'ils faiblissent.

Voilà de ces tableaux qu'il faudrait montrer, et publier partout, afin de couper court, une bonne fois, à tant de cruautés honteuses et stupides. Croirait-on que, sur nos côtes de la Méditerranée, lorsque ces utiles et gentils Oiseaux se rassemblent pour le départ, on les massacre par des procédés électriques, on les foudroie par centaines, — et cela, pour les débiter, frauduleusement, comme *bec-figues, mauviettes*, voire *ortolans!*... Et voilà comment agit celui qu'on intitule « *roi de la Création* »... Non pas *roi*, dirai-je, mais *bourreau*.

C. — Je désigne sous le nom de *nobles* ou *d'aristocrates* tout un groupe de petits Oiseaux (quelques-uns, toutefois, de taille assez respectable) qui se distinguent du commun par quelque ornement, ou par une élégance exquise des formes. En premier lieu, c'est le *Roitelet*, que je confonds ici, dans ma description, avec le *Troglodyte*. Quand il s'agit d'un tel oiseau, force est d'employer les diminutifs; son nom, d'abord, veut dire : « *le petit roi* »; il règne, en effet, par son aimable politesse, et sa distinction raffinée. A peine peut-on le saisir du regard, tant son vol est prompt. L'hiver, dans nos bois ou nos parcs, il égaie, par ses évolutions, la mélancolie des rameaux dépouillés; et son corps si menu, si mignon, anime les sapins austères par un mouvement perpétuel. Le filet aux mailles les plus fines le laisse échapper, et ceux qui ont la barbarie de le tirer doivent se servir de sable, au lieu de petit plomb. Ne le mettez pas en cage : il sortira par les barreaux; et quand vous croirez le tenir dans une chambre, il vous faussera compagnie, sans que vous puissiez dire par quelle issue il s'est rendu libre. Les œufs que pond le Roitelet femelle — *la petite reine*, — sont gros comme des pois. C'est un véritable Oiseau de féerie.

Le *Chardonneret*, à côté de lui, paraîtrait grossier,

s'il ne portait à son plumage de jolies couleurs; la teinte
marron de sa robe est relevée d'une touche orangée à
la tête, d'une touche jaune à la base de l'aile, et de
touches blanches étagées à l'extrémité des rémiges et
des rectrices (plumes de la queue). C'est comme un pastel
à quatre crayons. Ce passereau vraiment princier, ornement des volières, est assez commun dans nos bois. Son
vol, pas très élevé, n'est pas sautillant comme celui de
tant de petits Oiseaux, — mais continu, *filé*. Il vit de
graines et d'insectes, et doit son nom à la préférence
qu'il montre pour la semence du *chardon*.

Le *Bouvreuil* vient se placer naturellement ici, par une
certaine analogie d'aspect; mais il présente un parti
de couleurs assez différent. Sa tête est revêtue d'une
calotte noire; son cou, sa poitrine et son ventre, habillés
d'un camail orangé; sur le dos, un mantelet gris-cendré;
puis un rappel du noir de la calotte sur le bout des ailes
et la queue. C'est là, du moins, la livrée du *mâle*, car la
femelle est vêtue, simplement, de gris.

Le *Bouvreuil* est, lui aussi, un Oiseau de volière; il
est susceptible d'éducation, et perfectionne son chant
grâce aux leçons de l'oiseleur. Triste chant, que celui
de l'Oiseau captif, et que je n'apprécie guère, pour ma
part.

Voici encore un Passereau richement habillé : le *Loriot;* si richement, en vérité, qu'on le prendrait pour un
Oiseau des pays du soleil : tout entier d'un beau jaune
d'or, son plumage se teint, toutefois, de noir aux deux
ailes comme à la queue; et ce contraste, ici, de la couleur
la plus gaie de toutes avec la couleur la plus triste, prête
au Loriot un aspect tout à fait caractéristique : c'est une
juxtaposition hardie des extrêmes. Notez que ce pigment jaune, chez l'Oiseau, est si abondant, qu'il infiltre
sa chair et jusqu'à ses os. Le *Loriot* habite de préférence
le hêtre et le charme, sur les branches desquels il établit un nid fort ingénieux. Mais il a le grand tort de
visiter trop assiduement nos cerisiers, que son bec dé-
vaste, en un gaspillage effréné, gâchant toutes les ce-
rises pour ne consommer qu'un faible morceau de chacune.

Le *Geai* peut passer, avec le *Merle*, le *Sansonnet* (ou
Etourneau), et la *Pie*, pour un Passereau de forte taille.
La combinaison du *noir* et du *bleu* dans le plumage de
ses ailes, est d'une élégance sobre et sévère. On discute

sur la question de savoir si cet Oiseau doit être classé parmi les *utiles* ou les *nuisibles*. En effet, s'il détruit beaucoup d'œufs et de jeunes d'autres espèces, il a le mérite, en revanche, de propager, — bien malgré lui, c'est vrai, — la semence du chêne. Transportant les glands de son bec, il les laisse souvent tomber en chemin; et c'est ainsi qu'en Champagne pouilleuse, les forestiers constatent la présence, parmi les arbres verts (ou *Conifères*), de « *feuillus* » qu'ils n'avaient point plantés.

Dans un cercle de dames aux brillantes toilettes, l'œil s'attache souvent, avec plus de complaisance, à quelque personne simplement mise, mais dont la distinction d'allure et la gracieuse vivacité de mouvements produisent une impression toute exquise. Telle nous apparaît la *Bergeronnette*, en robe grise et blanche, et qui se trémousse si gentiment, en hochant la queue, soit sur les berges de rivières, d'où lui vient son nom (on l'appelle aussi, pour cette raison, « *lavandière* ». Son surnom de « *hoche-queue* » fait allusion au geste indiqué plus haut), — soit dans les prés, où, sans défiance, elle court sur les pas des troupeaux, et voisine avec le berger. Sa familiarité va parfois jusqu'à percher sur le dos des vaches, ou des moutons. Touchante autant que séduisante créature, qui se croit sans doute encore dans l'Eden. Mais sa petite âme si sociable n'est point servile; et si la Bergeronnette est l'amie de l'homme, elle ne souffre point d'être sa captive; en cage, elle succombe bientôt; c'est une beauté libre et fière.

La *Huppe* ne s'appelle pas ainsi de la touffe de plumes qui décore sa tête; c'est, au contraire, cet ornement qui tire son nom du nom très ancien de l'Oiseau (*Upupa*, en latin ; *Epops*, synonyme pris comme nom spécifique). L'étymologie marche donc, ici, du particulier au général, et non pas, comme il arrive le plus souvent, du général au particulier.

Quoiqu'il en soit, la *Huppe* est un fort joli Passereau, d'aspect triomphant et coquet, grâce à sa crête en éventail déployé; ôtez-lui cet accessoire esthétiquement essentiel, il ne reste plus, d'apparence, qu'un pigeon de petite taille dont le bec se serait considérablement allongé. La *Huppe* perche peu, et se tient d'ordinaire à la surface du sol; son gibier le plus recherché est ce gros insecte trapu, du genre Scarabée, qu'on nomme, à cause de ses fonctions, le « *Bousier* ». Comme le Bousier rend à l'homme de grands services de voirie, l'Oiseau qui le pourchasse pourrait être traité de *nuisible*... Mais il détruit également plusieurs espèces de chenilles; et d'ailleurs, le séjour qu'il fait parmi nous n'est pas long : la *Huppe* n'habite nos climats que trois mois d'été; paraissant seulement en mai, dès le mois d'août elle est repartie. Son pays d'adoption est l'*Egypte*; là, son instinct lui fait suivre, pas à pas, le retrait du Nil dans son lit; car les terrains émergés, l'inondation finie, forment une étendue limoneuse que le soleil échauffe, et qui pullule bientôt d'insectes. La *Huppe*, en somme, est plutôt un Oiseau exotique; à l'opposé de l'*Hirondelle*, qui nous abandonne en hiver afin de chercher la tiédeur, elle vient chez nous pour trouver un climat plus frais. Son cri peut se traduire par l'onomatopée « *bout-bout* », laquelle devient un nom dont on la désigne dans le vulgaire.

Croirait-on qu'un Oiseau si coquet tient son nid de façon sordide?... Au point que les dénicheurs malchanceux qui y plongent la main, la retirent bien vite, en faisant la grimace...

Je clos la série des Passereaux de luxe par trois êtres véritablement merveilleux : ce sont : l'Oiseau-mouche, ou Colibri, l'Oiseau de paradis, l'Oiseau-lyre.

Les naturalistes-littérateurs, quand ils en arrivent au Colibri (bien que les classificateurs séparent l'*Oiseau-mouche* et le *Colibri*, nous les réunissons ici, grâce à leur ressemblance, dans une même description.) s'emballent, littéralement, et font alors des excès de style. On voit s'épanouir, hélas! dans leur prose, toutes les fleurs de rhétorique, et les académismes les plus empanachés! « De tous les êtres animés, voici le plus élégant pour la forme, et le plus brillant pour les couleurs » (Buffon); ou : « *Rien n'égale* la délicatesse de son corps, la vivacité de son coloris... »; on ne sait ce qu'il faut le plus admirer « de... ou de... »; la nature l'a comblé de tous les dons »; puis vient l'immanquable énumération des pierres précieuses, rubis, topaze, émeraude, etc. Toutes ces belles images littéraires ne valent pas, pour la représentation, une image peinte, fût-elle d'Epinal : au moins, celle-ci est naïve. — Alors, comment dire? Tout simplement, en l'insuffisance, ici, du langage, fixer l'attention sur les traits marquants, essentiels, tracer un *schéma* précis de l'Oiseau. Qu'est-ce qui frappe, en ce dernier? — Sa *petitesse* extrême, tout d'abord : diminutif du passereau, déjà si mignon, l'*Oiseau-mouche* comme on le surnomme, nous séduit à la manière de l'enfant, diminutif de l'homme. Tout être frêle, délicat, attendrit, appelle une caresse, un appel doux, flatteur. Et c'est, de plus, une délicatesse harmonieuse, et *vivace*. Le petit être si fragile déborde de vie; son énergie se manifeste en un vol ininterrompu, ne quittant, — tel le papillon, — cette fleur que pour s'élancer sur cette autre... Et son impatience de vivre est si forte, que, trouvant une corolle défraîchie, ae son bec il en arrache, irrité, les pétales. On ne saurait croire quelle humeur guerrière agite ces tout petits corps; ils poussent la témérité jusqu'à foncer sur des Oiseaux dix fois gros comme eux; se laisser emporter par eux, et les becqueter, chemin faisant, avec fureur. L'aspect du *Colibri* qui vole n'est pas le même que celui de l'*Oiseau-mouche*; ce dernier, avec les deux longues pennes de sa queue, très divergentes, a quelque peu la figure d'une hirondelle, tandis que le *Colibri*, les ailes étalées, ressemblerait plutôt à un Sphinx (papillon nocturne). Mais, Hirondelle ou Sphinx *transfiguré*, — surtout, si l'on pouvait user de cette expression, « *transcoloré* ». Car le plumage est rouge-rubis, jaune-topaze et vert-émeraude; et si j'évoque à mon tour les gemmes, faute de mieux, je me hâte d'ajouter que ce chatoiement n'a point la froideur du cristal; ce sont ici les chaudes lueurs et les étincellements de la vie. Aussi, croire vanter l'Oiseau-mouche en le qualifiant de *bijou*, est une erreur de langage, puisqu'on le fait par là rétrograder au règne minéral...

Ce prince charmant du peuple des Passereaux est trop délicat pour vivre sous nos cicls; il reste confiné dans la zone torride du Nouveau Monde. Naturellement, comme le Geai, dans La Fontaine, se pare des plumes du paon, l'Indien, — ou plutôt l'Indienne — ne se fait pas faute de sacrifier l'inoffensif animal à sa coquetterie : au Pérou, les femmes s'en font des pendants d'oreilles. C'est alors que l'être vivant est rabaissé au rang de *bijou*.

L'*Oiseau de paradis* — quel beau nom! — n'est pas moins, pour nos Européennes, objet de convoitise; on peut le voir, ici, sur certains chapeaux féminins très coûteux. Cette splendide et aérienne cascade de plumes fut d'abord l'ornement du pauvre être, si capricieusement sacrifié. Quand j'aperçois, fringante, une dame arborant un de ces *chapeaux-dépouilles*, il me démange de lui dire : « Belle tête, Madame, mais... mauvais cœur! » Ce que la femme porte à sa tête, l'Oiseau le portait à la queue. Notons-le, cependant, pour l'exactitude morphologique, ce panache n'est pas caudal; prenant son origine sous les flancs, en dessous des ailes, il réalise, à proprement parler, comme une queue surnuméraire, et qui tranche, par sa nuance claire, sur le ton plus foncé de la queue véritable.

Quel est l'usage de cet appendice? — A première vue, sa destination nous apparaît purement décorative; et même, en observant combien il gêne le vol de l'Oiseau, et compromet sa stabilité par les vents contraires, le voyageur est tenté de dire, avec le fabuliste :

> *Une queue trop empanachée*
> *N'est pas petit embarras.*
> *Le trop superbe équipage*
> *Peut souvent en un passage*
> *Causer du retardement...*
> (*Le combat des rats et des belettes*)

ou bien aussi dans la fable intitulée *Le Cerf se voyant dans l'eau* :

> *Nous faisons cas du beau, nous méprisons l'utile,*
> *Et le beau souvent nous détruit...*

Mais, en notre Science si limitée, et toute, en somme, de surface, avons-nous bien le droit de critiquer tel détail de la Création? Ce qui nous semble superflu est peut-être, au fond, nécessaire, et le luxe de tel organe pourrait bien cacher une fonction vitale encore inconnue. Accompagnant le beau panache, et dirigés dans le même sens, on remarque deux longs filets recourbés, qui ne sont autre chose que deux plumes réduites au *rachis*. Feraient-ils office de *balancier?*

Pour ce qui est de l'Oiseau paradisiaque, on doit observer qu'il choisit pour habitation des lieux où ne règnent pas les grands vents; et lorsque, dans les forêts d'Hindoustan, parmi les arbres aromatiques dont il paraît goûter les épices, il se balance dans l'air — plutôt qu'il ne vole, au gré des plumes de son panache, on admire, sans arrière-pensée, ce chef-d'œuvre d'adaptation aérienne.

Enfin, pour terminer, voici l'*Oiseau-lyre*.

L'éventail formé par sa queue s'embellit, au centre, de deux panaches qui figurent le contour de l'antique instrument... Transition opportune au groupe des *Oiseaux musiciens*.

D. — Les *musiciens*.

> *... Il ignore.*

(dit la Faisane dans *Chantecler*)

> *Que lorsqu'un rossignol chante en un bois sonore,*
> *Et qu'on croit l'écouter cinq minutes chanter,*
> *On a passé la nuit entière à l'écouter,*
> *Trompé comme en un bois de légende allemande!*

Le *Rossignol* possède-t-il vraiment, comme chanteur, la supériorité qu'on lui prête? Déjà, dans un chapitre général, j'avais démontré que ce qu'on appelle le *chant* des Oiseaux n'était pas, à proprement parler, un *chant*, mais plutôt un *ramage* qui rappelle les inflexions de certaines langues parlées, — à la vérité mélodieuses. Suivant la définition de Rostand, aussi juste que pittoresque, c'est :

> *Un patois cristallin fait d'onomatopées.*

Or, dans ce langage non conventionnel, où labiales, gutturales, palatales et sifflantes ne forment point de mots, mais des *strophes*, le Rossignol a-t-il réellement la maîtrise?... Je crains qu'il n'en soit ici comme de certains auteurs, ou de certaines œuvres d'un même auteur, que la tradition propose obstinément pour modèles, et qui jettent une ombre injuste sur tant d'autres, souvent plus dignes d'être en lumière. Ainsi de la fable : *Le Chêne et le Roseau*, que l'on a pris l'habitude de considérer comme la plus belle fable de La Fontaine; ainsi de la « *Pathétique* » de Beethoven, admise, officiellement, comme la plus parfaite de ses sonates. Loin de moi l'intention de dénigrer les modulations si suaves du Rossignol, de prétendre, avec les *Crapauds*, que :

> *... il n'a pour ressource*
> *Qu'un vieux trille d'argent plagié de la source,*

que c'est :

> *... (le) vieux ténor, le pontife du gargarisme sensiblard;*
> *Celui qui fait sévir la vocalise virtuose, ... etc.*

Mais, avec beaucoup d'autres, je trouve que la *Fauvette*, le *Merle* et la *Grive*, pour ne citer que ceux-là, se décèlent au moins d'aussi bons artistes. Seulement, ici comme ailleurs, il faut toujours, à l'admiration paresseuse des poètes, un *parangon*.

Ce qui séduit, sans doute, particulièrement, en ce ramage du Rossignol, c'est qu'il s'épanouit, solitaire, dans le silence des nuits d'été, au sein d'une atmosphère calme et sonore. Parmi les concerts d'Oiseaux, souvent si confus, c'est la clarté dominatrice du *solo*.

*
**

On a remarqué que les Oiseaux *chanteurs*, pour la plupart, étaient de robe très ordinaire, tandis que, réciproquement, les Oiseaux à somptueux plumage n'avaient qu'un cri, — même un cri déplaisant. Il semblerait que la Nature n'ait pas voulu combler un seul et même être de tous ses dons. Mais il est sans doute à cela d'autres raisons pratiques, et profondes.

A l'exemple du Rossignol, la *Fauvette* est habillée très simplement. Second prix, seulement, du Conservatoire de la forêt, elle cause un plaisir tout égal à ceux qui jouissent du beau, sans classer. On la trouve d'ailleurs partout, et c'est une des premières arrivées, au printemps. Son tempérament est assez craintif, et on la voit s'enfuir devant des Oiseaux tout aussi débiles qu'elle-même. Après chaque ondée, dans la saison chaude, on la voit sautiller, voluptueusement, sur le feuillage humide, et se baigner, en s'éclaboussant, dans une flaque d'eau.

Je ne m'attarderai pas sur le *Pinson*, ce moineau devenu musicien, ni sur la *Linotte* et le *Rouge-gorge*, virtuoses appréciés de l'orchestre ailé de nos bois. Mais il me faut citer à part le *Coucou*, comme l'instrumentiste concis, ne donnant, dans la symphonie, que deux notes, et toujours les mêmes. C'est d'ailleurs un harmoniste consciencieux, et très fort sur la *tierce majeure*. Il s'enhardit parfois à faire entendre la tierce *mineure*. Tout le monde sait que cet Oiseau s'épargne la fatigue de faire un nid, et qu'il a la rouerie de faire élever ses petits par son prochain. Ajoutons, toutefois, qu'il ne les abandonne point pour cela, leur portant, délibérément, à manger, dans le nid dont il a forcé l'hospitalité. Qu'est-ce donc qui le pousse à de tels procédés? Et comment le propriétaire légitime prend-il la chose aussi bien? Ce sont là deux secrets de la Nature mystérieuse.

Le *Merle* joue, dans l'œuvre de Rostand, un des vilains rôles : il représente le *sceptique*. Esprit fort, et qui tourne tout à la blague, il n'est pas méchant, mais sert merveilleusement les méchants dans leurs entreprises. Lorsqu'un des *Nocturnes* déclare :

> *Ce Merle a pour nous travaillé,*

et que l' « Oiseau d'esprit » se récrie : « *Moi?* », l'autre répond :

> *Oui, tu l'as raillé.* (Il s'agit du *Coq.*)

C'est trop bien, hélas! le rôle sournois des *railleurs,* qui travaillent, de concert avec les « frivoles », — et plus ou moins consciemment, pour les sectaires...

Mais cela, ce sont les mœurs humaines, et la satire trouve commode d'en faire endosser l'odieux à l'inoffensif animal. Pourquoi son choix, ici, s'est-il porté sur notre Merle noir au bec jaune? Est-ce à cause de cet habit au contraste de tons un peu carnavalesque? ou bien, par allusion à la démarche sautillante de l'Oiseau, à ses airs taquins, provocants, à son sifflement qui sonne, un peu, comme un persiflage?...

Tout symbolisme mis à part, le *Merle* frappe par son plumage d'un noir décidé, moins varié de reflets que celui du Corbeau. Les Anglais l'ont surnommé l'*Oiseau noir* par excellence; mais il faudrait ajouter : *au bec jaune*; c'est ce qui lui prête son caractère. On le voit, l'automne, dans nos jardins, courir et sautiller sur le sol, remuant les feuilles mortes, les débris de bois pourri, cherchant les vermisseaux, les petits mollusques pour se nourrir. Quand vous trouvez autour des cailloux, dans un champ, des coquilles de colimaçon vides, et percées d'un trou, vous pouvez être sûr que le *Merle* a passé par là; son bec a foré, sur un point, le test en hélice, et tiré l'habitant dehors.

Le *Merle-Draine* et le *Merle de roche* sont des espèces assez différentes. Ce dernier (*Monticola saxatilis*), qui habite nos montagnes, Jura, Pyrénées, Alpes de Savoie, porte une assez jolie livrée, bleue, jaune et marron; le dessus des ailes est éclairci de blanc; les plumes de la queue sont roussâtres.

Pourquoi la *Grive* s'est-elle vu disputer le premier prix de chant, officiellement décerné, par le jury des poètes, au *Rossignol*? Les savants eux-mêmes, cependant, lui confèrent le surnom de « *musicienne* » (*Turdus musicus*). Tous ceux qui ont eu l'occasion de l'entendre, et qui ont su l'écouter, sont d'accord sur son talent, *inimitable* — et *imitateur* à la fois. Mais son appétit pour le fruit de la vigne est plus populaire. Au temps des vendanges, elle quitte ses bosquets; elle accourt; on prétend même qu'elle se grise de raisins... Et l'on dit encore que les animaux ne font pas d'excès...

Le nom de *Rousserole* a été donné par le peuple à la *Grive d'eau*, qui se distingue de l'ordinaire par son plumage uni, non moucheté de gris sur fond blanc, c'est-à-dire, comme on dit, *grivelé*. C'est un Oiseau d'étang, qui vit parmi les roseaux, et ne chante pas; son cri : *tiri-bara*, sert à la désigner dans nos campagnes.

Je passe rapidement sur le *Serin*, non pas à cause du nom devenu fâcheusement ridicule, mais parce que ce pauvre être ailé, confiné dans une cage et servant d'amusette au peuple des villes, a pris un terrible caractère de banalité. Sa robe jaune uni manque, d'ailleurs, totalement d'esthétique; et vraiment déplorable est sa condescendance d'élève, sa facilité d'imitation pour les airs sifflés de la rue. Peut-être, en liberté, sous les ombrages des *Iles Canaries*, son lieu d'origine, offre-t-il plus d'intérêt... Mais, à Paris, ou dans nos villes de province, il n'est guère qu'un accessoire des loges de concierges. La fille du logis, qui se destine souvent, comme on sait, au théâtre, se modèle, d'ailleurs, sur son oiseau favori, quand on lui *serine* son rôle... Passons vite.

Voici, par contre, un artiste d'outre-mer qu'on n'a jamais l'occasion d'observer chez nous; et ceux qui n'ont pas voyagé ne le connaissent que par les livres : c'est l'*Oiseau-moqueur*. Mais je n'ai pas le temps de m'y arrêter.

E. — *Les Originaux*

Je fonde la catégorie des « *Originaux* » pour quelques espèces d'Oiseaux, les unes *nobles*, les autres *plébéiennes*, qui se font remarquer entre toutes par quelque trait de mœurs — ou de physionomie — peu commun.

Voici d'abord le *Martin-pêcheur*, dont le premier nom,

abréviation de *martinet,* fait allusion au vol rapide et rasant, si caractéristique chez cette sorte d'hirondelle. On aurait pu lui conserver son nom plus ancien, et plus poétique, aussi, d'*Alcyon.* La plupart des ornithologistes, à la suite de Buffon, citent ce passereau comme le plus beau de nos Oiseaux d'Europe; pour le *coloris,* peut-être, c'est vrai; mais ce n'est pas vrai pour la *forme.* Evidemment, la Nature a fourni le Martin-pêcheur — et dans quel dessein? — d'un costume élégant et riche : le bleu-saphir ou lapis-lazuli, le vert-émeraude ou d'aigue-marine, et le rouge-feu sont très artistiquement distribués sur son plumage; celui-ci prend, au grand soleil, des reflets chatoyants, et s'irise de façon merveilleuse. Mais le corps est lourd d'apparence; la queue brève, comme atrophiée; la tête, surtout, est énorme en proportion du reste, et de plus, à son sommet, fort plate. C'est l'élégance du coloris, sans celle du contour. Il en est, du reste, ainsi, chez nombre d'Oiseaux qui ne réunissent pas sur eux tous les éléments de beauté, comme fait le *Paon.*

Ceci, notez-le bien, n'est qu'une observation, et non une critique. Je juge qu'il faut prendre le Martin-pêcheur tel qu'il est; avec son habit chamarré, sa grosse tête et son bec formidable, il a en lui quelque chose de gai, d'*amusant;* c'est un figurant très original, — et très *harmonique* aussi, de la scène des eaux. Son chemin de vol est le long ruisseau qui fait des méandres à travers les bois, les prairies; ce ruisseau, il en suit infatigablement le trajet, rasant d'un vol « *filé* » la surface des ondes; puis, repliant ses ailes, en le voit percher sur quelque branche en surplomb; alors, il justifie son surnom de *pêcheur.* Singulière pêche, en vérité, et peu semblable aux nôtres, qui consiste à bondir, puis à planer, enfin à plonger. Ce pêcheur ailé, en effet, est plongeur intrépide; il ne craint pas de disparaître sous les eaux; et quand il émerge, on lui voit au bec un poisson, souvent de forte taille. Remontant sur la berge, il le dépèce, et, l'ayant dévoré, — un curieux instinct lui fait recueillir les arêtes, dont il garnit, méthodiquement le fond de son nid. Le Martin-pêcheur, vous voyez bien, est vraiment un « *original* ».

L'*Engoulevent* a d'autres particularités, assez singulières. D'abord son *nom* : il le doit à son habitude de voler le bec largement ouvert; ce qui fait que l'air s'engouffre en sa petite bouche, entraînant avec lui les insectes. En cela, il se montre semblable à l'Hirondelle appelée *Martinet,* dont il a, d'ailleurs, la forme de bec, et de bréchet, et les pattes courtes ; — tandis que son plumage ample, soyeux, et ses mœurs nocturnes le rapprochent des Oiseaux du genre de la *Chouette.* L'Engoulevent est un Oiseau surtout exotique ; cependant plusieurs espèces viennent nous visiter à la belle saison. Son vol serait silencieux, comme celui des « *Nocturnes* », si l'introduction de l'air dans la bouche ne révélait sa présence par une sorte de bourdonnement sourd.

Le nom de *Grimpereau* désigne clairement un petit passereau presqu'aussi frêle que le *Roitelet,* et qui, sans appartenir à l'ordre officiel des « *Grimpeurs* », se permet, comme eux, d'escalader les arbres. — « *Escalader* » n'est pas absolument le mot juste, car le Grimpereau n'y monte point échelon par échelon ; mais, s'accrochant au tronc, on le voit opérer son ascension en hélice. Ses mouvements sont d'une vivacité charmante ; il disparaît, en un clin d'œil, derrière le tronc ; puis, en un clin d'œil, reparaît, pour disparaître encore ; et toujours ainsi ; — *chasse serpentine,* qu'il faut bien se garder de troubler, car l'Oiseau débarrasse l'arbre de ses parasites inombrables. Ce passereau grimpeur, et qu'on pourrait surnommer *l'arboricole,* se fait reconnaître, d'ailleurs, aisément, à son bec long et courbe, et à ses doigts naturellement très développés. — Il existe une espèce de montagne, qui, elle, n'escalade point les troncs, mais les parois abruptes de rochers. Son nom savant est le « *Trichodrome échelette* », et son nom populaire : *Grimpereau de muraille* (1). Son plumage gris est relevé par des ailes élégamment carminées ; sa taille est supérieure à celle du Grimpereau de plaine.

Voici un excentrique encore, mais un excentrique *normal,* comme les précédents, l'excentricité proprement dite, *anormale,* ne se trouvant que dans notre espèce. C'est l'Oiseau qu'on appelle de ce nom nettement significatif «*Bec-croisé* ». Il se distingue de celui qu'on appelle « *Gros-bec* », tout unîment, par la singulière disposition des deux mandibules, qui, au lieu de s'appliquer l'une sur l'autre, exactement, comme chez tous les autres Oi-

---

(1) Ce surnom d' « *échelette* » témoigne qu'ici, le terme d'*escalade* est mieux justifié.

seaux, se recourbent *du bout*, chacune en sens opposé, et croisent leurs pointes, ainsi qu'on le voit en certaines paires de ciseaux utilisés en chirurgie. La vue d'un bec ainsi conformé — certains diraient déjà « *déformé* », — laisse une impression pénible de *gêne*. Il semble que ce soit là un défaut, une infirmité, une disgrâce de la Nature... Mais ne nous hâtons pas, encore ici, d'accuser... Sans doute, l'Oiseau muni d'un pareil outil ne peut *becqueter*, comme les autres; il est contraint de saisir sa proie *de côté;* — mais considérez qu'il habite exclusivement les forêts de conifères, et se nourrit des graines que le fruit coriace de ces essences cache, jalousement, sous des écailles très serrées. Or, pour venir à bout de les extraire, l'outil aux lames contrariées se prouve efficace. — Suspendez dans la cage où se trouve captif un *Bec-croisé*, quelque pomme de pin : vous verrez notre Oiseau, se servant du crochet inférieur, soulever aisément chaque écaille; puis, non moins aisément, la détacher à l'aide du crochet supérieur. Que si nous voulions recueillir, nous autres hommes, les graines cachées sous les cônes, il nous faudrait fabriquer un outil sur le modèle du *bec-croisé*.

L'Oiseau, d'ailleurs, s'en sert, fort adroitement, pour grimper; et c'est ce geste de grimper en s'aidant du bec, qui, joint aux couleurs de son plumage, l'a fait appeler « *perroquet d'Allemagne* ». Le mâle, en effet, porte une livrée d'un beau rouge. Le *Bec-croisé* est d'un caractère très confiant; les coups de fusil ne lui font pas peur; aussi bien, le tirer est un acte indigne.

Pour finir, je mentionnerai deux types de Passereaux, tous deux exotiques, qui tirent leur originalité, non de la forme du corps, assez ordinaire, ni de la beauté du plumage, mais de la structure du *nid*. Ce sont le *Tisserand* et le *Républicain*.

Le premier, qu'on appelle aussi *Tisserin*, et dans l'Inde, son pays d'origine, le *Baya* (Ploceus philippinus), sait construire — ou plutôt *tisser*, avec des herbes ou des fragments de feuilles, un nid spacieux, très confortable, en forme de gourde renversée. L'orifice, dirigé en bas, débouche même, par un surcroît de précaution, au-dessus de l'eau, ce qui le protège contre les serpents, les Oiseaux de proie. Certains auteurs, dignes de crédit, prétendent même que le mâle, afin d'écarter les Nocturnes, fixe aux parois du petit édifice des « *mouches de feu* », sortes de scarabées phosphorescents... Cette illumination de guerre n'est-elle pas un trait de génie instinctif?

Le nid du *Républicain* (Philætherus socius) est d'autre façon. Ce dernier passereau, qui porterait plus justement le nom de « *phalanstérien* », coiffe la ramification terminale d'un arbre d'une sorte de toit de chaume en forme de champignon, le dessous du *chapeau* de ce champignon étant creusé d'alvéoles, au nombre de plusieurs centaines, ce qui fonde une colonie populeuse. Dans les forêts de l'Afrique australe, on voit souvent, aux cimes, de ces « *ruches d'Oiseaux* » dont le feutrage laisse percer, par endroits, l'extrémité des branches qui forment son appareil de soutien.

Ainsi, comme certaine *Fauvette*, pour faire son nid, s'improvise *couturière*, comme l'*Hirondelle* s'avère maçonne, et le *Baya* de l'Inde tisserand, — le *Républicain*, lui, pratique l'industrie du *chaumier*. La variété de moyens pour un même but n'est pas un privilège de notre espèce, comme on le voit.

F. — Les Parias

Evidemment, les Oiseaux ne sont pas, aux yeux de leurs congénères, ce qu'ils apparaissent aux nôtres; ils se jugent, sans doute, comme les acteurs, sur la scène, se jugent entre eux; et nous autres les jugeons comme spectateurs. L'instinct qui nous guide pour les apprécier — ou les déprécier, est l'*anthropomorphisme*, c.-à-d. qu'au lieu de nous mettre « *dans leur peau* », — pardonnez l'expression, — nous les mettons, plus ou moins délibérément, dans la nôtre. Ils représentent à nos regards, pour ainsi parler, des hommes métamorphosés, — tantôt transfigurés, et tantôt déchus; et dans cette vue, fort illusoire, ils nous paraissent dignes d'admiration, de haine, ou de pitié. C'est pourquoi une histoire naturelle *esthétique*, telle que celle-ci, ne répond guère, — il faut bien le dire, à la réalité objective; elle est, par définition même, essentiellement *subjective*. Vérité, certes, indiscutable, mais qu'il est bon de rappeler, alors que nous classons les *Passereaux* en *plébéiens* et *nobles*, en *originaux* et *parias*. En désignant de ce dernier nom le *Corbeau* et la *Pie*, nous n'entendons nullement outrager deux espèces aussi innocentes, en définitive, aussi *irresponsables* que toutes les autres; nous constatons seulement leur mauvais renom, qui pour le *Corbeau* tient à son aspect, à son cri sinistre. Ici comme en tout, notre siècle « de lumières » reste obscurci par les fumées de la superstition classique et païenne. N'est-il pas encore aujourd'hui des gens assez simples pour se troubler, lorsqu'aux approches de l'hiver, des bandes de ces grands passereaux tout vêtus de noir planent sur les champs nus, dans un charivari de croassements... On se rassure s'ils volent vers la *droite* ; mais, en sens opposé, tous les malheurs, croit-on, sont à craindre...; le même mot latin, en effet, qui signifie *gauche*, a la signification aussi de *sinistre*.

Si la frayeur superstitieuse qu'inspire le *Corbeau* est absurde, le *dégoût* que suscite cet animal, — *ailé* pourtant, — se justifie par l'appétit qu'il a des charognes, et l'odeur infecte qu'en conséquence il exhale. Mais le *Chien* n'a guère, on le sait, des appétits plus nobles; et cependant combien rares sont les personnes auxquelles il inspire de la répugnance! C'est probablement qu'on exige plus d'idéalité d'un *Oiseau*, d'un être ailé, aérien. — Celui-ci n'en a pas moins son côté idéal : si, le printemps, l'été, nous sommes charmés, et rassérénés, par les évolutions, les douces modulations des Oiseaux *nobles* et *chanteurs*, — n'est-ce pas un tableau — même une symphonie de grand caractère, que le vol tumultueux des *Corneilles*, ou des *Corbeaux*, au-dessus des plaines, ou sur la lisière des bois dénudés...? Spectacle mélancolique, en vérité, mais captivant, à sa manière, par le contraste de ces multitudes d'ailes noires — et du sol blanc de neige. Austère et grandiose poésie de l'hiver; *image*, et non « *présage* » — de nos fins dernières, avertissement, pour nous, de les méditer.

La *Pie* ne saurait inspirer de tels sentiments; cet Oiseau, comme le *Merle*, n'a rien, en effet, de lyrique; il est plutôt enrôlé dans la comédie — que dans le drame. Cela tient-il à son plumage éclairci de blanc, à sa queue traînante, ou bien à ce fait qu'au lieu de voler, de planer en hauteur, ses troupes noires se promènent plus volontiers sur la terre-ferme, à pas sautillants... ? Et puis sa renommée — plutôt de vulgaire larron (qu'on se rappelle la « *Gazza ladra* »), que de dramatique détrousseur de morts, prête plus à rire qu'à trembler. — Pourquoi la Pie est-elle, comme on dit, « *voleuse* »? Dans quel but, et par quel secret mobile, se plaît-elle à dérober toutes sortes d'objets, — dont elle semble n'avoir que faire?...

— Voilà une de ces questions qui, si elle était posée dans un examen, même à des docteurs, laisserait, vraisemblablement, toutes copies blanches. Mais laissons cela; ne retenons que ce trait surprenant de l'*Oiseau-paria* : lorsque vient la saison de loger sa progéniture, croyez-vous qu'à l'exemple de tous les autres, il ne construise qu'un seul nid? — Mais non : plein d'invention pour dépister les maraudeurs, il en dispose de factices à l'entour du vrai; c'est ce qu'on appelle des « *nids trompeurs* »; et, grâce à cette ruse de guerre, que l'homme ne trouve pas toujours, la race de la Pie se conserve. N'est-ce pas prodigieux?

LES GRIMPEURS OU ARBORICOLES

Immédiatement après les Passereaux («Petits Oiseaux »), viennent se placer ceux que les naturalistes appellent *Grimpeurs*, et auxquels je préfère donner le nom d'*Arboricoles*. Un de leurs traits particuliers, en effet, c'est de passer leur existence dans les arbres. Tous les Oiseaux, à la vérité, *perchent* plus ou moins, et « *se branchent* », suivant l'ancienne et poétique expression; mais, pour un oui, pour un non, on les voit quitter leur perchoir et prendre du champ ; tandis que les *Pics* et les *Perroquets*, qui composent l'ordre des *Grimpeurs*, ne sont surpris qu'exceptionnellement à voler; et s'ils le font, c'est pour passer d'un étage de frondaison à l'autre.

Le *Pic* dit *Epeiche*, est un assez gros Oiseau, dont le plumage *grivelé*, assez simple, se relève de rouge au sommet de la tête et vers la naissance de la queue. Comme tous ses congénères, il a deux doigts, à chaque patte, dirigés en avant, et deux dirigés en arrière (position symétrique). Ce qui surtout est remarquable en lui, c'est la robustesse du *bec*, outil merveilleux pour percer l'écorce des arbres, et, bien mieux que le *Grimpereau*, forer dans l'épaisseur des troncs de très profondes cavités. C'est cet outil, d'ailleurs, qui a donné son nom à l'Oiseau. Ce dernier, de ce fait, serait classé comme *nuisible,* s'il ne se trouvait en petit nombre dans nos forêts, et ne s'attaquait surtout aux bois ou de faible consistance, ou moisis. Au demeurant, c'est un *insectivore* très précieux.

Son camarade, le *Pic vert*, — que, par abréviation, on nomme le *Pivert*, est plus amusant de plumage. Accroché, tout debout, par ses griffes, et parallèle à l'arbre, il a, dans cette attitude, je ne sais quel air gourmé de magister qui lui fait incarner, dans la pièce de Rostand, *le pédant*. Il porte, suivant l'auteur, « un frac amande, un gilet tilleul, et une calotte rouge. Mais c'est plutôt l'habit vert d'académicien.

> *Il est coiffé du grec ! Dame ! Il a pour calot*
> *Un petit bonnet grec...*

Tout comme le *Pic-Epeiche*, il a la faculté, pour pouvoir demeurer ainsi dans l'attitude verticale, de raidir les pennes de sa queue, qui lui sert de point d'appui. N'importe, cette position de l'Oiseau semble, à notre regard, incommode.

Le *Torcol*, lui, n'a pas la « queue prenante »; mais, ainsi que l'annonce son nom, il a l'étrange faculté de tourner le cou d'un demi-tour entier sans bouger le reste du corps. Son plumage est roux, très soyeux. Sa langue, extensible et gluante, fait de lui l'Oiseau fourmilier par excellence; aussi la chair du *Torcol* est-elle saturée d'acide formique. On entend quelquefois, l'été, son sifflet monotone dans les jardins.

Le *Toucan* nous amène au voisinage des *Perroquets*.

Parmi les animaux de toute sorte qui sollicitent — bien malgré eux, — la curiosité du public au Jardin des Plantes, les *Perroquets*, avec les *Singes*, ont une place à part. Il est des oiseaux qu'on admire, exclusivement : l'impeccable harmonie de leurs contours, et de leurs couleurs, ne laisse entrer dans l'âme aucun autre sentiment. D'autres suscitent, chez le spectateur, de l'épouvante — ou de l'étonnement : ce sont en quelque manière, des acteurs *tragiques*. Enfin, il en est quelques-uns qui, par un assemblage de caractères assez singulier, divertissent le spectateur dans le même temps qu'ils l'émerveillent. Or les *Perroquets* sont de ceux-là. Superbement enluminés, pour la plupart, — la lourdeur gauche de leur corps, leur tête épaisse et ronde, leur bec massif et crochu, — puis leur dandinement, leurs criailleries courroucées, la façon dont ils s'ébouriffent, pour s'amincir un instant après; — encore, ce lèvement de tête de côté pour regarder en l'air; et ce talent bizarre d'imitation qui leur fait articuler nos syllabes, — tous ces traits excitent notre verve, et prêtent à rire. On peut dire que le *Perroquet* représente, en la faune, le « *comique somp-*

tueux ». De là son succès ; et, remarquez-le bien, il est double : en le voyant on dit : « *Qu'il est beau !* » — Mais on dit aussi : « *Qu'il est drôle!* » Et, pendant des heures, on le flatte, on l'agace de mille manières; on se fait un jeu d'exciter ses pâmoisons, ses crises d'impatience. Des amateurs — de ceux qui se plaisent, hélas ! à « *dénaturaliser* » la Nature, — s'occupent de leur éducation; on arrive à les faire parler comme des hommes, et parfois même à leur faire penser ce qu'ils disent. La plupart des auditeurs trouvent cela admirable. Quant à moi, je l'avoue, j'en ai toujours été profondément dégoûté; il me semble que ces façons d'agir dégradent à la fois *le maître* et *l'élève*. En effet, toute créature de Dieu a droit au respect; et n'y a-t-il pas une sorte de profanation dans ce fait d'emprisonner un être ailé, libre et heureux dans son pays d'origine, ou de l'enchaîner à un perchoir pour s'en amuser?

Lorsque je faisais des conférences-promenades au *Museum*, mon premier soin, en abordant un type animal, était de le rappeler, ce lieu d'origine, de replacer, par la pensée, l'espèce dans son milieu naturel, — d'évoquer, par exemple la forêt vierge d'Amérique où des milliers de ces Oiseaux prennent leurs ébats, s'aiment ou se querellent, crient ou jacassent spontanément, décortiquent les grains sur l'arbre même, et se désaltèrent dans le creux des feuilles, comme en des coupes qu'a remplies l'orage. Grâce au nombre, — à la liberté de vol et d'allure, à l'accord des plumages avec les feuillages, plus rien de comique en ce spectacle ; le comique est absorbé par le grandiose. Car la Nature peut être étrange ; elle n'est jamais, en soi, ridicule.

*
* *

L'armée, très nombreuse, des *Perroquets*, se subdivise en quatre escadrons principaux : *Perroquets* proprement dits — *Kakatoës* — *Perruches*, — *Aras*. Chez les deux premiers groupes, la queue est courte, et plus ou moins étalée; elle est longue chez les deux autres.

Les deux espèces de *Perroquets* (proprem. dits) les plus populaires, parce qu'ils nous arrivent des pays chauds en quantités considérables, sont : le *Perroquet vert*, ou de l'Amazone, et le *Perroquet gris* (Perroquet cendré), dit *Jaco*. Le premier a la teinte, justement, du feuillage sous le couvert duquel il vit, dans son pays d'origine, et c'est encore un fait de *mimétisme*. Cette « *verdure* » de son plumage est toutefois variée de bleu céleste au front, de jaune aux joues et sous la gorge, et de rouge aux plis des deux ailes. — Le *Perroquet gris*, d'autre part, a le ventre blanc, et la queue rouge-sang. Ce dernier ne vient pas, comme l'autre, du Nouveau Continent, mais d'*Afrique*. Sa teinte cendrée serait-elle à l'unison, aussi, du milieu ?

D'autres espèces, non moins intéressantes, sont peu connues ; c'est le *Papegai* dit « *accipitrin* », parce qu'il rappelle, par son plumage, notre *Epervier* (Cf. le *Kakatoës dasyptile*, que les Allemands nomment « *Adlerpapegei* », parce qu'il mime *l'Aigle*) ; mais il se distingue par une collerette agréablement diaprée de vert, de rouge, de jaune et de bleu, dont il redresse les plumes à volonté, — geste, chez lui, *d'irritation, non de coquetterie*. A ce propos, rappelons que chez beaucoup d'animaux ainsi *parés* par la Nature, ce qui nous frappe comme *ornement* a pour destination initiale, souvent, d'en imposer à l'ennemi ; c'est un artifice de guerre. Il est remarquable, d'ailleurs que le mot latin *ornare* signifie primitivement *armer*, — et que, d'autre part, le terme de *parer* s'applique encore, en marine, à des actions qui n'ont rien de somptuaire.

Les *Psittacules* forment un groupe bien à part. Comme l'indique ce diminutif, ce sont des perroquets de petite taille, et qui formeraient le passage aux *Passereaux*. Le *Psittacule-moineau*, l'un d'entre eux, vient du Brésil. On voit souvent, chez les oiseleurs, de ces mignonnes créatures, qu'il ne faut pas confondre avec la *Perruche ondulée*, et qui, formant des couples très unis, sont qualifiés d' « *Inséparables* ».

Plus rares sont les *Loris*, somptueux perroquets d'un rouge éclatant, avec quelques taches vertes et jaunes pour rompre la monotonie. Ceux-là sont hindous. Leur nom représente le cri qu'ils articulent, en liberté. On connaît le *Lori des Dames*, à collier, et le *Lori tricolore*, arborant comme un drapeau les teintes rouge, azur et verte. Les *Loris* ont la réputation, étant captifs, d'Oiseaux très calmes, et même apathiques.

Enfin, après tant de beautés, une curiosité : c'est le *Strygops* (« *Strygops* » veut dire : ayant l'aspect d'une *Chouette*), ou *Perroquet de nuit*. Comme *l'Accipitrin*

imitait un Rapace diurne, celui-ci simule un *Nocturne ;*
la disposition radiée des plumes (décomposées) de la face
lui prête la physionomie d'une *Chouette.* Il a d'ailleurs
les mœurs de ce dernier Oiseau. Sa patrie est la *Nou-*
velle-Zélande.

*
* *

L'escadron des *Kakatoës* se distingue du précédent
par un uniforme plus homogène, dont la couleur est généralement *blanche,* et par une huppe, que l'Oiseau relève
ou rabat à son gré. Cette huppe est *blanche,* comme le
reste de son plumage, ou bien tranche avec ce dernier
par sa teinte *rouge* — ou *jaune* (chez le Kakatoës dit
« *sulfuré* ») ; elle est diaprée de *rouge,* de *jaune* et de
bleu chez le *Kakatoës Inca.* Celui-ci, dont le plumage se
relève de *rose,* nous amène au *Kakatoës rosalbin.* Au
Museum, une haute et spacieuse cage est remplie de ces
charmants Psittacides, et c'est une pure jouissance esthétique que de contempler, dans cette troupe rose et blanche, prenant ses ébats, l'*unité de couleur* jointe à la
variété d'attitudes.

Quel contraste entre cette allégresse de coloris et
l'habit de deuil du Kakatoës dit « *funéraire* »...! Ce *noir,*
chez un perroquet, a quelque chose d'inattendu, et de
surprenant. Aussi cette expression d' « *habit de deuil* »,
dont je me sers est-elle un peu plus qu'une métaphore
fantaisiste ; elle traduit une impression. Le *Kakatoës*
noir, qu'on appelle aussi « le *Corbeau des Indes* » se fait
encore remarquer par un trait étrange : Sa langue, longue et mince, est terminée par un disque en forme de
cuiller, et protractile. — « Il se tient raide, dit un natu-
« raliste-voyageur, *de Martens ;* sa face rouge, son bec
« énorme, sa huppe toujours dressée, ainsi que son air
« morose, — le font ressembler à un vieux général... ».
Voilà de l'anthropomorphisme, n'est-ce pas ? bien exclusivement militaire...

*
* *

Dans le corps d'armée formé par les *Perroquets* (pris
au sens général), les *Perruches* constituent la cavalerie
légère. Elles sont proches des *Aras,* par leur longue
queue ; mais leur taille est plus mignonne, et leurs

joues sont tout emplumées, tandis que celles des *Aras*
sont chauves Les principaux types sont : la *Perruche
d'Alexandre,* ou à *collier.* Son plumage est vert, avec un
trait noir sous la gorge ; le bec est d'un rouge vif. Elle
nous vient des Indes; — puis la *Perruche de la Caroline,*
d'un vert uniforme; — la *Perruche jaune,* du Brésil, avec
des ailes vertes et noires; — la *Perruche leucotis,* ou à
oreilles blanches ; — enfin, mieux connue du public, la
Perruche ondulée (Mélopsitte), la plus mignonne de
toutes, et dont les couples tendrement unis méritent,
comme ceux des *Psittacules* déjà décrits, l'épithète
d' « *Inséparables* ». Son vol est léger, rapide, et ressemble à celui de l'Hirondelle (V. fig. p. 29).

Enfin, pour clore cette revue, les *Aras.* Ce sont tous
des Oiseaux du Nouveau-Monde, et pour la plupart de
l'Amérique du Nord. Les savants, qui parlent toujours
grec, les désignent sous le nom de « *Macrocercus* », ce
qui veut dire : les « *longues queues* », — appellation peu
significative, puisque, vous venez de le voir, les *Perruches*
partagent avec eux ce privilège. Les *Aras* tiennent, en
réalité, des *Perruches* par leurs pennes caudales superbement prolongées, et harmonieusement étagées, — et
des *Perroquets* proprement dits par leur bec puissant,
leur taille imposante, et la membrane sèche, comme épi-
lée, qui leur couvre les joues. Je citerai, parmi les plus
beaux, l'*Ara rouge,* varié de vert, — l'*Ara bleu,* de
Buffon, dont le ventre est jaune, — puis l'*Ara vert,* plus
rare, — et le gigantesque *Ara Macao,* mesurant près d'un
mètre; enfin, l'*Ara noir,* dont le plumage un peu sinistre,
s'atténue de reflets métalliques verts.

On peut dire que ce groupe des *Perroquets* déroule
une gamme de couleurs non pareille. Mais, dans les derniers types qu'on vient de décrire, un fait bien remarquable doit être noté : c'est la combinaison, chez chacun
d'eux, de deux tons dits « *complémentaires* ». Cette opposition chromatique où Chevreul a montré l'accord décoratif parfait, — la Nature, spontanément, le réalise ; et
ces contrastes *optima : rouge* et *bleu-vert, jaune d'or*
et *bleu, jaune verdâtre et violet,* donnés comme règle
— ou base — aux artistes, — on les surprend déjà sur
le plumage des Oiseaux, comme au tapis de fleurs des
prairies.

LES AQUATIQUES ET PALUDÉENS
(PALMIPÈDES ET ECHASSIERS)

Comme on l'a vu déjà pour les *Insectes*, et comme on
le verra pour les *Vertébrés*, le type *Oiseau* s'adapte avec
autant d'aisance à l'élément liquide qu'à l'aérien. C'est
qu'en définitive, entre la *navigation* et l'*aviation*, il y
a plus de rapports qu'on ne croirait à première vue : l'air,
il est vrai, est un fluide élastique, tandis que l'eau, comme on sait, est inextensible; mais, d'une part comme de
l'autre, une résistance est à vaincre, et, pour un tel travail, la forme du corps en *carène* est la plus efficace. Et
quant au revêtement continu de *plumes*, il facilite, étant
imperméable, autant le transport aquatique que l'aérien.
L'aile, d'ailleurs, peut servir de voile, au besoin, et la
seule modification, à peu près, qui soit nécessaire pour
faire, ici, de l'aviateur un *marin* est le développement
d'une membrane entre les doigts du pied. Cette membrane, qui reproduit assez fidèlement la figure de la feuille
végétale dite « *palmée* », a fondé, pour ce nouveau
genre d'Oiseaux, la dénomination de « *Palmipèdes* ».
Si je lui préfère celle d' « *Aquatiques* », c'est que
cette dernière évoque plus directement la *fonction*, en
peignant le *but*, au lieu du moyen.

Ces « *Aquatiques* », je les subdivise, à leur tour, en
nageurs, — *plongeurs*, — et grands *voiliers de mer*.

⁂

Les *Nageurs* comprennent des espèces dont plusieurs
sont domestiquées; ce sont : l'*Oie*, le *Canard*, le *Cygne*,
l'*Eider*, la *Macreuse*, le *Harle*. Tous ces oiseaux sont
qualifiés par les savants de *Lamellirostres*, par allusion
à leur bec lamelleux, grâce auquel ils peuvent passer la
vase comme au tamis, et retenir les particules alimentaires qu'elle contient. En outre, une glande qu'ils ont
au croupion leur sert à se graisser les plumes. Le profane s'étonne parfois que ces hôtes de l'eau n'en soient
pas mouillés; qu'il sache que le palmipède, quand il fait
ce manège bien connu de fouiller sa queue de son bec,
n'est pas occupé d'autre chose qu'à rendre son plumage
impénétrable à l'humidité.

Excellent, et même gracieux à la nage, le palmipède

lamellirostre se montre gauche dans la marche. Ce n'est pas à lui, sans doute, que pensait le poète, lorsqu'il écrivait :

« Même quand l'Oiseau marche, on sent qu'il a des ailes.... ».

Mais il faut savoir que cette démarche de l'*Oie*, ou du *Canard* qui nous paraît aussi prétentieuse que

Documents japonais (Librairie de l'Art)

maladroite, vient de ce que les pattes, pour être habiles à nager, sont rejetées, naturellement, en arrière; hors de l'eau, le corps de l'Oiseau n'est plus soutenu; pour conserver son équilibre, il doit par conséquent se dresser, et se raidir d'un effort sans grâce, il est vrai, — mais qui, justement, le prouve bon nageur.

Buffon fait très bien remarquer que si l'*Oie* subit nos dédains, c'est qu'en la voyant, nous pensons au *Cygne*. Mais les Anciens l'estimaient, comme une sentinelle vigilante. N'a-t-elle point sauvé, jadis, le Capitole de l'escalade? *Brehm* s'étonne, un peu naïvement, qu'on en ait fait le type de la bêtise. Mais cela vient de son aspect. auquel on s'arrête forcément; le symbolisme tout spontané du spectateur ne raisonne point sur les causes; il est impressionné de l'effet, voilà tout. Autrement, s'il avait le loisir d'observer, l'*Oie* lui donnerait plus d'une preuve d'intelligence.

Dans le Midi particulièrement, on *gave* les Oies pour les engraisser; j'apprécie, comme tout le monde, le haut ragoût de ce raffinement culinaire; mais l'opération me dégoûte, — ou, pour mieux dire, me révolte.

L'*Oie domestique* n'est, en somme, que l'*Oie* « *sauvage* », — autrement dit : l'Oie *noble* et *libre*, — asservie par l'homme pour ses besoins. On a peine, cependant, à concevoir l'étroite parenté de ces deux êtres, dont l'un se dandine, prosaïquement, aux alentours du fumier de ferme, tandis que l'autre, en troupe imposante, traverse le ciel d'un vol méthodique et puissant, à perte de vue.

Le *Canard,* comme l'Oie, est un hôte important de nos basses-cours. Mais on le voit moins souvent à terre, et, pour l'élever avec succès, l'eau d'une mare est indispensable. Son plumage est plus foncé, plus varié aussi, que celui de l'Oie; la tête et le cou sont d'un beau vert sombre; le poitrail, très saillant, de teinte carmélite; le reste du corps est plutôt gris-cendré, avec quelques plumes bleues sur les ailes. A l'état « *sauvage* » et que j'appelle « *libre* », cet Oiseau, excellent voilier, accomplit de grandes migrations. Tout comme l'Oie, il offre des vols méthodiques *en triangle,* et l'on ne saurait trop admirer cet instinct qui dicte à la troupe ailée l'ordre de marche le plus rationnel; chez tous ces escadrons aériens, il s'opère, en cours de route, un *chassé-croisé* perpétuel, grâce auquel les individus épuisés sont relevés, alternativement, aux postes de fatigue, par les individus reposés, de sorte qu'on peut dire de cette onde vivante ce qu'on dit ailleurs de la vague liquide :

« *Non unda, sed undæ forma progreditur* » (Ce n'est point la vague qui s'avance, mais c'est la *forme* de son mouvement de propagation).

Le fameux « *coin-coin* » du canard, ne passe point pour un chant très harmonieux. Buffon, toutefois, l'a

Documents japonais (Librairie de l'Art)

magnifié, prétendant qu'il n'offense pas l'oreille, que c'est le clairon,... la trompette, parmi les flûtes et les hautbois; c'est la musique du régiment rustique... Buffon se montre ici, véritablement, très moderne...

Proche du Canard est la *Sarcelle* (*Querquedula*). Plus petite que son congénère, elle s'en distingue aussi par un plumage plus clair, et varié, sur la poitrine, d'un quadrillage qui rappelle le dessin d'une cotte de mailles. Sur les épaules, quelques plumes allongées et taillées en pointe font saillie, et retombent, au-dessus de l'aile, en rubans bleus ou noirs, mettant, sur le costume assez simple, une note d'élégance... La *Sarcelle*, en ses migrations, n'adopte pas l'ordre en triangle; c'est une indépendante, sans discipline.

L'*Eider* est un cousin septentrional du Canard; il ne quitte guère l'extrême-Nord. On le voit en Islande, au

Spitzberg, en les régions avoisinant le pôle. Son existence, d'ailleurs, est toute aquatique ; il n'aborde en terre ferme que pour faire son nid. Ce dernier, tissé d'algues, est capitonné de duvet. Mère pleine de tendresse, la femelle se l'arrache de la poitrine pour en faire un lit moelleux à ses petits ; — et l'homme, tyran plein d'égoïsme, en dépouille l'espèce pour ses propres besoins sybarites ; du duvet de l'Eider, il confectionne, à son usage, cet oreiller douillet et malsain : l'*édredon.* Encore ici, l'usage tourne vite à l'abus; et le gouvernement danois a dû, devant le massacre effréné de ces Oiseaux, prendre, afin de sauver l'espèce, des mesures restrictives. C'est toujours la « *Poule aux œufs d'or* » du bon La Fontaine. — Et pourtant, la constance des Eiders femelles devrait toucher l'âme du chasseur; malgré qu'à deux reprises ont ait enlevé le duvet de leurs nids, elles recommencent le travail, et doucement s'obstinent.

L'*édredon* « lit de plumes » en littérature, est l'objet d'un commerce considérable ; l'Islande seule en exporte plus de trois cents kilos par an, ce qui, vu le très faible poids de la matière, représente un volume incroyable. Dans la Scandinavie et le Nord de la Russie, on coud, pièce à pièce, les dépouilles entières de ces beaux Oiseaux duveteux pour en faire des couvertures, à la fois très légères et très chaudes. Le noir velouté et le blanc très pur, en alternance dans le plumage, réalisent ainsi de jolis dessins. — Ajoutons que les œufs d'Eider entrent, pour une large part, dans l'alimentation des Islandais. C'est encore une raison de les pourchasser. Pauvres Eiders !

La *Macreuse* (en latin « *Fuligule* ») hante à peu près les mêmes parages; elle abonde, en particulier, aux Iles Orcades. C'est une sorte de Canard à robe très sombre, glacée par places de vert et de violet. Son bec est tantôt noir, et tantôt orange. Avec la *Sarcelle,* est considérée comme aliment maigre.

Citons encore le *Harle,* à la tête huppée, au plumage clair, qui descend, lui, des régions du Nord, et vient nager dans les eaux plus douces des lacs de *Bienne* et de *Neuchâtel.* Il fait son nid au bord de ces lacs, et dans le branchage des arbres têtards, qui constituent, pour les jeunes, un abri bien dissimulé.

Ce que nous appelons la *beauté* (beauté pure, proprement dite, et non beauté « *de caractère* »), c'est la manifestation, pour notre âme, de *l'harmonie*, — je devrais plutôt dire : *d'une* harmonie, car la perfection est compatible avec tous les partis possibles de forme et de couleur, même de mouvement. Il n'y a pas, effectivement, qu'un type de beauté ; mais la beauté couronne, pour ainsi dire, tous les thèmes plastiques qui, par *sélection*, se sont affinés, et dont les éléments, ailleurs spécialisés à l'excès, se sont ici fondus dans *l'unité*, ont pris un caractère de généralité plus idéal.

C'est ce qu'on voit, en particulier, dans le *Cygne*. Le Cygne n'est pas plus beau, certes, que le Faisan, le Paon, la Tourterelle, la Perruche ou la Bergeronnette ; mais c'est, on peut l'affirmer, le plus beau du groupe des *Aquatiques*. Et cependant, si l'on tient compte de la « juste proportion », si vantée dans l'Ecole, le Cygne devrait le céder au Canard. Son cou ne s'allonge-t-il pas au point d'égaler, presque, la longueur du corps tout entier?... Mais, insistons là-dessus, car c'est un point jusqu'ici bien peu mis en lumière, — l'excès d'une dimension sur l'autre est loin de constituer toujours une disproportion, — ou, si l'on veut, ce terme de « *disproportion* » n'est pas toujours à prendre, comme on le fait, en mauvaise part. C'est ce qui éclate dans le *navire*, d'autant plus élégant qu'il est plus effilé, — et aussi dans la *nef* gothique, « cette heureuse combinaison du long et de l'étroit ». Aussi, dans mon Esthétique générale, ai-je créé le mot de « *surproportion* » pour désigner ce qui n'est pas un défaut, mais, au contraire, une *qualité*. — D'ailleurs, en ce beau cou de Cygne, l'extrême allongement est racheté de façon merveilleuse par *l'inflexion*. Que dis-je ? Cette inflexion si gracieuse, en courbe serpentine, et comme « *volubile* », justifie pleinement un excès qui se trouve dépensé tout entier à décrire l'*S* majuscule.

Aussi bien l'encolure *en S* n'est-elle ici qu'une attitude, une *position de repos* ; c'est, pour ainsi parler, le geste de projection « en puissance »; ressort vivant tendu qui, pour plonger, et chercher la proie, se détend... On ne songe guère à cela, lorsqu'on voit le Cygne glisser sur les eaux, tel un vase flottant au col harmonieusement recourbé; mais cela, c'est le secret de son expression, de sa beauté. Beauté que le rythme vital varie avec tant de bonheur, quand ce vase flexible — je dirais presque

« *malléable* », transforme, comme par enchantement, ses
contours, soit pour atteindre le liquide, soit pour rejoindre, de son anse retournée, l'autre extrémité de sa panse.

Mais le *Cygne* n'a point pour lui que l'élégance et la
souplesse d'encolure; la ligne serpentine que décrit son
cou se prolonge, tout au long du corps, en un galbe constamment harmonieux. Les poètes, ici, ne divaguent plus,
lorsqu'ils le comparent au profil d'un *navire*, — d'un de
ces jolis navires antiques si fièrement relevés de poupe
et de proue. C'est qu'effectivement, comme l'écrit Buffon,
en son style un peu suranné, à sa noble aisance, à la
liberté de ses mouvements sur l'eau, « on doit recon-

Dessin de Robert Griveau, fils de l'auteur

« naître le *Cygne* non seulement comme le premier
« des *navigateurs ailés*, mais comme le plus beau modèle
« que la nature nous ait offert pour l'art de la naviga-
« tion ».

En deux mots, moi, très simplement, je dirai : que
si les autres Palmipèdes *nagent*, celui-ci, plutôt, a l'apparence de *voguer*.

Mais ce qui parachève la beauté plastique chez notre
Oiseau, c'est le *coloris*, — lié, d'ailleurs, à la texture.
Celle-ci, tout en plume duveteuse, est renforcée dans son
unité par l'*unité de ton*; c'est un plumage admirablement
homogène, et d'une blancheur intégrale. La comparer,
cette blancheur, à la *neige*, c'est faire une transposition,
à mon avis, bien superficielle, puisque la neige a les
reflets d'une matière unie, « *monolithe* », pour ainsi dire,

tandis que le plumage, étant composite, réfléchit bien plus subtilement la lumière. Ce qui séduit, en somme, en ce plumage uniformément *blanc* et « *candide* », c'est le *lustré* joint à l'*immaculé*. — La *couleur*, en définitive, est une tache ; le *blanc*, comme nous l'avons établi, c'est la lumière pure, intégrale. Et, d'autre part, nous le distinguons, ce *blanc*, du simple *incolore*, — autrement dit le blanc *opaque* du *translucide*.

A cette belle monotonie de blancheur, — il faut, pour que le tableau soit à notre goût, un certain *contraste*, comme correctif... Or la Nature nous l'offre en la teinte du *bec*, — jaune chez le Cygne en liberté, *rouge* chez le Cygne en servage. Au surplus, elle a pris soin de placer, entre le bec et l'œil, — tel un *accent grave*, ce *trait noir*, qui prête à l'Oiseau un regard sévère. Ce n'est pas la première fois que nous remarquons, chez un type animal privilégié, l'*alliance de l'austérité et du charme*.

Tous ces éléments de beauté dont nous venons de faire, avec précision, l'analyse, vous les trouverez, magnifiquement rassemblés (mais, à vrai dire, *hyperboliquement*) dans la synthèse idéaliste du poète. *Sully-Prudhomme*, évoquant l'Oiseau de *Léda* dans son cadre harmonique, la pièce d'eau, dépeint d'abord sa forme et sa démarche :

Sans bruit, sur le miroir des lacs profonds et calmes,
Le Cygne chasse l'onde avec ses larges palmes
Et glisse. Le duvet de ses flancs est pareil
A des neiges d'avril qui croulent au soleil...
... Il dresse son beau col au-dessus des roseaux,
Le plonge, le promène allongé sur les eaux,
Le courbe, gracieux comme un profil d'acanthe.

Buffon, qui était un savant, admet que le *Cygne* est conscient de ses charmes; il lui prête une sorte de *coquetterie* vis-à-vis de l'homme qui s'arrête à le contempler... Illusion, sans doute, — et plutôt permise à l'artiste. Ainsi, chante Sully-Prudhomme :

Superbe, gouvernant du côté de l'azur,
Il choisit, pour fêter sa blancheur qu'il admire,
La place éblouissante où le soleil se mire...

Mais arrive le crépuscule : alors,

> *... Quand les bords de l'eau ne se distinguent plus,*
> *A l'heure où toute forme est un spectre confus,*
> *L'Oiseau, dans le lac sombre où sous lui se reflète*
> *   La splendeur d'une nuit lactée et violette,*
> *   Comme un vase d'argent parmi des diamants,*
> *Dort, la tête sous l'aile, entre deux firmaments.*

* *** *

Au *Cygne blanc* des contrées du Nord, l'Australie, ce *berceau d'une faune paradoxale*, oppose l'antithèse d'un *Cygne noir*; et ce dernier n'est pas moins admirable que l'autre. Ces deux variétés, identiques de forme et si contraires de couleur, se font ressortir l'une l'autre à merveille, et leur association, sur le bassin d'un parc, forme un accord tranché, très original. Un poëte assez peu semblable à celui dont nous venons de citer les vers, *Edmond Rostand*, s'est emparé de l'antithèse pour en tirer mieux qu'un symbole : *une leçon*. Et quelle leçon, si le public, moins distrait par la mise en scène, et mieux guidé par la critique, l'avait comprise! Nous sommes au troisième acte de « *Chantecler* » ; c'est « le *jour de la Pintade* », c'est-à-dire le tableau. très vivant, — vécu par nous, les hommes, le tableau d'une réception à la mode. L'*Alceste des Gallinacés* a vu défiler, bien à contre-cœur, le cortège carnavalesque des coqs étrangers, métis ou métèques, tous ces produits factices de l'*aviculture*. Et le dégoût, l'indignation, le saisissent enfin. C'en est trop!

> *... Oh! voir enfin paraître*
> *Un être véritable, un être simple, un être...*

Et les *deux pigeons*, d'abord, apparaissent. — Hélas! ils sont « *culbutants* »!...

> *O La Fontaine! où suis-je?* s'écrie Chantecler.
> *— Oh! qu'une vérité ferait plaisir à voir!*
> *Qu'une candeur...*

L'huissier Pie, annonçant : « *Le Cygne!* »

> *Ah!* dit Chantecler, en s'élançant : « *Un Cygne!...* »
> *— Et soudain, reculant : « Il est noir! »*

Et alors ce bref dialogue en deux vers — plus beaux,

plus vrais, et plus profonds surtout que tant d'autres plus célèbres :

LE CYGNE NOIR (*se dandinant*) :
J'ai laissé la blancheur et j'ai gardé la ligne !

CHANTECLER :
Et vous n'êtes plus rien que l'ombre du vrai Cygne!

Combien en voyons-nous, en frôlons-nous chaque jour dans le « beau monde », de ces Cygnes humains restés corrects en leur noirceur, et qui, *laissant la blancheur,* ont *gardé la ligne...*

Oiseaux plongeurs

Intermédiaires au groupe des *Nageurs* et à celui des *Grands Voiliers,* ils comprennent le *Plongeon* et le *Grèbe.* Ce dernier mérite une mention particulière, à cause de son plumage utilisé comme *fourrure* ; d'un blanc doucement argenté, sa consistance est à la fois élastique et moëlleuse; je regretterais que la mode en soit passée, si cette parure si seyante ne coûtait la vie à d'innocents et de charmants Oiseaux. — Le *Grèbe,* si galamment fourré, non par coquetterie, pour sa part, mais pour rester imperméable à l'eau, se fait encore remarquer par sa *huppe,* qui se continue en ample collerette autour de la tête, et par la palmature de ses pattes, formant des lobes profondément échancrés, assez semblables à certaines feuilles.

Chez les *Plongeurs,* l'attitude verticale du corps, dont on a donné les raisons à propos de l'*Oie,* et autres Nageurs, s'exagère encore; aussi ces Oiseaux ont-ils beaucoup de mal à prendre l'essor. En revanche, comme leur dénomination en fait foi, ils *plongent* avec une étonnante promptitude; si bien que pour masquer l'éclair révélateur de son fusil, le chasseur ingénieux autant qu'impitoyable, s'avise d'y placer un écran...

Grands voiliers de mer

Ce sont les « *Longipennes* » des zoologistes ; chez eux, en effet, les plumes de l'aile prennent un développement considérable. « Ils volent plus que les autres Oiseaux, — « écrit Brehm, plus que les Rapaces, plus que les hiron- « delles et les martinets, plus même que les oiseaux-

« mouches. » — Mais ce qu'il convient d'ajouter, et ce qui est surtout remarquable, c'est qu'ils volent au-dessus des vagues, en pleine mer, infatigablement. Leur seul repos consiste à plonger, par intervalles, à prendre un bain rapide; puis on les voit réapparaître, et secouer leurs grandes ailes pour en détacher les gouttelettes liquides adhérentes.

Ils ne se plaisent point dans la tempête, comme le prétend la légende; mais, quand elle se déchaîne sur l'océan, ils savent lutter longtemps avec elle. Et c'est justement la tempête qui les rejette en troupes nombreuses soit vers les côtes, soit autour des navires. S'il fait beau temps, le matelot cesse de les voir.

C'est une bizarre illusion d'esprit qui a fait donner à certains de ces Oiseaux le nom de « *Procellarides* » (tel le *Pétrel*). C'est comme si l'on disait que les multitudes humaines fugitives, en temps de guerre, et fuyant la guerre, étaient « *guerrières* ».

Les plus intéressants, dans cette escadrille *d'hydravions naturels*, sont : les *Mouettes* et *Goëlands*, les *Hirondelles de mer*; puis la *Frégate* et le *Fou de Bassan*, le *Pétrel*, l'*Albatros*, le *Cormoran*, le *Pélican*... Un mot sur chacun de ces types.

Notre illustre Buffon n'est pas tendre pour ces beaux oiseaux de mer, la *Mouette* et le *Goëland*, dont le plumage d'un blanc lumineux tranche si merveilleusement sur le vert sombre des flots agités. Il leur reproche d'être voraces et criards, les appelle « les *Vautours de l'océan* », parle même de « leur port *ignoble* »... Mais, d'abord, s'ils « nettoient la mer, comme lui-même l'avoue, des cadavres qui flottent à sa surface, ou qui sont rejetés sur le rivage », c'est là un *office de salubrité* très précieux, dont on ne peut que leur en être reconnaissant; et puis, est-ce digne d'un savant de cette envergure de condamner comme « *gourmandise* », « innée chez leurs petits », ajoute-t-il, ce qui n'est qu'un appétit légitime, en somme.

On dit souvent *Mouette* pour *Goëland*, et réciproquement; il s'agit pourtant de s'entendre. L'espèce à qui l'on doit donner le nom de *Mouette* est encapuchonnée de noir, tandis que le *Goëland* a la tête aussi blanche que tout son corps.

L'*Hirondelle de mer* (*Sterne* pour les savants) doit son nom à sa forme très allongée, qu'allongent encore des ailes en flèches et une queue fourchue de la dimension du corps tout entier. C'est, avec la *Frégate*, le plus élancé des Oiseaux marins. Il offre, avec les Palmipèdes *nageurs*, le plus grand contraste — au moins quant au *port*; car, tandis que ces derniers se redressent, comme on a vu, pour conserver leur équilibre, lui, au contraire, se tient horizontalement, et même penche le corps en avant. Son vol est rapide et hardi, comme celui de notre hirondelle terrestre.

Une espèce voisine a reçu le nom caractéristique de « *Bec-en-ciseaux* » (le *Rynchops*), parce que, chez elle, les deux mandibules, de longueur inégale et fortement comprimées latéralement, jouent l'une sur l'autre à la manière des lames de cet outil... Cet Oiseau bizarre est un crépusculaire; accroupi, tant que dure le jour, sur les bancs de sable, il n'entre en activité qu'après le coucher du soleil; alors il s'éloigne de la mer et gagne les étangs salés qui se trouvent près de l'embouchure de certains fleuves. En Angleterre, on le qualifie d'*écumeur* (Skimmer), à cause de son habitude de raser la crête des vagues en battant des ailes, afin d'étourdir le menu-fretin.

La *Frégate* a gardé son nom, lorsque l'espèce de navire à laquelle on l'a comparée est passée de mode. A l'heure qu'il est, on lui donnerait plus volontiers celui d'un de nos meilleurs *avions*, si ce n'était là une transposition retournée, assez ridicule. Le vol de ce puissant Longipenne est véritablement merveilleux; étalant une envergure d'ailes de trois mètres, il se soutient sans effort au-dessus des flots, sans presqu'une palpitation, et semble voguer dans l'air comme dans une mer invisible qui serait suspendue au-dessus de la mer... Survienne l'ouragan, la Frégate fait comme l'*hydravion* menacé; elle pique en hauteur, et va chercher des zones aériennes plus calmes. On la rencontre surtout entre les Tropiques, d'un Océan à l'autre Océan, — car, dit Buffon, elle voyage en tous sens, *en hauteur comme en étendue*. La *Frégate*, volant beaucoup, nage peu; aussi la membrane qui joint ses doigts est-elle sensiblement échancrée; c'est un *Palmipède imparfait*. Son bec est recourbé du bout, comme chez les *Rapaces*, mais il est moins harmonieux de contour; le crochet qui le termine est tout à l'extrémité, et se présente, assez désagréablement, comme une pièce rapportée. Nous verrons quelque chose d'analogue chez le *Flamant* et le *Pingouin*.

Jamais animal au monde ne reçut des hommes un nom plus *déplacé* que « *le Fou* » (*Sula, Fou de Bassan*). « Cet Oiseau, dit Buffon, est plutôt stupide ». Cela même est-il encore vrai? Car si le malheureux Longipenne ne s'enfuit pas, comme les autres, devant l'homme, son massacreur, et se laisse assommer à coups de bâton, c'est, peut-être, à cause de sa grande difficulté à prendre l'essor. L'homme, lâche et cruel, profite de cette incapacité de défense, et, par surcroît, insulte sa victime en la traitant de *folle*... Buffon, le majestueux naturaliste, se laisse emporter jusqu'à traiter l'innocent oiseau d' « *imbécile* » et de « *lâche* ». Quelle philosophie!

L'infortuné « *Fou de Bassan* » trouve un ennemi *acharné*, non moins sanguinaire, dans la *Frégate*; cet Oiseau cynique à nos yeux autant que vorace se sert du Fou comme d'un pourvoyeur ; le frappant de ses ailes, ou le pinçant du bec, il lui fait dégorger la proie dont ce dernier allait se nourrir. Voilà qui mériterait une dénomination infamante !

Mais quel est cet Oiseau dont le plumage est noir, l'encolure en *S* majuscule très accusée, et qui semble marcher sur la mer?... Depuis longtemps, les marins anglais, émerveillés du phénomène, s'étaient souvenus de saint Pierre marchant sur les eaux; ils avaient donc baptisé le Palmipède du diminutif de son nom : *Pétrill*, ou *Petit-Pierre*, d'où le français *Pétrel*. En réalité, le Pétrel ne *marche* point sur l'onde; mais, de ses pieds palmés, par un mouvement alternant, il bat la surface liquide, tandis que la palpitation de ses ailes le maintient dans l'air, au dessus; or cela n'est, à proprement dire, ni *nager*, ni *voler*; joli mode de progression « *effleurante* », pour lequel il reste à trouver un nom.

Les *nids* de Pétrel sont juchés haut dans les falaises, en des endroits inaccessibles. Malheur au dénicheur indiscret qui voudrait risquer l'escalade! Il recevrait en plein visage l'huile de poisson que les parents, en dévoués défenseurs de leur race, sont tout prêts à dégorger de leur estomac... Il est vrai que ce « beau geste » est attribué, par certains, à la simple peur...

Voici maintenant le prince des *Grands Voiliers* : l'*Albatros*. Ce nom n'est qu'une déformation de l'espagnol *alcatraz*. Une déformation analogue a transformé *Salvador* en *Calvados*. Son envergure est prodigieuse : elle atteint cinq mètres ; et le naturaliste *Edwards* a montré que le grand os qui la soutient (l'*humérus*) offre une longueur égale à celle du corps tout entier. Ce dernier, au surplus, rappelle assez bien le galbe familier — j'allais dire « vulgaire », — de notre *Canard*. Mais l'*Albatros* est un Canard géant, et en quelque sorte magnifié, transfiguré par un vol sublime. Son nom populaire de « *mouton du Cap* » n'est justifié que par sa corpulence, et provient, sans doute, d'une vue lointaine et grossière de l'animal à terre. Le plumage est blanc-grisâtre, moucheté de noir sur le dos et les ailes; le *bec*, assez long et robuste, est semblable à celui du *Fou*, de la *Frégate*, et du *Cormoran*, c'est-à-dire qu'il présente à son extrémité un crochet comme surajouté. Le *pied* n'a que trois doigts, à palmure parfaite. Cet Oiseau gigantesque habite exclusivement l'hémispnere *austral*; on le rencontre surtout à la pointe des continents de l'Ancien et du Nouveau Monde. Malgré sa force peu commune, il ne passe point pour belliqueux; devant la *Mouette*, si faible en comparaison, il se tient sur la défensive, ne s'attaque guère aux gros poissons, et fait sa proie, principalement, de petits animaux marins. C'est, en somme, un être assez sympathique, et qu'on peut classer parmi les géants débonnaires.

Le *Cormoran* et le *Pélican* sont aussi de très gros Oiseaux, mais ce sont surtout ce que j'appellerais des « *exagérés* ». Chez le *Cormoran* (je lis dans un Dictionnaire étymologique que ce nom de *Cormoran* est une corruption du bas-breton *mor-vran*, qui signifie « *corbeau de mer* »), la tête a l'apparence d'un masque de carnaval, avec ce trait noir cernant l'œil, et ce bec démesuré, crochu par le bout; les « tectrices » de l'aile, très courtes, et formant un dessin imbriqué, font à l'Oiseau comme un *habit d'Arlequin*. Ajoutez à cela des pattes palmées volumineuses, et vous obtiendrez un ensemble *héroï-comique* assez réussi. Bâti de la sorte, le *Cormoran* est bon nageur, excellent plongeur, et grand destructeur de poissons. La manière dont il ingurgite sa proie vaut d'être racontée : il la lance tout d'abord en l'air, puis la rattrape, fort adroitement, de son bec, et de telle façon — notez bien le fait, — qu'elle retombe *la tête en avant*; ainsi les nageoires aux rayons aigus, qui s'accrocheraient, autrement, au gosier, se couchent, opportunément, au passage, ce qui fait penser à certains instruments de chirurgie pliant leur armature dans un seul sens, afin de pouvoir s'introduire (*dilatateurs*). En même temps, une *poche* membraneuse, dont la mandibule inférieure du bec est garnie (et qui annonce celle, plus considérable, du *Pélican*), se développe en sac, engouffrant la proie. Les Chinois, toujours ingénieux dans les petites choses, utilisent les talents de pêcheur du Cormoran; on peut voir, le long de leurs rivières, de ces Oiseaux, le cou bouclé d'un anneau, perchant à l'avant des jonques, comme un ornement bizarre de la proue. Sur un signal donné par un coup d'aviron battant l'eau, docilement, ils plongent, et « *rapportent* », tout comme chiens dressés. Et chaque fois, on leur ôte le morceau du bec... Supplice de Tantale, qui prend fin lorsque le patron du bateau, jugeant la pêche suffisante, débarrasse l'esclave de son collier, et lui permet de pêcher pour son propre compte.

Buffon dit que le *Pélican* serait le plus grand des Oiseaux, si l'*Albatros* n'était pas plus épais, et si le *Flamant* n'avait pas les jambes bien plus hautes. C'est, en effet, que la différence de *proportion* dans les membres, ou les parties du corps, respectivement, empêche la comparaison des volumes. Toujours est-il que le Pélican, par son envergure, ne le cède guère à l'Albatros; mais il vole moins obstinément, et pose plus volontiers à terre. Alors, son aspect lourd est encore aggravé par cette poche volumineuse dont l'énorme bec est pourvu. Grâce à ce réservoir naturel, l'Oiseau peut emmagasiner, très rapidement, la masse de poissons, qu'il digère ensuite à loisir. Et comme, en les déserts d'Arabie où il se risque, son *nid*, par crainte des voyageurs, reste écarté des sources, la même poche lui sert pour l'*aiguade*. Seulement, — *sic vos non vobis*, encore une fois, le pieux pèlerin de la Mecque s'approprie parfois la provision d'eau destinée aux jeunes. Pour lui, le « *porteur d'eau* », comme il appelle le Pélican (*tacob*), est envoyé là, tout exprès, par la Providence, afin de le sauver de la soif. Dieu ne suscita-t-il point, jadis, le *Corbeau* pour alimenter Elie dans la solitude?

Les Echassiers (*paludéens*)

Les « *Paludéens* » — ainsi désignons-nous ceux qu'on appelle communément « *Echassiers* », --- sont plutôt des *marcheurs* que des nageurs, ou des aviateurs; et comme ils marchent de préférence dans les terres marécageuses, la Nature les a dotés de jambes très longues. Une adaptation tout analogue se réalisa, en notre propre espèce, chez les *Landais,* qui furent, en quelque sorte, avant la plantation des pins, des Echassiers artificiels et volontaires... « *Natura artis magistra* ».

Les « *Paludéens* » ne sont point, d'ailleurs, construits sur un modèle rigoureusement uniforme. C'est ce qui justifie la dénomination que je leur impose, et qui a le mérite, au moins, d'évoquer un caractère général, et commun à tous. Si le *Héron,* la *Grue,* la *Cigogne,* le *Marabout,* le *Flamant,* l'*Ibis,* sont haut juchés sur pattes, le *Râle,* le *Pluvier du Nil,* la *Bécasse,* et d'autres encore ont le tarse de dimension très modérée; de même pour le *bec,* si développé chez les premiers types, et qui se réduit considérablement chez les seconds. On pourrait dire, de ce chef, que le groupe se subdivise naturellement en Paludéens d'*adaptation parfaite* — et Paludéens d'*adaptation imparfaite.*

Ceux que j'appelle « Paludéens ou Echassiers *imparfaits* se subdivisent à leur tour en deux sections ; la première, qui prolonge, pour ainsi dire, les *Aquatiques* (ou *Palmipèdes*), comprend : la *Poule d'eau,* la *Poule-Sultane,* le *Râle* et le *Foulque*; la seconde, qui forme le passage aux *Gallinacés,* renferme le *Vanneau,* le *Pluvier,* l'*Outarde,* aussi la *Bécasse,* le *Courlis.*

La *Poule d'eau* — ce nom naïf n'évoque-t-il point une « *poule mouillée* » *qui se serait aguerrie?* Par son aspect, d'ailleurs, elle rappelle nos volatiles de basse-cour : corps comprimé sur les flancs, brièveté du *bec...*; le *pied* est intermédiaire entre le type « *palmipède* » et le type simplement « *fissipède* ». La *Poule d'eau* n'est nullement remarquable par son plumage. Il n'en est pas ainsi de la *Poule-Sultane,* pourtant très voisine. Celle-ci porte, sur sa robe, du bleu-turquoise et de l'indigo, dont les tonalités se juxtaposent, très élégamment, comme en certaines étoffes *moirées,* à tons changeants. D'où, sans doute, aussi, son nom latin de « *Porphyrie* ». La note *écarlate* du bec, et celle des pieds, couleur de chair, achèvent de la distinguer; c'est un des ornements de nos parcs.

On connaît deux espèces de *Râles* : le *Râle d'eau,* de teinte roussâtre, avec un bec rouge; et le *Râle de genêt*, d'un brun fauve. Ce dernier est appelé par les paysans « le *roi des cailles* », parce qu'il en annonce l'arrivée; dénomination peu logique, puisqu'un roi ne

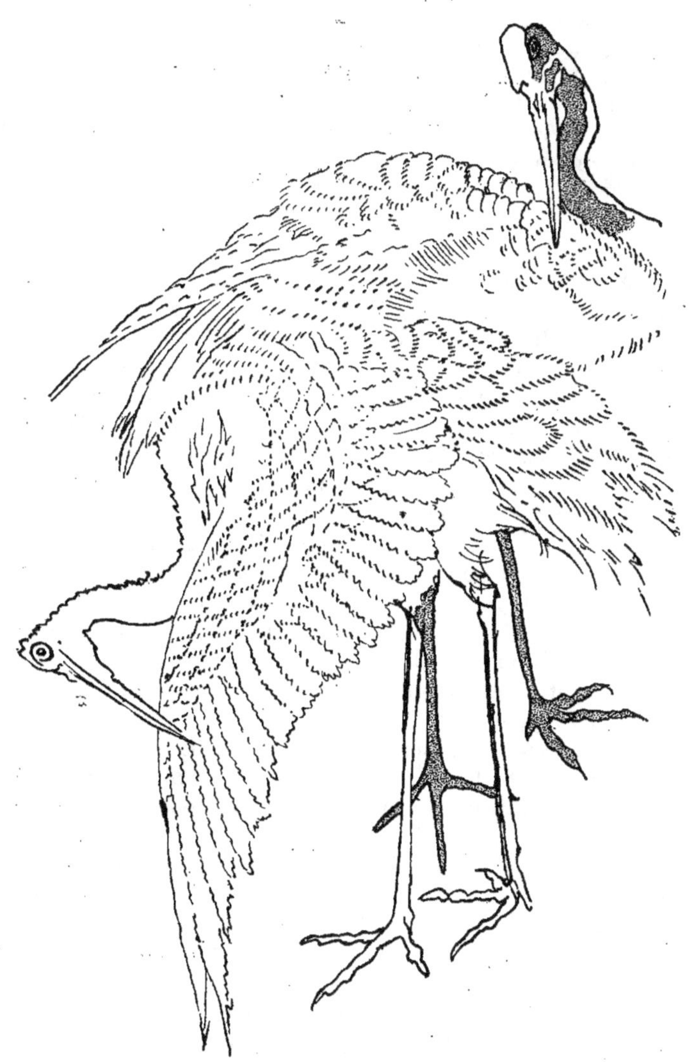

Echassiers (d'après une estampe japonaise)

précède pas son cortège, et paraît plutôt le dernier. Les *Râles* volent assez mal, mais sont, en revanche, rapides à la course; dans leur fuite, ils se servent moins de leurs ailes que de leurs pieds; on peut dire d'eux qu'ils ont « *des ailes aux pieds* ». Quant à leur *nom*, assez lugubre, il vient de leur cri, qu'on ne saurait traduire exactement par des syllabes.

Le plumage du *Foulque* est plus sombre; sa tête est chauve, et porte, en avant, une plaque cornée; la membrane des doigts est *lobée* (comparez la feuille « *palmati-lobée* »). Il fréquente indifféremment les eaux douces et les marais-salants.

*
**

Dans l'autre section, qui présente un passage aux *Gallinacés*, je cite d'abord le *Vanneau*. Assez haut sur pattes, et plus « *échassier* » que les précédents, c'est un assez bel Oiseau, avec son plumage mi-partie vert foncé et blanc, et sa tête de pigeon que rehausse une fière aigrette. Son nom populaire lui viendrait du bruit que font ses ailes, dans le vol, et qui simule celui du *van*, — ou plutôt du grain qui frappe, en retombant, ce *tambour de basque à rôle agricole*.

Mais le *Vanneau* distrait nos yeux autant que nos oreilles, et plus joliment. Quand une troupe de cette espèce est prête à prendre son essor, « tous, écrit Buffon, « agitent leurs ailes par un mouvement égal, et comme « elles sont doublées de blanc,... le terrain couvert par « leur multitude, et que l'on voyait *noir*, paraît *blanc* « tout à coup ».

Le manège de l'Oiseau pour faire sortir de terre les *Lombrics,* est fort amusant : on le voit rejeter de côté les tortillons bruns, résidu de ces vermisseaux, dégager l'orifice de leur repaire; puis, frappant du pied, demeurer là, l'œil aux aguets, le corps immobile... Dès que le Ver se montre, il est happé, prestement, d'un coup de bec. Lorsque la chasse aux lombrics est fructueuse, c'est un spectacle édifiant que le défilé des Vanneaux allant se purifier, dans le ruisseau voisin, le bec et les pattes.

Je dois mentionner ici, comme proches parents du *Vanneau,* le *Tourne-pierres* et l'*Huîtrier.* Le premier doit son nom à l'habitude qu'il a de retourner, avec son bec, les galets de la plage, afin de découvrir les petits animaux marins cachés là pendant le jusant. On le reconnaîtrait rien qu'à ce geste. Quant à l'*Huîtrier,* au nom pas moins significatif, il se sert de son bec comme d'un couteau pour ouvrir les valves de ce coquillage; on pourrait le surnommer « *l'écaillère* ». L'*Huîtrier* est aussi dénommé « *Pie de mer* », à cause de son plumage varié de noir et de blanc. Il a comme la poule Sultane, les pieds rouges.

Le *Pluvier* a l'encolure moins dégagée que le Vanneau, et ne porte pas, comme lui, de plumet; mais, de plumage blanc, avec un collier noir, et teinté de bistre sur les ailes, on ne peut dire que ce soit un Oiseau d'aspect insignifiant. Son nom lui vient de ce fait, qu'il nous arrive en automne, à la saison des pluies. Pour les mœurs, la manière de capter les vers de terre, et cette habitude d'aller se laver après le repas, tout ce que nous avons dit du *Vanneau* s'applique au *Pluvier*.

L'*Outarde* peut être considérée comme un Pluvier de très forte taille (je parle ici surtout de la *Grande Outarde*, la variété qu'on nomme « *Canepetière* » étant notablement plus petite). C'est un Oiseau lourd et massif, qui ne vole guère, et ne se sert ordinairement de ses ailes que pour accélérer sa course; c'est donc un *Coureur*, à la manière de l'*Autruche*. Par la forme de son bec, court et bombé, il se rapproche, comme la *Poule d'eau*, des *Gallinacés*.

Le mâle de la *Grande Outarde* est d'ailleurs, ainsi que le *Coq*, polygame; mais l'espèce de la *Canepetière*, elle, vit, au contraire, par couples; le mâle de cette dernière, au moment des amours, se revêt d'un plumage plus élégant (« *robe de noces* »), qui comporte un double collier blanc sur fond noir. La saison passée, une *mue* qui survient dépouille l'Oiseau de cet habit nuptial, et l'on ne peut, dès lors, distinguer un sexe de l'autre.

Quand on parle de la *Bécasse*, aussi bien que de la *Caille* et de la *Perdrix*, c'est l'idée de *chasse* qui se présente tout d'abord à notre imagination; tant l'utilitarisme, chez l'homme, domine toute conception objective et désintéressée! Tout être qui se tire au fusil et dont on convoite la chair, n'intéresse plus comme vivant : il perd jusqu'à son nom propre : c'est un *gibier*...

Notre rôle, en cette Zoologie esthétique, est de relever l'animal qu'on rabaisse ainsi, et d'éveiller à son sujet autre chose qu'une suggestion cynégétique ou gastronomique.

Et d'abord ce nom de *Bécasse*, dont on a fait l'emblème de la bêtise, il dérive, sans doute, de *bec*, cet organe étant ici d'une proéminence remarquable; et d'autre part, sa forme de *pal* justifie la dénomination de *scolopax* donnée par les Grecs à l'Oiseau. Ainsi pourvue — je ne dis pas « *affligée* » — de cet instrument rectiligne, planté sur une face bouffie, où l'œil est écarté fâcheusement du front, la Bécasse, au corps lourd et de robe vulgaire, ne saurait prétendre à l'élégance, au charme. Et cependant, quand elle se montre *dans son milieu*, parmi les feuilles mortes de la forêt, dont elle offre à peu près la teinte, on ne songe nullement à la critiquer. Son vol est rapide, mais bas et peu soutenu; poursuivie par les chiens, elle renonce assez vite à s'enfuir par l'air, se laisse tomber comme une masse; puis, agile de ses pieds, prend sa course. Buffon fait cette remarque ingénieuse que ses migrations ne s'effectuent « qu'en hauteur..., et non en longueur », ce que je traduirais ainsi : que la Bécasse se déplace plutôt en *altitude* qu'en *latitude*. Aux premières neiges, elle descend par couples des Alpes et des Pyrénées pour venir hiverner dans la plaine. Tant que dure le jour, elle se tapit dans les feuilles sèches, d'où les chiens seuls peuvent la faire lever; souvent même, elle part sous les pieds du chasseur.

Le *Courlis*, qu'on appelle aussi « *Bécasse de mer* », a bien plus d'élégance, dans son port, que cet Oiseau; haut sur pattes, avec son cou serpentin, sa tête fine et son bec arqué, il a le galbe, en plus élancé, de l'*Ibis*. Son plumage est assez joliment flambé de noir, sur un fond fauve. Il habite les plages marécageuses du littoral.

A la suite, je dois mentionner, pour mémoire, trois espèces exotiques dont on trouvera des portraits dans les grandes monographies; ce sont : l'*Agami*, de l'Amérique tropicale, au costume noir à reflets d'un bleu métallique, avec une encolure en *S* comme le *Courlis*; le *Courvite* (ou *Court-vite*), « *cursorius gallicus* », originaire de l'Afrique, au corps d'une sveltesse exquise, et dont les teintes claires s'harmonisent à merveille, au point de vue *décor* comme au point de vue *adaptation*, avec l'ambiance sablonneuse; enfin, ce Paludéen si gracieux, la *Demoiselle de Numidie*. Les savants lui donnent le nom, assez peu concordant, d' « *Anthropoïdes* » ; cela rappelle trop le Singe. Son nom linnéen est « *Grus Virgo* ». Elle habite l'Asie, le Nord du continent africain, et s'égare jusqu'à l'embouchure de *l'Elbe*. Une de

ses variétés, dite : « *Grue de Paradis* », et qui vient
du Cap, est ornée de belles franges à ses deux ailes, et
d'une somptueuse aigrette en arrière de la tête. Les
troupes de cet Oiseau, véritablement artistique, font
les délices du voyageur, par des gambades rythmées,
des sortes d'évolutions chorégraphiques, rappelant la
danse des bayadères. Est-ce là un jeu pareil aux nôtres,
ou bien une manœuvre guerrière pour en imposer?

*
**

La *Demoiselle de Numidie*, comme aussi le *Courlis*,
assez haut juchés, et pourvus d'un bec allongé, nous amènent au groupe des Echassiers incontestables, ou « *Paludéens d'adaptation parfaite* ». Ce sont : la *Grue*, la *Cigogne*, le *Héron*, le *Chevalier*, le *Combattant*, le *Flamant*,
l'*Ibis*, le *Marabout*, enfin deux types singuliers : le *Récurvirostre* et la *Spatule*.

Le corps de la *Grue*, si on le compare à celui du
Courvite, par exemple, c'est la gracilité opposée à la
sveltesse ; le *Courvite* est agréablement élancé ; la *Grue*
peut être dite « efflanquée ». Toute grêle qu'elle est,
cependant, de pattes et d'encolure, elle ne manque pas

Couple d'Echassiers (indéterminés), d'après une estampe japonaise

d'un certain caractère, et même d'un certain charme
esthétique; car, notez-le bien, l'excès en longueur se
tolère plus aisément que l'excès dans la dimension oppo-

sée, du moins chez les organismes à symétrie bilatérale; D'ailleurs, la ligne onduleuse du cou, qui serpente en *S* majuscule, comme chez le *Cygne*, et celle du dos, qui décrit une courbe assez concordante, forment un galbe apprécié des artistes et facilement *stylisable*; c'est ce qu'on peut constater en observant les armoiries de *La Haye*. Le plumage de la *Grue cendrée* est d'une teinte reposante; lisse et compact sur le dos, le ventre et les ailes, il se hérisse, pour ainsi dire, à la croupe, en faisant panache.

La *Grue*, c'est l'Oiseau voyageur et périodique par excellence. Tout est méthodique chez lui : le cycle de ses vols, et leur rythme : au printemps, sa course est dirigée d'une façon constante du *Sud-Ouest* au *Nord-Est*; et quand vient l'automne, elle suit la même route au rebours, c'est-à-dire du *Nord-Est* au *Sud-Ouest*. Ses étés se passent aux régions fraîches (Ecosse, Pologne, Scandinavie) ; ses hivers aux climats, alors tempérés, de l'Afrique. Heureuses, en vérité, et bien enviables des humains, ces créatures ailées, et « libres comme l'air », qu'aucune affaire ne retient captives sous les frimas ou le soleil brûlant, et qui peuvent ainsi corriger l'écart des saisons par leur propre mouvement de gravitation !...

Mais je me reprends. Non, ces créatures ne sont pas « *libres comme l'air* »; elles ne sont, en fait, pas plus libres que l'air; celui-ci, par la force des vents, suit des chemins forcés et réguliers; et l'Oiseau, à son tour, est orienté fatalement par l'instinct...

Aussi bien, lorsque, soit en avril, soit en octobre, la troupe des émigrants aériens passe au-dessus de nos têtes, fuyant la chaleur ou le froid, et que nous restons, que nul soupir d'envie ne nous échappe. Ne sommes-nous pas plus *libres*, au sens large du mot, que ces volatiles? N'avons-nous point la *liberté morale* qui leur manque? Et lorsque le devoir ou la nécessité nous retient, ne possédons-nous pas l'art de nous résigner?

Mais si nous n'envions pas ces hautes et longues envolées, nous pouvons admirer l'*ordre* qui les régit. Cet ordre lui-même, d'ailleurs, *en triangle*, et qu'on peut dire *stratégique*, ne suggère-t-il point, plutôt, l'idée de *labeur* que celle de récréation ? Non, certes, le vol des Grues, comme celui des Canards sauvages, et de tous les Oiseaux qui traversent les océans, ce n'est pas *une aviation de plaisance...* Travail extraordinaire et même péril-

.leux, il exige une vigilance de tous les instants, une discipline sans relâche. On le voit bien à la *relève* périodique de l'oiseau de tête, qui fatigué de fendre le vent,
doit céder son poste d'honneur à un autre. Ainsi, comme cela se passe en l'*onde liquide*, la forme de l'essaim
persiste en dépit du changement continuel de ses éléments. Ayons soin d'ajouter qu'au cas où l'ouragan
menace de le rompre, cet essaim géant change de figure
géométrique, et le triangle ouvert (en V) devient un
cercle. — Preuve d'*intelligence* ou de *pur instinct ?* —
Cela, prenez-y garde, n'est un problème que pour nous,
et ne fait pas question aux yeux de Celui pour qui ni le
temps ni l'espace ne comptent. Mais l'esprit de l'homme
s'empêtre dans les barrières que lui-même à posées...

La *Cigogne* se montre, par l'aspect général, très proche parente de la Grue; mais ses formes sont plus massives, son bec est plus long, plus robuste; son encolure,
au contraire, plus brève; ses pattes sont aussi moins
grêles. C'est d'ailleurs un oiseau beaucoup plus sympathique à l'homme, au sens actif, comme au passif; non
seulement il ne le fuit pas, mais il cherche son voisinage.
Et l'homme, en retour, ne se contente pas de le tolé-
rer; il l'accueille avec joie, et le retient auprès de lui.
C'est un hôte toujours bienvenu que la *Cigogne*. Les toits
d'Alsace, d'Allemagne et de Hollande sont, en très grand
nombre, couronnés par ses *nids*, faits d'un entrelace-
ment de branches sèches. Ces espèces de fagots aplatis,
juchés au sommet des habitations ou des tours, ne sont
pas beaux, mais sont touchants; il est consolant de penser que, dans cet antagonisme universel, acharné, de
l'homme et du règne animal, quelques espèces, au moins,
font bon ménage avec la nôtre. Je parle ici de la *Cigogne blanche,* car sa congénère de couleur *noire* offre un
tempérament tout opposé; défiante et d'humeur farouche, elle évite les lieux habités, et campe au profond
des forêts, près des étangs écartés, solitaires. Comment
expliquer une telle différence de caractère entre des
cousines qui ne se distinguent entre elles que par la couleur de la robe?

Le vol de la *Cigogne* — blanche ou noire — est puissant et soutenu. Comme tous les voiliers à larges ailes
et de queue brève, elle porte, en volant, la tête en avant,
avec raideur, tandis que ses longues pattes, étendues

en arrière, lui servent, en quelque sorte, de gouvernail. Elle accomplit de très longs trajets, mais sans l'ordre de marche si remarquable chez les Grues. Au repos, elle se tient volontiers comme la *Grue* et le *Héron*, sur un pied; le cou replié, la tête couchée sur l'épaule, elle a l'air triste; mais ce n'est là qu'une apparence; en cette attitude songeuse, elle guette les lézards, les grenouilles et le menu fretin; en liberté, sans doute, un animal ne s'ennuie jamais.

Plus mélancolique encore apparaît à nos yeux le *Héron*.

> *Un jour, sur ses longs pieds, allait je ne sais où,*
> *Le héron au long bec, emmanché d'un long cou...*

Buffon insiste trop sur sa mélancolie; dans un de ces *exercices de rhétorique* qui gâtent, malheureusement, son grand œuvre, il nous parle d'animaux « disgraciés par la Nature, nés dans le dénuement pour vivre dans la privation... » « Cette peine intérieure, écrit-il *sans déposer ses manchettes*, trace sa triste empreinte jusque sur leur figure, et ne leur laisse aucune des grâces dont la Nature anime tous les êtres heureux... » Faut-il prendre au sérieux ces phrases du célèbre naturaliste? Et devons-nous croire, aussi, le bon La Fontaine, quand il nous dit, au sujet du Héron, que

> *... il vivait de régime...?*

Ce qu'on peut tenir pour certain, c'est que le Héron n'est pas un migrateur, mais un *sédentaire*; et qu'il vit, *par couples*, dans la solitude. Ces couples sont d'ailleurs étroitement unis, et donnent à notre espèce un touchant exemple de fidélité conjugale.

Le *Héron cendré* (*Ardea cinerea*) est un bel Oiseau, d'une grâce originale et austère. Sa tête, qui termine un cou long et flexible, et *serpentin* à la façon du Cygne, s'orne, sur l'occiput, d'une huppe noire, très mobile. On n'a plus guère aujourd'hui, l'occasion de le contempler, en France, et cela par la fureur de destruction qui caractérise notre « humanité » vraiment peu *humaine*. Jadis, aux beaux temps de la fauconnerie, notre pays abondait en bois nommés « *héronnières* ». On ne connaît plus, à présent, qu'une colonie de ce genre; elle appartient au Comte de Sainte-Suzanne, qui s'est constitué le protecteur de l'espèce. Honneur à lui! Et que d'autres veuillent l'imiter!

Quittant l'Europe humide et froide pour les pays baignés de soleil, trois nouveaux types s'offrent à nous; ce sont : le *Flamant*, l'*Ibis*, et le *Marabout*.

Comme tant d'autres animaux exotiques, le *Flamant* ne peut être jugé derrière les grilles d'un *museum*; il faut, par l'imagination, le replacer dans son milieu. Làbas, sur les rivages du Nil, et parmi les bouquets de palmiers au fût élancé, sous le dais bleu uni du ciel égyptien, sa silhouette est parfaitement *harmonique*. Je rappelle ici la distinction établie par moi entre *harmonieux* et *harmonique*; le premier de ces adjectifs offre, esthétiquement, un sens absolu; le second n'a qu'une signification relative. Or, le Flamant fait, en vérité, partie du paysage. Autrement, isolé, parqué dans un coin de ménagerie, sous notre ciel terne, et dans le voisinage immédiat d'espèces aux formes tempérées, il semble un très gros œuf de plumes d'où surgit un serpent, et qui serait monté sur deux échasses ; le corps du Flamant, en effet, est ovoïde ; son cou grêle et flexible se replie plusieurs fois sur lui-même, et ses jambes, extraordinairement longues et dénudées, adoptent une attitude presque verticale. En outre, chez cet Oiseau singulier, la tête, à peine plus large que le diamètre de l'encolure, se termine par un *bec* paradoxalement reployé en son milieu. Ce bec, effectivement, fait l'office d'une *épuisette*, laissant écouler l'eau vaseuse dont la proie, toujours est souillée (V. fig. p. 8).

Mais notre œil, même au *museum*, ne s'attache guère à ce détail, tant il reste ébloui par la splendeur de *coloris* du plumage : sur le blanc pur du cou, du dos et du ventre, se détache le *rouge* ardent ou le *rose* vif des ailes; ce rose éclaire également les longs pieds, comme si quelque reflet du couchant venait frapper l'Oiseau de côté. Poètes à l'occasion, les ornithologistes lui ont prêté les ailes du *Phénix ;* ils l'on nommé *Phœnicoptère*.

Le Phœnicoptère dit *des Anciens* (P. antiquorum) n'a pas, dans la classification, une place nettement définie : *échassier* par ses pattes, et au plus haut degré, — la membrane qui réunit ses doigts de pied et la structure lamelleuse de son bec le dénoncent, d'autre part, *palmipède*. Mais la question se résout facilement, si l'on dit que le Flamant forme un passage du premier groupe au second.

La *voix* de cet Oiseau, d'un si grand caractère, est éclatante comme son plumage; c'est, à l'exemple du *Cygne*, un « *buccinateur* ». Il voyage en troupes dans le même ordre *triangulaire* que les Grues; et quand l'escadron touche terre, il s'aligne militairement comme pour une revue. Bien que cet Oiseau de soleil s'aventure peu vers le Septentrion, l'Espagne a l'heur de le retenir quelquefois; même en France, on peut l'admirer près de l'étang de *Vaccaris*.

Si le *Phœnicoptère* (ou Flamant) évoque les paysages de l'Egypte, l'*Ibis*, — au moins l'*Ibis sacré*, — rappelle ses temples. Ce dernier, en effet, bien qu'il soit moins imposant, et — le dirai-je? — moins « *hiératique* » de tenue, fut pourtant l'objet, chez les Egyptiens, d'un culte profond et sévère. Le meurtre, même involontaire, de cet Oiseau n'entraînait rien moins que la peine de mort. C'est que, pour ce peuple agricole, c'était l' « espèce utile » par excellence; elle avait, à ses yeux, le double mérite de détruire les bêtes nuisibles, et d'annoncer par sa venue la crue fécondante du Nil. Aussi l'entretenait-on, toute sa vie, dans le sanctuaire, et même, après la mort, jouissait-elle des honneurs de l'embaumement. Aujourd'hui, c'est tout simplement « le *père Jean* » (*Abou-hannes*) des Arabes. Son plumage est d'un blanc mélangé de roux, avec le bout des plumes de l'aile, *noir*; le dessus de sa tête est chauve; un bec en faucille la termine, comme chez notre *Courlis*, avec lequel l'*Ibis* offre une certaine ressemblance.

L'*Ibis rose* habite, lui, le Nouveau Continent; il ne faut pas le confondre avec le *Flamant*, dont il porte la séduisante livrée. Il existe aussi un *Ibis vert*, mais bien moins connu que les précédents.

Le troisième type d'Echassier — ou « *Paludéen* » — exotique, est le *Marabout*, de l'arabe *morabit*. Celui-ci vient du Sénégal, des Iles de la Sonde et de l'Inde. Ce n'est pas, il s'en faut, un être gracieux; son volumineux bec plongeant, la complète *calvitie* de son crâne, où poussent seulement quelques poils follets, son cou goîtreux (par le développement du jabot), enfin sa pose à la fois grave et grotesque, en font comme une caricature de la Grue. J'ai peine à prononcer, cependant, ce mot presque sacrilège. La Nature n'a pu s'amuser, à notre façon, à faire une « *charge* », et nous ne pouvons concevoir le Dieu Créateur sous la figure d'un *démiurge* à verve comique... Alors se pose un problème esthétique transcendant : *qu'est-ce qui rend le Laid ridicule ?* — Je hasarde, pour ma part, cette explication : la *laideur* d'un être vivant, à nos yeux, vient d'une exagération de ses traits; et cet excès, sans doute, est lui-même dû à ce que j'appellerais « une *adaptation qui s'exalte* »; menaçante, elle nous en impose, comme il arrive pour le *Vautour*; inoffensive, elle nous met en joie. Le *rire* serait, dès lors, une réaction de nos fibres, tendues par trop, mais une *réaction* « *rassurée* »; (le rire et le comique ont une étroite connexion avec le rassérènement). Cette observation n'ôte-t-elle pas au comique, déjà, quelque chose de son caractère profanateur? Si nous rions du *Marabout*, s'il nous fait l'effet d'un vieillard décrépit et morose, c'est, encore ici, par *illusion anthropomorphique* ; c'est que nous attribuons faussement à la Nature l'esprit de malice qui nous anime, en nos fantaisies. Mais apprenons à distinguer entre l'intention « *artistique* » et l'intention très ingénument « *organique* ».

Et d'ailleurs, de ce *Marabout* disgracié, ne tire-t-on pas de coquets ornements féminins : ces jolies plumes légères et duveteuses, auxquelles on a laissé le nom de l'Oiseau...? Mais, quand on s'avise d'y songer, l'étrange privilège, pour ce dernier, qu'une telle parure !

Au surplus, la disgrâce du *Marabout*, auquel on inflige le sobriquet d' « *adjudant* », n'est pas absolue. Quand on le voit dans son attitude de repos, lourd et refrogné, le cou dans les épaules et le bec fiché sur le jabot, se douterait-on que, tout à l'heure, prenant l'essor, il se balancera, sans effort apparent, dans les airs, avec l'allure aisée d'un Oiseau noble ?...

Je clos la série des « *Paludéens* » par deux types assez singuliers, du moins en ce qui regarde la forme du *bec*; ce sont : le *Récurvirostre* (aussi nommé l'*Avocette*), et la *Spatule*. Le premier de ces Oiseaux, assez commun dans notre province du *Poitou*, n'aurait d'ailleurs rien d'extraordinaire en soi, n'était que son bec, long et frêle, ne se recourbe pas en bas, mais *en haut*, ce qui lui donne la physionomie des gens ayant, comme on dit, « *le nez en trompette* ». Quant à la *Spatule*, ce nom seul la désigne assez clairement, car son bec a tout à fait la forme de cet instrument dont on se sert en pharmacie pour *étendre* et *délayer* les onguents, les électuaires; il est aplati de haut en bas, tandis que celui du « *Bec-en-ciseaux* » l'est *sur les côtés*, et se termine par un élargissement en cuiller. Il n'y a point là bizarrerie naturelle, si l'on s'avise que l'Oiseau vit sur les côtes marécageuses, et que la vase onctueuse où il pêche a

Spatule (d'après cliché du journal " *La Nature* ")

besoin d'être *étendue*, d'être *délayée*, elle aussi. L'homme, en cette occasion, compare les procédés de la Nature à ceux de son art ; mais c'est, en somme, la Nature à qui revient le droit de priorité.

LES APTÈRES (COUREURS ET IMPENNES)

Je rapproche ici, sous le nom d' « *Aptères* », c'est-à-dire d'*Oiseaux sans ailes*, ou peu s'en faut, deux groupes qui, dans la classification scientifique, occupent les extrêmes opposés : ce sont, d'une part, les *Coureurs*, tels que l'*Autruche*, le *Casoar*, et d'autre part, les Palmipèdes dits *Impennes*. Les premiers, effectivement, sont *terrestres*, tandis que les seconds sont *aquatiques*. Mais tous deux se séparent de la foule immense des Oiseaux par ce trait commun — et négatif — qu'ils *ne volent point*. Buffon fait là-dessus d'excellentes remarques;

après avoir constaté que l' « Oiseau sans ailes est *le* « *moins Oiseau qu'il soit possible* », il fait observer que cette dérogation à la règle, loin d'être un désordre en la Création, et comme un paradoxe naturel, se justifie par le besoin de *continuité*. « *Natura non facit saltus* », disait Linné. Son procédé constant, dans la faune, c'est de varier l'*adaptation*, pour chaque grand groupe, de manière que les espèces « *centrales* », étant, comme ici, *aériennes*, les espèces « *marginales* » accommodées les unes à la terre ferme, et les autres à l'eau, forment une transition, soit aux Mammifères terrestres, soit aux Poissons; transition d'*habitat*, sûrement, et non de type zoologique. Ainsi, poursuit Buffon, « comme elle (la Nature) prive le quadrupède de pieds, elle prive l'Oiseau d'ailes », et, ce qu'il y a de remarquable, ajoute-t-il, « elle paraît « avoir commencé dans les Oiseaux de terre comme elle « finit dans les Oiseaux d'eau, par cette même défec- « tuosité. L'*Autruche* est, pour ainsi dire, sans ailes; « le *Casoar* en est absolument privé... et ces deux grands « Oiseaux semblent à plusieurs égards s'approcher des « animaux terrestres, tandis que les *Pingouins* et les « *Manchots* paraissent faire la nuance entre les Oiseaux « et les Poissons ».

Cette phrase profonde du grand naturaliste, que la Nature « paraît avoir commencé dans les Oiseaux « de terre « comme elle finit dans les Oiseaux d'eau », peut se traduire par un *schéma* qui met ces relations mieux en évidence (1).

Adaptation aquatique	Adaptation aérienne	Adaptation terrestre
(palmipèdes-Impennes)	(Généralité des Oiseaux)	(Coureurs-Echassiers)
Oiseaux nageurs	Vol	Oiseaux coureurs
←————————	—— ◇ ——	————————→
Extrême	Centre	Extrême

Un schéma tout pareil pourrait être dressé pour les *Insectes*, et pour les *Mammifères,* soumis, à l'instar des

(1) Mon *Schéma* rétablit l'ordre naturel, qui est de sens contraire à la formule de Buffon.

Oiseaux, à la loi d'*adaptation au triple milieu*. Le principe général de *polarité*, posé. par moi dans d'autres ouvrages, trouve, encore ici, son application; et ce n'est point sans un certain émerveillement philosophique qu'on découvre une *symétrie* si précise dans la répartition des facultés diverses entre les êtres vivants. Comme on le voit d'un seul coup d'œil, la faculté de *vol* va se dégradant, de chaque côté, du centre aux extrêmes, — et, de plus, comme nous l'avons observé dans toutes les « gammes » ou séries d'objets gradués, — la même défectuosité que nous avons appelée, dans notre théorie, *péjoratisme*, à cause des qualificatifs dépréciateurs qui la traduisent dans le langage courant, se retrouve, assez curieusement aux deux extrémités du diamètre, aux deux pôles. — C'est ce qui justifie, mathématiquement, pour ainsi dire, le rapprochement opéré par moi des deux groupes opposés : *Palmipèdes, Impennes* et *Coureurs* ; — séparés par la différence de la terre ferme et des ondes, ils se rejoignent par ce trait commun : l'*atrophie des ailes*. Les extrêmes se touchent.

Les Coureurs

Je commencerai ma description des *Aptères* par les *Coureurs*, auxquels les Echassiers (ou « Paludéens ») nous ont déjà bien préparés. Quiconque a vu la *Grue*, le *Flamant*, ou le *Marabout*, ne s'étonne pas en voyant l'*Autruche*. Même silhouette, à peu près, aux longues jambes, à la longue encolure, aux plumes « en touffe ». Mais l'Autruche se distingue et se met à part grâce à sa *taille gigantesque* (qui, à elle seule, interdirait le vol), à la brièveté de son bec, à ses doigts de pied réduits à deux — surtout à l'*atrophie complète des ailes* ; les grands Echassiers, on l'a vu, sont plutôt *piétons* que *voiliers*; mais, à l'occasion, il savent se soutenir dans les airs; l'*Autruche*, et les espèces similaires, ne font que marcher, ou courir; mais aussi, quelle n'est pas leur rapidité dans la course! Les chevaux les plus vifs ne peuvent l'atteindre; et, lorsque les chasseurs veulent s'en emparer, il leur faut user d'un stratagème : profitant de cette habitude qu'a l'Oiseau de décrire, en sa fuite, de grands cercles, ils en tracent, à l'intérieur, de plus petits, qu'ils élargissent par degrés, de manière à rejoindre la circonférence en spirale.

Chez l'*Autruche*, le squelette est modifié, comme le serait la charpente d'un avion détourné de sa destination primitive et devenant véhicule terrestre : plus de *bréchet* ; les *clavicules*, aussi, sont absentes. Et quant au *plumage*, il ne comporte plus, pour la même raison, de *rémiges*. Fait, en vérité, surprenant, dans la Nature qu'on sait utilitaire avant tout : ce plumage des ailes et de la queue, cessant d'être utile pour le vol, devient exclusivement *somptuaire*; peu nombreuses, mais d'une ampleur magnifique, les pennes qui garnissent les deux flancs et la croupe de l'Oiseau, retombent ou se redressent en panaches légers, blancs et noirs, dont les brins ont la nature du duvet. Elles sont si franchement ornementales, qu'on se demande si la femme qui s'en pare est la première à faire acte de *coquetterie*. Et cette fourniture de luxe, chez l'animal, est en contraste si singulier avec son long col, et ses longues jambes dénudées... Toujours l'opposition du *beau* et du *laid*, de l'opulence et du dénûment, — et cela, par miracle, sans effet d'ensemble fâcheux. Ainsi l'alliance étroite, dans le pommier, d'un tronc rude et caduc avec une parure de fleurs blanches...

*
* *

A côté de l'*Autruche d'Afrique* (Struthio Camelus), la plus estimée dans le commerce de la *plumasserie*, se place l'*Autruche d'Amérique* ou « *Nandou* », beacoup plus petite, et d'un plumage plus ordinaire; celle-ci possède à chaque pieds 3 doigts. Enfin, le continent australien nourrit le *Casoar* (Casuarius galeatus), dont le chef est orné d'une *crête en forme de casque*. Moins haut sur pattes et plus emplumé que ses congénères, avec, d'ailleurs, un cou moins allongé, il offre un aspect assez lourd. — « Son allure, écrit *Buffon*, est bizarre; il semble qu'il rue de derrière, faisant en même temps un demi saut en avant », ce qui ne l'empêche pas d'être, comme les autres, un étonnant coursier du désert.

En ce même continent d'Australie (ou plutôt dans la *Tasmanie*, et la *Nouvelle Zélande*, terres voisines), on trouve un cousin pauvre et comme dégénéré de l'Autruche : c'est l'*Aptéryx* (ou *Kiwi*), de la taille d'un poulet, et payant peu de mine. Celui-là peut être regardé comme l'*Aptère* par excellence; car, non seulement il n'offre pas la moindre trace d'une aile, mais ses plumes prennent l'apparence de *poils*. Aussi n'est-ce plus que l'ombre, en quelque sorte, d'un Oiseau.

Au *British Museum* de Londres, on conserve le squelette d'un oiseau géant dont la race est éteinte : le *Dinornis*; l'œuf de ce monstre atteint la grosseur de *cent* œufs de poule. On juge quelle ressource un volatile de cette force pourrait offrir à l'alimentation ! L'énormité de ses ossements a créé la légende du géant *Moa*.

Les Impennes

Ce sont : le *Pingouin* et le *Manchot*, que j'ai retirés du groupe des « *Palmipèdes* » pour les mettre ici. — . Le *Pingouin* peut être qualifié de *difforme*, à cause de la graisse qui le surcharge (et à laquelle il doit son nom (*pinguis*); à cause, également, de son bec bosselé du bout et de ses moignons d'ailes; car, par leur insuffisance même, elles font l'effet d'être *de trop*; résultat étrange, sans doute, et qui paraît contradictoire, mais qui s'explique par la loi d'*atrophie par défaut d'usage* : tout ce qui, dans l'organisme vivant — ou dans l'œuvre d'Art, devient inutile, doit périr; d'où notre dégoût instinctif pour les « *survivances incomplètes* ». Il est juste de dire, toutefois, qu'avec ces misérables vestiges de ce qui fait la gloire de l'Oiseau, le Pingouin trouve moyen de voler...; mais l'effet plastique subsiste.

Tandis que le *Pingouin* prend ses ébats au pôle boréal, — le *Manchot*, lui, peuple les terres *australes*. Son port n'est guère plus élégant que celui de son congénère du Nord; cependant, la tête, chez lui, est plus fine, et le bec, de forme normale ; pris seulement par le haut, il offre le galbe assez pur de la *Sarcelle*; mais c'est par le bas qu'il pèche; son corps adipeux et pesant est comme assis par terre, en l'attitude d'un *cul-de-jatte*; et de ses flancs pendent des appendices qui ne sont plus des ailes, et ne sont pas encore des nageoires. Pauvre espèce à nos regards bien disgraciée, mais *inoffensive* et sans défense, et qui, par ce fait, devrait exciter la pitié (sans arrière-pensée de dédain); une sotte et révoltante barbarie la fait assommer, lâchement, à coups de bâton. Et c'est ainsi que le « *roi de la Création* » traite, par pur caprice, les plus innocents, et les plus misérables de ses sujets...

Je finis par le *Macareux* (Mormon arcticus, ou « *fratercule* »), qui ressemble un peu à un perroquet dont le bec ne serait point recourbé. *Gesner* le dépeint comme un petit moine habillé d'une robe blanche avec un froc noir, et le capuchon de même couleur. Il a la taille, à peu près, d'un pigeon.

Conclusion

Ici s'achève, enfin, le long défilé des *Oiseaux*. Dans
cette revue de toutes armes et de tous uniformes, j'ai
fait passer sous vos yeux les divers corps d'armée dont
les bataillons, — *escadrons* plutôt, sont composés par les
individus d'une même *espèce*, — et les *divisions*, par des
unités que représentent, respectivement, la *famille*, la
tribu, l'*ordre* et le *genre*.

Vous avez vu défiler successivement : — d'abord, ces
Oiseaux d'assez belle taille, mais plutôt volatiles que
« voiliers », et qui font le profit — ou l'ornement de nos
basses-cours : les Gallinacés ; de leur troupe se déta-
chaient le *Paon* et le *Faisan*, tels des princes; — puis
les Oiseaux de proie, diurnes et nocturnes, nobles ou
ignobles (en fauconnerie); — puis la multitude innombrable des Petits Oiseaux (Passereaux) ordonnés par
légions et pourvus d'une *musique* — plus pastorale, en
vérité, que guerrière; — ensuite, les Arboricoles (ou
Grimpeurs), groupe spécial dont se détachent, en grand
relief, les *Perroquets*. — Après eux venaient, à la nage,
les Oiseaux d'eau (Aquatiques ou Paludéens), les uns
ayant le pied palmé, les autres montés sur échasses; —
enfin, fermant la marche du long cortège, les Oiseaux
terrestres, ou Aptères, ne formant plus, cette fois,
d'escadrons ailés, mais des régiments de *Coureurs*, avec,
tout à fait à l'arrière, la section — assez peu ingambe,
mais bonne nageuse, et très endurcie au froid, des
Impennes.

Fait bien remarquable : cette prodigieuse variété de
formes extérieures et d'aptitudes ne détruit nullement
l'*unité* foncière du type *Oiseau*; plus franc et manifeste
en le groupe central, qui comprend tous ceux d'adaptation *aérienne*, il est comme voilé dans les groupes *extrêmes*, adaptés soit à la *natation*, soit à la *course* en terre
ferme. C'est ainsi, par une opposition symétrique et

qu'on peut qualifier de « *polaire* », comme nous l'avons précisé, que le *thème plastique* auquel répond le terme d'*Oiseau* s'étend d'un *maximum* à deux *minima*, c'est-à-dire des types qui sont *le plus* « *Oiseau* » à ceux qui le sont le moins. Et vous allez retrouver la même ordonnance chez les MAMMIFERES. C'est ainsi que la Nature, tout en paraissant procéder par ordre *successif*, et par *séries*, laisse entrevoir, au fond, un système de travail *simultané*, s'opérant en deux directions contrastantes.

N. B. – Le chapitre des **Mammifères**, qui termine le " *règne animal* " est rejeté, faute de place, et pour ne pas être occupé, dans le tome III, qui conclura par la **figure humaine**.

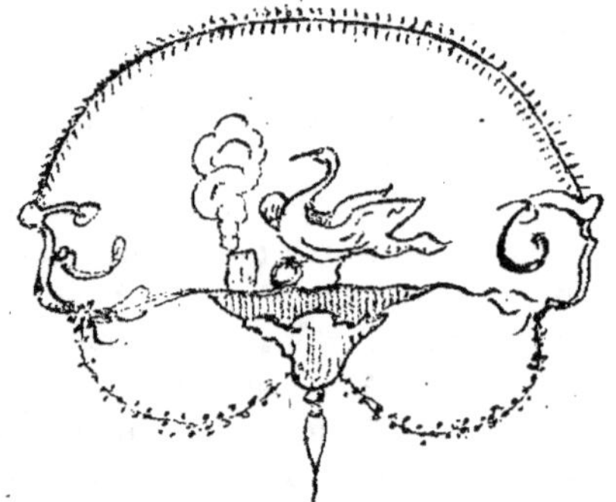

Dessin de Madame Griveau, mère de l'auteur

TABLE DES MATIÈRES

VERTÉBRÉS AÉRIENS (Oiseaux)

1°. *Oiseaux domestiques*

6°. *Aptères*

* 9 7 8 2 3 2 9 0 4 5 1 2 2 *